Ernst Ulrich von Weizsäcker
Jan-Dirk Seiler-Hausmann (Hrsg.)

# Ökoeffizienz

## Management der Zukunft

Übersetzungen: Nina Hausmann

Springer Basel AG

Die Deutsche Bibliothek – CIP-Einheitsaufnahme

**Ökoeffizienz** : Management der Zukunft / Ernst Ulrich von Weizsäcker ; Jan-Dirk Seiler-Hausmann (Hrsg.).

ISBN 978-3-7643-6069-6 ISBN 978-3-0348-6198-4 (eBook)
DOI 10.1007/978-3-0348-6198-4


Ursprünglich erschienen bei Birkhäuser Verlag GmbH 1999
Softcover reprint of the hardcover 1st edition 1999

Umschlaggestaltung: Matlik & Schelenz, D-55268 Nieder-Olm

Buchgestaltung: Hans Kretschmer

Gedruckt auf säurefreiem Papier, hergestellt aus chlorfrei gebleichtem Zellstoff. TCF∞

ISBN 978-3-7643-6069-6

9 8 7 6 5 4 3 2 1

# Inhalt

UNTERNEHMEN
233



AUSBLICK
273

Ernst Ulrich von Weizsäcker

# Einführung und Danksagung

*1. Internationale Faktor 4+ Konferenz-Messe*

Ich bin dankbar, daß die Messe Düsseldorf ihre gute Tradition der ENVITEC durch die Ökoeffizienz-Konferenz ergänzt hat. Ich bin ebenso dankbar, daß die Kärntner Messe Klagenfurt die Initiative für die 1. Internationale Faktor 4+ Konferenz-Messe ergriffen hat. Es ist an der Zeit, daß die neue Welle der Umwelttechnik Eingang ins Messewesen findet. Das Messewesen ist schließlich das institutionalisierte Schaufenster für die Zukunft.

Der schadstoffbegrenzende Umweltschutz war die Zukunftstechnologie der siebziger Jahre. Die Ökoeffizienz ist die Zukunftsperspektive der Jahrtausendwende.

Für die klassische Umweltpolitik hat sich das Paradigma der umgekehrten U-Kurve durchgesetzt: Die Länder sind zuerst arm und sauber, dann werden sie reich und schmutzig, und schließlich werden sie so reich, daß sie sich den teuren Umweltschutz leisten können, und dann werden sie reich und sauber. Es ist ein wunderschön harmonisches Paradigma. Die Tragödie ist nur, daß durch die Sorte von Reichtum, die hierfür erforderlich ist, sehr viel Natur zerstört wird. Während dieser harmonisch ausschauenden Entwicklung des Umweltschutzes nimmt die Artenvielfalt auf der Welt dramatisch ab. Wir verlieren gegenwärtig pro Tag vielleicht 20, vielleicht 50 Tier- oder Pflanzenarten. Das liegt im wesentlichen daran, daß insbesondere die Entwicklungsländer hauptsächlich davon leben, ihre Natur zu verkaufen.

Durch unseren sauberen und reichen Lebensstil, wie wir ihn in den Industrieländern haben, verursachen wir indirekt gewaltige sogenannte »ökologische Fußabdrücke«. Ein Deutscher hat heute einen ökologischen Fußabdruck von etwa 4 Hektar. Bei gut 80 Millionen Einwohnern wären das 3,2 Millionen Quadratkilometer, etwa neunmal die Fläche Deutschlands. Also exportieren wir die Fußabdrücke. Im Sinne der ökologischen Fußabdrücke sind Deutschland und Japan hoffnungslos überbevölkert, während Indien und China oder Ägypten noch nicht überbevölkert sind. Aber die Entwicklungsländer wollen selbstverständlich mehr Wohlstand und größere Fußabdrücke. Wenn alle 6 Milliarden Menschen und eines Tages 8 oder 10 Milliarden Menschen Fußabdrücke haben wie wir in Deutschland, dann brauchen wir vier Erdbälle. Wir haben aber nur einen. Daraus resultiert, daß wir mindestens um einen Faktor Vier besser werden müssen in der Nutzung der Flächen und der materiellen Ressourcen.

Ganz ähnlich sieht es bei der Energie aus. Wenn ich davon ausgehe, daß die Kernenergie nicht in nennenswertem Umfang expandiert werden kann und daß der Ausbau der erneuerbaren Energiequellen langsam vonstatten geht, richte ich meine Aufmerksamkeit auf die fossilen Brennstoffe.

Die Klimaforschung sagt, wir brauchen, um die Konzentration von $CO_2$ zu stabilisieren, eine Reduktion der Emissionen um mindestens 50%, und gleichzeitig wissen wir, die Entwicklungsländer wollen mehr als eine Verdoppelung des Energieangebots und damit der $CO_2$-Emissionen. Auch hier gibt es also eine Schere zwischen dem, was wir wahrscheinlich bekommen werden, und dem, was wir eigentlich ökologisch benötigen. Auch diese Schere hat die Größenordnung von einem Faktor vier. Auch sie ist durch Effizienztechnologie zu schließen.

*Der Faktor Vier kommt ...*

Doch nun kommt die gute Nachricht. Der Faktor Vier ist möglich. Zu dem Buch »Faktor Vier« haben Amory und Hunter Lovins und ich fünfzig Beispiele für die Erreichbarkeit des Faktors geschildert. Die Beispiele kommen aus allen Branchen. Etwa die Hälfte ist heute schon messegeeignet!

Es ist zu erwarten, daß die ehrgeizigen Ökoeffizienz-Technologien im ersten Viertel des 21. Jahrhunderts dominant werden. Wenn diese gutbegründete Prognose zutrifft, ist es für Messen und für führende Hersteller und Systemanbieter höchste Zeit, sich systematisch um die Thematik zu kümmern.

Was heißt kümmern? Zunächst geht es darum, den ursprünglich höchst unterschiedlichen Technologien und Systemen einen gemeinsamen, wiedererkennbaren Namen zu geben. Ein Markenzeichen, eine vermarktbare Vision, ein für Journalisten und Politiker faßbares Konzept ist das, was jetzt benötigt wird. »Ökoeffizienz« und »Faktor Vier« sind Angebote für ein solches Markenzeichen.

»Ökoeffizienz« ist der Oberbegriff, »Faktor Vier« ist der ehrgeizige Unterbegriff. Für viele Hersteller ist dieser hohe Ehrgeiz vorerst noch erschreckend. Also ist es pragmatisch vernünftig, den breiten Begriff der Ökoeffizienz als ersten zu vermarkten. Das ist die Absicht des vorliegenden Sammelbandes.

In Japan denken manche Pioniere schon weiter. Unter ihnen ist Professor Ryoichi Yamamoto. Er und seine Kollegen haben sichergestellt, daß eine große japanische Delegation an der Konferenz in Klagenfurt teilnahm. Ihre Gedanken, die bis hin zu dem ehrgeizigen Ziel der *Total Material Productivity* (TMP) gehen, sind absolutes Neuland für europäische Leser. Wir sind stolz, sie hier erstmals präsentieren zu dürfen.

*Danksagung*

Das vorliegende Buch dokumentiert die internationale Konferenz »Öko-Effizienz als Ziel des Umweltmanagements«, ausgerichtet vom 2.–3. März 1998 in

Düsseldorf, Deutschland, im Rahmen der ENVITEC, und die europäisch-asiatische Konferenz »Ressourcen-Effizienz – ein strategisches Managementziel«, veranstaltet vom 17.–18. Juni 1998 in Klagenfurt, Österreich, anläßlich der ersten internationalen Faktor 4+ Messe.

Bedanken möchte ich mich hier insbesondere nochmals herzlich bei den Messegesellschaften Düsseldorf und Klagenfurt, ohne die diese Veranstaltungen nicht durchgeführt worden wären. Für die ausgezeichnete Kooperation in Düsseldorf danke ich Herrn Professor Dr. Hubert Peter Johann, damals noch Umwelt-Konzernbeauftragter der Mannesmann AG, sowie Herrn Hartmut Krebs und Herrn Heinz Küsters von der Messe Düsseldorf. Für die Schirmherrschaft bei der Klagenfurter Veranstaltung danke ich dem österreichischen Ministerium für Umwelt, Jugend und Gesundheit, dem Ministerium für Wissenschaft und Verkehr und dem World Business Council for Sustainable Development.

Für die umfangreichen Redaktionsarbeiten für diesen Dokumentationsband möchte ich in erster Linie Herrn Jan-Dirk Seiler-Hausmann vom Wuppertal Institut danken; die Übertragung der englischen Beiträge ins Deutsche hat Frau Nina Hausmann geleistet. Die Betreuung der Düsseldorfer Konferenz lag in den kompetenten Händen von Herrn Herwig Bertelmann. Die Klagenfurter Konferenz und Messe wurde lokal unter der energischen Leitung von Herrn Messedirektor Dr. Hans-Jörg Pawlik, von Herrn Dr. Bernhard Erler und Christopher Manstein vorbereitet. Im begleitenden Kuratorium spielte dessen stellvertretender Vorsitzender Professor Dr. Dietmar Kanatschnig die entscheidende Rolle.

Ihnen allen sage ich meinen herzlichen Dank.

Wuppertal, April 1999
*Ernst Ulrich von Weizsäcker*

Björn Stigson

## Geleitwort

Der World Business Council for Sustainable Development (WBCSD) und seine Mitglieder entwickelten anläßlich der Rio-Konferenz 1992 das Konzept der Ökoeffizienz zur Erreichung des Ziels der nachhaltigen Entwicklung in Unternehmen.

Ökoeffizienz wird erreicht durch die Schaffung von Produkten und Dienstleistungen mit konkurrenzfähigen Preisen, die die Bedürfnisse der menschlichen Gesellschaft für eine bessere Lebensqualität erfüllen, und gleichzeitig und fortschreitend die Umwelteinwirkungen und die Ressourcenintensität über den gesamten Produktlebenszyklus verkleinern, bis zu einem Niveau, das mit der erwarteten Tragfähigkeit der Erde verträglich ist.

Ökoeffizienz steht für einen Managementansatz, der Unternehmen erlaubt, Umweltschutzmaßnahmen unter Marktgesichtspunkten durchzuführen. Mit Ökoeffizienz wird zum Ausdruck gebracht, daß Ökonomie und Ökologie sich nicht ausschließen, sondern in Kombination einen Gewinn für Unternehmen darstellen. Das Motto lautet: mehr Werte schaffen und dabei weniger Ressourcen verbrauchen und die Umwelt weniger belasten.

Das vorliegende Buch dokumentiert die unterschiedlichsten Wege zu einer erfolgreichen nachhaltigen Zukunft. Ausgewählte Vorträge, die 1998 während der internationalen Konferenz "Ressourcen-Effizienz - ein strategisches Managementziel" in Klagenfurt und der internationalen Konferenz "Öko-Effizienz als Ziel des Umweltmanagements" in Düsseldorf gehalten wurden, entwerfen Visionen, diskutieren Instrumente und zeigen konkrete Möglichkeiten der Umsetzung auf. Die Konferenzdokumentation stellt einen bedeutenden Beitrag zur Debatte um Ökoeffizienz dar.

Der WBCSD und seine 120 Mitglieder führender Unternehmen haben sich verpflichtet, ihr Handeln von den Prinzipien des ökonomischen Wachstums und der nachhaltigen Entwicklung leiten zu lassen. Der WBCSD unterstützt die enge Zusammenarbeit von Wirtschaft, Staat und anderen Organisationen, denn nur gemeinsam können wir nachhaltiger Entwicklung zum Durchbruch verhelfen.

*Björn Stigson*
Executive Director
WBCSD

Martin Bartenstein

# Ökoeffizienz nützt der Umwelt, belebt die Wirtschaft und schafft neue Arbeitsplätze

*Einleitung*

Eine unserer Hauptaufgaben ist es, der Allgemeinheit zu verdeutlichen, welch positive Arbeitsmarktauswirkungen von der Umsetzung des Konzeptes von Ernst U. von Weizsäcker, Amory und Hunter Lovins »Faktor Vier. Doppelter Wohlstand bei halbiertem Ressourceneinsatz« zu erwarten ist (von Weizsäcker; Lovins/Lovins).

Am Rande der OECD-Umweltministertagung im Frühjahr dieses Jahres in Paris gab es eine Diskussion von Sozialpartnern und Nicht-Regierungsvertretungen. Ich habe noch sehr gut die erschütternd defensive Haltung aller Diskussionsteilnehmer zur Ökologisierung unseres Wirtschaftssystems im Ohr. Während die Arbeitgebervertreter diesem Thema gewissermaßen traditionell skeptisch gegenüberstehen, sind in Paris auch die Vertreter der Europäischen Gewerkschaften einer Ökologisierung unseres gesamten Systems, einer stärkeren Implementierung von nachhaltiger Entwicklung mit großer Skepsis begegnet.

Was sich in Österreich in den letzten Tagen vor der historischen Entscheidung über die europäische Lastenverteilung des $CO_2$-Reduktionsziels der Klimaschutzkonferenz von Kyoto abgespielt hat, war von seiten der Arbeitgeber ausschließlich defensiv. Die Argumente waren: Klimaschutz reduziert die Wettbewerbsfähigkeit, kostet Arbeitsplätze, kostet Budget- und Steuergelder, ist deswegen abzulehnen oder auf ein Minimum zu beschränken.

Ziel dieser Tagung in Klagenfurt muß sein, die positiven Möglichkeiten und Chancen abzuschätzen, die im Umweltschutz drinstecken, und Bündnispartner an Land zu ziehen – Bündnispartner, die mit uns die Umstellung der Energienutzung und überhaupt der Nutzung von Ressourcen in den nächsten Jahrzehnten bewältigen werden.

Daß wir diese Umstellung brauchen, steht außer Zweifel. Seit Beginn der industriellen Produktion hat sich die Verwendung von Energieträgern wie Öl, Kohle und Erdgas um einen Faktor 50 erhöht. In den letzten Jahrzehnten hat sich ein Mißverhältnis eingestellt, wonach rund $\frac{1}{3}$ der Weltbevölkerung $\frac{4}{5}$ des Weltenergiebedarfs verbraucht. Eine dritte Kennzahl: Wir konsumieren jetzt in einem einzigen Jahr die gleiche Menge an fossilen Energieträgern, wie sie die Natur vor Millionen Jahren innerhalb von 500 000 Jahren geschaffen hat.

Wir befinden uns aber gleichzeitig in einem Prozeß, der die Implementierung von nachhaltiger Entwicklung in verschiedenste Politikfelder begünstigt. Es ist erfreulich, daß wir seit den Berichten des Club of Rome und seit dem Brundtland-Report ein Stück weitergekommen sind. Die Staats- und Regierungschefs der Europäischen Union haben mit sehr starken und konkreten Formulierungen anerkannt, daß das Bekenntnis zur nachhaltigen Entwicklung, das sich im Amsterdamer Vertrag in der Präambel erstmals findet, jetzt auch durchgeführt wird.

Im Gefolge einer Auftragserteilung des Gipfels von Luxemburg gibt es vom EU-Gipfel von Cardiff bis zum Wiener EU-Gipfel drei Schlüsselräte: den Rat für Energie, den Rat für Verkehr und den Rat für Landwirtschaft. Diese Ministerräte haben bis zum Gipfel in Wien über die Implementierung von nachhaltiger Entwicklung in ihren Politikbereichen zu berichten. Es geht hier vor allem um zwei Felder: um die Agenda 2000 und um das Post-Kyoto-Paket. Hier wird die Europäische Union beweisen können, daß sie es mit nachhaltiger Entwicklung ernst meint. Gleichzeitig wurde die Kommission beauftragt, bei wesentlichen politischen Vorlagen in Zukunft die Umweltverträglichkeit zu berücksichtigen. Eine derartige Beschlußfassung des Gipfels von Cardiff ist für die Kommission eine konkrete Vorlage, eine konkrete Weisung.

Wir haben damit zumindest ein Ende einer Schnur in der Hand, an der wir uns vorwärtshanteln können. Letztlich muß sie dazu führen, das Faktor Vier-Konzept mit Leben zu erfüllen. Wenn es uns in den letzten Jahrzehnten der Industrialisierung gelungen ist, die Arbeitsproduktivität um einen Faktor bis zu 100 zu erhöhen, dann wird es wohl auch gelingen, die Produktivität des Energie- und Rohstoffeinsatzes um einen Faktor Vier zu erhöhen. Diese Veranstaltung in Klagenfurt bietet handfeste Beweise, daß das, wovon Weizsäcker, Lovins und Lovins in ihren Büchern schreiben, auch zu sehen und zu kaufen ist. Ich habe bei mehreren Gelegenheiten, zuletzt vor der Kommission der Vereinten Nationen für Nachhaltige Entwicklung in New York, dem jährlich stattfindenden Rio-Nachfolgetreffen der Umweltminister, darauf verwiesen, daß wir in Österreich die weltweit erste Faktor 4+ Konferenz-Messe veranstalten.

Es ist die Europäische Union gewesen, die dieses Faktor Vier-Konzept – ergänzt um das Faktor-10-Konzept – in die verschiedensten Papiere und Texte international integriert hat. Es ist heute zwar noch nicht breites öffentliches Wissen, aber Faktor Vier ist in den entsprechenden politischen Kreisen dieser Welt ein bekanntes Konzept geworden. Das ist der Verdienst von Leuten wie Professor Dr. von Weizsäcker, aber auch von Dr. Pawlik und dem Klagenfurter Team.

*Zukunft der Arbeit durch nachhaltige Entwicklung*

Die Zukunft der Arbeit: Lassen Sie mich an drei Beispielen festmachen, wie die Umsetzung von nachhaltiger Entwicklung mit positiven Arbeitsmarktentwicklungen einhergeht. Das erste Stichwort ist die Ökologisierung des Steuersystems.

Gerade im Vorfeld der deutschen Wahlen ist es in Europa fast unmöglich, eine sinnvolle Diskussion über die Ökologisierung des Steuersystems zu führen. Politische Gruppierungen und Parteien, die einen Benzinpreis von DM 5 je Liter fordern, tun das Ihrige dazu, um einerseits sich selbst, aber auch der Idee als solcher zu schaden. Das ist diesen Gruppierungen inzwischen aber selbst bewußt geworden, spätestens seit sie das mediale Echo gelesen haben.

Das Umfeld ist in Wahrheit heute weniger günstig als noch vor ein, zwei Jahren. Damals haben zehn, elf europäische Länder des Nordens das Thema positiv diskutiert. Die große Hürde zu einem ersten Ansatz in Richtung einer europaweiten Umsetzung waren die Mittelmeerländer, die Kohäsionsländer. Heute sind es nicht mehr nur allein diese. Trotzdem wissen – jedenfalls im direkten persönlichen Gespräch – alle, daß es zu dieser Ökologisierung des Steuersystems kommen muß und daß wir einen europäischen Ansatz brauchen. Der nationale Ansatz kann zuwenig weit gehen. Wettbewerbsüberlegungen und anderes fesseln den einzelnen Ländern zwar die Hände nicht völlig, schränken aber die Bandbreite der Möglichkeiten ein.

Bündnispartner sehe ich vor allem in den Finanz- und Arbeitsministerien Europas. Angesichts von 18 bis 20 Millionen Arbeitslosen müssen in nächster Zeit die im weltweiten Vergleich zu hohen Arbeitskosten reduziert werden. Diese Reduzierung der Arbeitskosten kann nur über eine Mittelaufbringung finanziert werden, die aus einer Ökologisierung der Steuersysteme herrührt, sprich aus einer Besteuerung von Ressourcen.

Der Hebel dazu ist recht schwierig. Nicht nur in Österreich, sondern auch anderswo liegen die Arbeitskosten insgesamt etwa um einen Faktor 10 über den Energiekosten. So gesehen erfordert eine Reduktion der Arbeitskosten um nur einen Prozentpunkt eine Erhöhung der Energiekosten um 10 Prozent, eine Verringerung der Arbeitskosten um zehn Prozent die Erhöhung der Energiekosten auf etwa das Doppelte.

Das kann uns aber nicht hindern, dieses Thema aktiv anzusprechen. Die österreichische EU-Präsidentschaft unter Finanzminister Edlinger wird daher auf die Tagesordnung des ECOFIN-Rat im nächsten Halbjahr die Mindestbesteuerungsrichtlinie des Kommissars Monti setzen. Sie ist ein erster Einstieg in eine Energiebesteuerung und in eine europaweite Ökologisierung unserer Steuersysteme. Die Europäische Kommission ist der Auffassung, daß die Umsetzung dieses Mehrstufenkonzepts zwischen 175 000 und 450 000 zusätzliche Arbeitsplätze bringen sollte - ein sehr positiver Arbeitsmarkteffekt.

Ich bekenne mich hier zu einer Politik der kleinen Schritte. Ich halte den Wunsch nach einem Benzinpreis von DM 5 je Liter für genauso nachhaltig falsch und der Idee einer Ökologisierung des Steuersystems für abträglich, wie Größenordnungen von 130 Milliarden Schilling in den Raum zu stellen. Das käme einer Verelffachung der Besteuerung von Erdgas oder einer Verfünffachung der Besteuerung von Strom gleich. Ich halte das für politisch nicht machbar und politisch unklug. Unser Konzept muß daher eines der kleinen dynamischen Schritte sein. Ein Konzept des großen Paukenschlages ist nicht machbar, wäre sogar kontraproduktiv.

Ein zweiter Ansatz: Umwelttechnik insgesamt ist nicht nur ein Wachstumsmarkt, sondern bietet, wie eine WIFO-Studie aussagt, große Möglichkeiten für zusätzliche Arbeitsplätze.

Heute finden in der Umwelttechnik in Österreich 44 000 Menschen ihren Arbeitsplatz, 2/3 davon im privaten Sektor. Alle Indikatoren in diesem Wirtschaftssektor zeigen nach oben, sowohl was die Wachstumsmöglichkeiten als auch was die Forschungsintensität betrifft. Besonders optimistisch macht die Exportintensität der Umwelttechnik. Es wundert nicht, daß die Österreichische Akademie der Wissenschaften bei der Definition der interessantesten Technologiefelder in diesem Lande die Umwelttechnik als eines von drei besonders chancenreichen Feldern ausgewählt hat. Die beiden anderen sind die Biomasse und die Automobiltechnik.

Zum dritten – der Klimaschutz. Zehn Millionen Tonnen $CO_2$-Äquivalente sind es, deren Verringerung Österreich aufgrund der 13%-Verpflichtung zur Erzielung des Kyoto-Ziels mit seinen EU-Partnern vereinbart hat. Ein durchaus ambitioniertes Ziel, das Österreich nach wie vor im obersten Drittel der EU-Länder einreiht. Dänemark mit minus 21 % liegt an der Spitze. Deutschland mit minus 21 % ist gleichzusetzen mit Österreich, weil der Wiedervereinigungs-Benefit in Deutschland mit 8 bis 12 % zu bemessen ist und schon sehr viel durch die Schließung zahlreicher $CO_2$-intensiver Anlagen dazugekommen ist. Großbritannien liegt mit minus 12,5 % de facto ebenfalls gleichauf mit Österreich, auch einige andere Länder sind unter dem Strich vergleichbare Verpflichtungen eingegangen.

Es wird jetzt also ernst mit der Erstellung eines Klimaschutz-Maßnahmenpakets für Österreich und seine Gebietskörperschaften außerhalb des Bundes. Ich darf daran erinnern, daß acht von neun Bundesländern in Verträgen mit dem Klimabündnis vereinbart haben, ihre $CO_2$-Emissionen bis zum Jahr 2010 um nicht weniger als 50% zu reduzieren. Das ist zwar kein völkerrechtlich verbindliches Ziel wie jenes im Rahmen des Kyoto-Protokolls, trotzdem erwarte ich von den Ländern und Gemeinden ein Miteinander und kein Gegeneinander. Ich erwarte hier Zusammenarbeit bei der Umsetzung eines Maßnahmenpaketes. Bei der dominanten Bedeutung der Wärmedämmung bei Gebäuden werden die Länder mit ihrer gesetzlichen Kompetenz eine wesentliche Rolle zur Erzielung der Klimaschutzziele erfüllen müssen.

Zu den erneuerbaren Energieträgern sagt die Europäische Kommission, daß bei einer Anhebung ihres Anteils am Gesamtenergieaufkommen von derzeit 6 auf 12% bis zum Jahr 2010 rund 500 000 zusätzliche Arbeitsplätze in der Union direkt geschaffen werden können. Durch eine Erhöhung der Exportaktivitäten kommen weitere 350 000 Arbeitsplätze dazu.

Mit nationalen Maßnahmen können wir nur einen Teil des Weges beschreiten. Wir brauchen common and coordinated policy and measures auf EU-Ebene. Ich freue mich daher, daß eine sehr wichtige Maßnahme fast abschlußreif ist, nämlich eine Vereinbarung zwischen der Europäischen Union und der europäischen Automobilindustrie. Die Verhandlungen sind soweit gediehen, daß für Oktober dieses Jahres der Abschluß eines Vertrages für das Sechs-Liter-Auto per 2008 möglich ist.

Das heißt, Europas Automobilindustrie wird im Jahr 2008 einen durchschnittlichen Flottenverbrauch von nur noch sechs Litern pro 100 Kilometern garantieren müssen. Diese sechs Liter entsprechen dann immerhin nur mehr 140 Gramm Kohlendioxid pro Kilometer gegenüber derzeit 185 Gramm. Das bedeutet minus 25% Kohlendioxidausstoß und 25% Energieeinsparung pro gefahrenem Kilometer. In Richtung Kyoto-Ziel können so nicht weniger als 85 Millionen Tonnen Kohlendioxid auf EU-Ebene eingespart werden. Eine solche EU-weit koordinierte Maßnahme sollte ein Stück des Weges zur Erreichung des Klimaschutzzieles bis 2010 gewährleisten.

*Fazit*

Die Erhöhung der energetischen Effizienz und die Erreichung von Klimaschutzzielen müssen nicht notwendigerweise mit der Gefährdung von Arbeitsplätzen, mit der Reduktion von Wachstum und der Inanspruchnahme von unglaublichen Budgetmitteln verbunden sein. Im Gegenteil: In der Umsetzung dieses Konzeptes liegen erhebliche Arbeitsmarktchancen, viele zusätzliche Jobs können in Österreich und in Europa damit geschaffen werden. Wenn diese Botschaft bei Europas Arbeitgebern und bei Europas Gewerkschaften ankommt, werden wir uns etwas leichter tun.

# VISIONEN

Frank W. Bosshardt

# Ökoeffizienz – das Leitmotiv des World Business Council for Sustainable Development

*Einleitung*

»Sustainable Development« oder nachhaltige Entwicklung ist richtig verstanden ein globales Konzept, von dem seit der Rio-Konferenz alle sprechen und von dem niemand genau weiß, was es bedeutet. Die bekannte Definition der Brundtland-Kommission ist zwar einleuchtend, gibt aber keine Handlungsanweisung. Nachhaltige Entwicklung nach heutigem Verständnis besteht aus drei Pfeilern:

- dem ökonomischen: wirtschaftliche Entwicklung;
- dem sozialen: Verbesserung der Lebensbedingungen aller Menschen;
- dem ökologischen: Erhaltung der Umwelt und der natürlichen Ressourcen.

Daß sich die Forderungen entsprechend den drei Pfeilern teilweise widersprechen, wenigstens scheinbar, macht die Sache nicht einfacher.

1992 führten die Vereinten Nationen in Rio die »Konferenz für Umwelt und Entwicklung« (UNCED) durch. Der von Stephan Schmidheiny 1990 gegründete *Business Council for Sustainable Development* (BCSD) hat als Beitrag zur Rio-Konferenz den Bericht mit dem Titel: »Kurswechsel – Globale unternehmerische Perspektiven für Entwicklung und Umwelt« (Schmidheiny/BCSD, 1992) publiziert. Das Buch wurde inzwischen in dreizehn Sprachen übersetzt und weltweit in mehr als 200000 Exemplaren verkauft.

Das Buch »Kurswechsel« befaßt sich mit der Frage, was nachhaltige Entwicklung für ein einzelnes Unternehmen bedeutet. Ein Unternehmen ist für sich allein niemals »nachhaltig«, weil jede wirtschaftliche Tätigkeit Ressourcen verbraucht, die Natur belastet und damit die Umwelt beeinträchtigt. Andererseits müssen Unternehmen Mehrwert produzieren, um einen Beitrag zur wirtschaftlichen Entwicklung und zur sozialen Wohlfahrt zu leisten. Was können Unternehmen also zur nachhaltigen Entwicklung beitragen?

Die Lösung heißt Ökoeffizienz, ein Konzept und ein Begriff, den der BCSD im »Kurswechsel« erstmals prägte. Ökoeffizienz wurde vom WBCSD definiert als die »zunehmende Produktion von nützlichen Gütern und Dienstleistungen bei laufend abnehmendem Verbrauch von natürlichen Ressourcen, also Rohmaterialien und Energie«. Damit verbunden ist automatisch eine Verminderung von Emissionen und Abfällen, welche ja nichts anderes sind als verschwendete Ressourcen. Alles, was ein Betrieb in die Umwelt entläßt, mußte vorher eingekauft werden.

Der Begriff Ökoeffizienz umfaßt also gleichzeitig ökonomische und ökologische Effizienz. Er zeigt, daß die sparsame, d.h. effiziente Verwendung von Ressourcen sowohl die Umwelt schont als auch durch Erhöhung der Ressourcenproduktivität die Kosten senkt.

Erfahrungen vieler Unternehmen haben klar gezeigt, daß eine Steigerung der Ressourcenproduktivität technisch möglich und machbar ist, und zwar in einem beträchtlichen Ausmaß. Konzepte wie »Faktor Vier« (von Weizsäcker; Lovins; Lovins, 1997) oder gar »Faktor 10« (Schmidt-Bleek, 1998) zeugen von den Größenordnungen, welche für möglich gehalten werden. Viele Beispiele zeigen, daß ein Faktor vier nicht nur eine Wunschvorstellung, sondern auch in der Praxis möglich ist.

Im Bereich der Arbeitsproduktivität hat die Wirtschaft in den letzten 100 Jahren geradezu atemberaubende Fortschritte gemacht. Sie konnte um einen Faktor 40 oder 50 gesteigert werden. Demgegenüber ist die Ressourcenproduktivität laufend zurückgegangen, weil Arbeit durch Energie- und Materialeinsatz ersetzt wurde.

*Warum hat sich das so entwickelt?*

Arbeit ist durch steigende Löhne, Sozialabgaben und soziale Konflikte ständig teurer geworden. Es lohnt sich für Unternehmen, Arbeit mit großem Kapitaleinsatz wegzurationalisieren. Natürliche Ressourcen wurden dagegen in konstanten Geldwerten immer billiger gerechnet, weil Beschaffung und Transporte rationalisiert werden konnten, weil sie auf vielfältige Art von den meisten Staaten subventioniert werden und weil ein beträchtlicher Teil ihrer Kosten, nämlich die Umwelt- und Sozialkosten, der Allgemeinheit angelastet werden (Externalitäten). Als Folge davon hat Ressourcenproduktivität für viele Unternehmen keine Priorität. Sie ist jedoch von entscheidender Bedeutung für den Fortschritt in Richtung nachhaltiger Entwicklung.

Die Wirtschaft schöpft also Werte für ihre Kunden, ihre Kapitalgeber und für eine (abnehmende) Zahl von Arbeitnehmern. Gleichzeitig vernichtet sie Werte zu Lasten der Allgemeinheit, nämlich Umweltgüter und natürliche, nicht erneuerbare Ressourcen.

Ökoeffizienz, ein Begriff, der mittlerweile weltweit in Debatten und Publikationen verwendet wird, ist die Richtschnur dafür geworden, in welchem Ausmaß ein Unternehmen zur nachhaltigen Entwicklung beiträgt. Der inzwischen zum *World Business Council for Sustainable Development* (WBCSD) avancierte BCSD hat Ökoeffizienz zu einem seiner zentralen Themen erhoben.

Trotz der mangelnden Preissignale anerkennen mehr und mehr Unternehmensleiter die Notwendigkeit, ihre Aktivitäten ökoeffizienter zu gestalten, weil sie dadurch langfristig ihre Wettbewerbsfähigkeit verbessern und ihre Risiken vermindern. Ökoeffizienz liegt dabei nicht nur im Interesse der Umwelt, sondern ebenso im Eigeninteresse des Unternehmens, und dies auf drei Ebenen:

- Ökoeffizienz spart Kosten für Energie und Rohstoffe, aber auch für Umweltschutzmaßnahmen, Behebung von Umweltschäden, Versicherungsprämien und neuerdings in vermehrtem Maße auch für Kredite.
- Ökoeffizienz ist ein wichtiger Motor für immerwährende Innovation und Fortschritt im Unternehmen. Sie hilft damit, veraltete Technologien, Produkte und Strukturen zu erneuern und kundengerechter zu gestalten, von Grund auf neue Lösungen zu finden, die dem Unternehmen Marktvorteile verschaffen.
- Ökoeffizienz verbessert das Image des Unternehmens bei allen Bezugsgruppen (Stakeholders), vorab bei den Kunden, aber auch bei den Geldgebern, den Umweltorganisationen und bei den Mitarbeitern.

Die Welt steht mit größter Wahrscheinlichkeit am Anfang eines noch nie gesehenen Wirtschaftswachstums, angetrieben von den kumulativen Auswirkungen der Bevölkerungsexplosion, der technischen Entwicklung und der fortschreitenden Deregulierung und Globalisierung der Märkte. Ein zunehmender Teil dieses Wachstums wird in Entwicklungsländern stattfinden, wo die Bevölkerung immer noch Grundbedürfnisse decken muß (Wohnraum, Infrastruktur usw.).

Dieses Wachstum wird notwendigerweise ressourcenintensiv sein und wird die Welt früher oder später an die Grenzen der globalen Verfügbarkeit, Erneuerungsfähigkeit der Ressourcen sowie der globalen Aufnahmekapazitäten für Abfälle bringen, wie es der *Club of Rome* schon vor Jahren vorhergesagt hat (wobei er allerdings den Zeitrahmen unterschätzt hat).

Die Marktmechanismen werden vermutlich die bevorstehende Verknappung der meisten nicht erneuerbaren Ressourcen rechtzeitig durch Preissignale anzeigen. Steigende Preise führen zu Produktivitätssteigerung und/oder zu Substitution. Andererseits werden die Märkte kaum rechtzeitig den bevorstehenden Kollaps von übernutzten erneuerbaren Ressourcen und Ökosystemen verhindern, da die Erschöpfung erreicht wird, bevor die Preise steigen und die Nutzung auf ein nachhaltiges Niveau reduziert worden ist. Subventionen spielen oft eine entscheidende Rolle bei der Ausschaltung von Preissignalen und verhindern damit, daß der Markt ein Gleichgewicht von Angebot und Nachfrage herstellen kann. Dies hat bereits zum Kollaps von vielen Meerfischbeständen geführt.

Die Fischerei ist ein typisches und instruktives Beispiel für »perverse« Subventionen: Weil der Fischfang in vielen Ländern eine wichtige Ernährungsquelle ist und die weltweite Nachfrage zunahm, wurden die Küstengewässer überfischt, wodurch die Erträge zurückgingen. Die Fischer benötigten größere Boote und bessere Ausrüstung, um ihren Lebensunterhalt zu bestreiten. Weil den kleinen Fischern das Kapital fehlte, subventionierten viele Regierungen die Beschaffung von effizienteren Fischerflotten. Dadurch beschleunigte sich die Übernutzung der Fischbestände, was erneut zum Rückgang der Erträge führte. Um das vollständige Leerfischen der Meere zu verhindern, beginnen die Regierungen, die modernen, subventionierten Boote wiederum mit Steuergeldern zurückzukaufen und zu verschrotten, um damit die Zahl der Fischer zu verringern. Dies geschieht zur Zeit in den USA, während andere Nationen weiterhin ihre Fischereiflotten ausbauen. Durch die modernen, »effizienten« Fischfangmethoden werden übrigens nicht nur die Erträge an verwertbaren Fischen gesteigert, sondern auch die Vernichtung der übrigen Meeresfauna, also die Zerstörung des Biotops Meer. Eine absurde Entwicklung.

Die Firma Unilever, die Fischprodukte weltweit vertreibt, hat inzwischen eingesehen, daß der Fischfang nachhaltig betrieben werden muß, um zu verhindern, daß ein Kollaps der Bestände eintritt und die Erträge auf Null fallen. Daher hat Unilever zusammen mit dem *World Wide Fund for Nature* (WWF) den »Fish Stewardship Council« gegründet mit dem Ziel, nachhaltige Fischfangmethoden zu definieren, einzuführen und zu zertifizieren, um damit die Verteilerorganisationen und Kunden zu veranlassen, in Zukunft nachhaltig gefangene Fische zu bevorzugen. Damit sollte der Markt zu spielen beginnen.

Märkte funktionieren dann, wenn Eigentumsrechte vorhanden sind. Für natürliche Ressourcen sind diese oft schlecht definiert. Aufnahmemedien für Abfälle und Emissionen wie Luft und Wasser haben meist gar keine Eigentümer. Die Verknappung von Aufnahmekapazitäten wird so zum limitierenden Faktor der Entwicklung. Märkte können diese Verknappung jedoch nicht anzeigen. Das naheliegende Beispiel ist die tolerierbare Aufnahmefähigkeit der Atmosphäre für Treibhausgase.

Dieser Zusammenhang erklärt, warum die Unternehmen von den Marktmechanismen nicht hinreichend geführt und motiviert werden, ihre Ressourcenproduktivität genügend rasch zu steigern, um größere Schäden an den globalen Ökosystemen zu verhindern. Was aber könnte die Unternehmen veranlassen, sich so zu verhalten, daß allgemein akzeptierte politische Ziele erreicht werden können, wenn die Märkte keine richtigen Signale aussenden?

Ressourcenproduktivität hat für verschiedene Industrien einen verschiedenen Stellenwert. Da sind einerseits die Branchen, deren Prozesse einen hohen Bedarf an Rohmaterialien und Energie aufweisen (Zement, Stahl, Zellulose usw.). Sie haben seit langem erkannt, daß die Ressourceneffizienz ihre Wettbewerbsfähigkeit entscheidend beeinflußt. Da sind andererseits die Branchen, deren Energie- und Materialverbrauch beschränkt ist, deren Produkte jedoch einen hohen Energiebedarf aufweisen oder schwierig zu entsorgen sind. Beispiele dafür sind die Auto-, Flugzeug- und Geräteindustrie sowie Kraftwerke. Während die ersteren ihre Probleme selbst in eigener Initiative lösen können, müssen die Probleme der anderen Kategorie vom System her angegangen werden.

Um Fortschritte zu erzielen, müssen wir Ökoeffizienz quantifizieren und messen können. Dazu benötigen wir die Kriterien um die Umweltrelevanz der verschiedenen Einträge und Austräge, sowohl für die Produktion als auch für den Gebrauch und die Entsorgung der Güter und deren Abfallprodukte. Wir benötigen Maßstäbe, gegen die jedes Unternehmen seine Resultate mit denen seiner Konkurrenz vergleichen kann und muß.

Die stärksten und am direktesten wirkenden Kriterien sind diejenigen, die in Geldeinheiten ausgedrückt werden können. Sind diese einmal allgemein akzeptiert und respektiert, werden sie automatisch in die Entscheidungsprozesse der Unternehmen eingebaut.

Regierungen müssen ihre »perversen« Subventionen kritisch überprüfen, insbesondere diejenigen, die Energie und Ressourcen verbilligen und damit ihre Verschwendung begünstigen. Indem sie Ressourcen künstlich verbilligen, halten sie die Unternehmer davon ab, in die effizientesten Technologien zu investieren, und die Konsumenten, ihre Kaufentscheidungen zugunsten der Nachhaltigkeit zu treffen.

Regierungen sollten aber weitergehen, als die Subventionen zu eliminieren, welche die Verschwendung begünstigen. Sie sollten die Steuern auf Löhne und Gewinne kontinuierlich reduzieren und auf Emissionen und Ressourcenverbrauch umlegen. Das würde die Einführung von ressourceneffizienten Technologien weiter beschleunigen und gleichzeitig die Arbeitskosten senken, also der Arbeitslosigkeit entgegenwirken.

Es gibt aber andere wichtige und wirkungsvolle Signale, die nicht direkt in Geldwerten ausgedrückt werden können. Die Wirtschaft ist Teilsystem des bei weitem komplexeren Systems der menschlichen Gesellschaft. Diese Systeme beeinflussen sich gegenseitig laufend. Die Wirtschaft wird nicht nur von Kosten und Preisen gesteuert, sondern auch von einer Fülle von immateriellen Signalen, die von Bezugsgruppen herrühren: Mitarbeiter, Nachbarn, Umweltorganisationen, den Medien, aber vor allem von Kunden, Gesetzgebern und Regierungen. Diese Signale sind heute weltweit erkennbar, obwohl sie noch gering sind. Andere gesellschaftliche Anliegen haben oft Vorrang, z.B. die Beschäftigungsprobleme in den Industrieländern und die Armut in den Entwicklungsländern.

Die Wirtschaft wird aber ihr Innovationspotential dann voll entwickeln, wenn die Gesellschaft die nachhaltige Entwicklung zu ihrem Hauptanliegen gemacht hat, das sich in den politischen Prioritäten niederschlägt. Die Steigerung der Ressourcenproduktivität um einen Faktor vier oder sogar Faktor zehn wird nur Wirklichkeit werden, wenn die Wirtschaft ihre ganze Innovationskraft dafür einsetzt.

Jeder Unternehmer, der langfristig erfolgreich sein will, muß die herrschenden Trends erkennen. Dies gilt sowohl für Trends der eigenen Produkte und

Märkte als auch für weltweite gesellschaftspolitische Trends, sogenannte Megatrends. Die zunehmende Verknappung des Gutes »Umwelt« wird zweifellos der Megatrend des 21. Jahrhunderts sein.

*Woran kann man diesen Megatrend erkennen?*

In den Jahrzehnten nach dem Zweiten Weltkrieg wurde die zunehmende Umweltzerstörung und -verschmutzung, verursacht durch das rasche Wachstum des materiellen Lebensstandards, für jedermann sichtbar, teils auch riechbar, und wurde von der Bevölkerung als Verminderung der Lebensqualität empfunden. Deshalb war es auch möglich, in relativ kurzer Zeit Maßnahmen zu ergreifen: Verschmutzte Abwässer wurden geklärt, Luft gefiltert usw. In den meisten Industrieländern entstand eine mehr oder weniger strenge und griffige Umweltgesetzgebung, die allerdings nicht überall mit gleicher Strenge durchgesetzt wurde.

Die Maßnahmen, welche die Unternehmen durchführten, waren *end-of-pipe*-Maßnahmen: Luft und Wasser wurden weiterhin verunreinigt, aber nachträglich wieder gereinigt, bevor sie wieder der Umwelt zurückgegeben wurden. Diese Maßnahmen kosteten viel Geld und wurden von den Unternehmen als teuer empfunden, weil sie ihrer Natur gemäß unproduktiv sind. Umweltschutz war ein Kostenfaktor. Dies hatte gleichzeitig zur Folge, daß sich nur reiche Länder und reiche Gesellschaften Umweltschutz leisten konnten.

Es brauchte daher die zunehmend strenger werdenden Gesetze und Verordnungen, welche die Unternehmen zu diesen Maßnahmen verpflichteten.

Das Ergebnis war trotzdem beachtlich: Luft und Gewässer sind in vielen Industriestaaten sichtbar sauberer geworden. Auch verseuchte Böden werden vielerorts mit enormem finanziellem Aufwand saniert, wenn möglich auf Kosten der Verursacher, oft mit staatlichen Mitteln, so z.B. in den USA durch den von der *Environmental Protection Agency* (EPA) verwalteten *Superfund* (siehe http://www.epa.gov/superfund). Als Folge davon ist für den oberflächlichen Beobachter die Welt weitgehend wieder in Ordnung.

Die heutigen Umweltprobleme sind jedoch schwieriger zu verstehen: Die Verschmutzung ist global und für den Bürger nicht leicht zu erkennen. Der seit Beginn des Industriezeitalters stetig zunehmende $CO_2$-Gehalt der Atmosphäre ist für den Menschen nicht sichtbar und hat keine direkten negativen Folgen. Wir müssen den Wissenschaftlern glauben. Das gleiche gilt für die Zunahme von Schwermetallen im Meerwasser und in den Böden, die über die Nahrungsketten in den menschlichen Organismus gelangen. Wir spüren davon nichts, aber langfristig sind Gefahren für den Menschen zu erwarten. Auch die zunehmende UV-Strahlung, verursacht durch die Verdünnung der Ozonschicht in der Stratosphäre, haben die meisten Menschen noch nicht am eigenen Leibe erfahren.

Wir sind also auf wissenschaftliche Meßwerte angewiesen und, was noch schwieriger ist, auf die Interpretation dieser Messungen durch Wissenschaftler und Politiker. Trotzdem dringt die Erkenntnis, daß die Menschheit die Umwelt übernutzt, langsam, aber stetig ins Bewußtsein der Bevölkerung ein und beginnt, ihre Handlungsweise zu beeinflussen.

Um diesen Trend zu erkennen, müssen wir einen Schritt zurücktreten und von der Frosch- in die Vogelperspektive wechseln. Als 1988 der *Club of Rome* seinen Bericht »Die Grenzen des Wachstums« (Club of Rome, 1988) veröffentlichte, wurden sich viele Menschen erstmals bewußt, daß wir auf einem endlichen Planeten leben. Die relativ kurzfristige Erschöpfung der natürlichen, nicht erneuerbaren Rohstoffe, die der *Club of Rome* als Menetekel an die Wand malte, ist bisher nicht eingetreten.

Im Gegenteil: Von vielen Rohstoffen sind heute größere Reserven bekannt als damals, trotz des zunehmenden Verbrauchs. Dies hängt mit der rasanten Entwicklung der Explorations- und Extraktionstechnik zusammen, die der *Club of Rome* nicht vorausgesehen hat. Hat sich der *Club of Rome* also getäuscht? Im Detail und im Zeithorizont ja, aber im Grundsatz nicht.

Inzwischen ist allerdings klar geworden, daß die Umweltgüter Luft, Wasser und Boden sowie einige erneuerbare Ressourcen wie Fischbestände lange vor den natürlichen Rohstoffen erschöpft sein werden, wenn die Übernutzung nicht rechtzeitig vermindert wird.

Zurück zum Erkennen des Megatrends: Viele Leute stehen unter dem Eindruck, daß sich seit der Rio-Konferenz nichts geändert hätte. Oft höre ich Kommentare wie: »Alles beim alten, außer Spesen nichts gewesen!« Diese Meinung teile ich nicht.

Natürlich sind die Probleme der Umweltzerstörung und der Armut in den Entwicklungsländern in den 5 Jahren nach Rio nicht gelöst worden. Das konnte man realistischerweise auch nicht erwarten. Vergessen wir nicht, daß in dieser kurzen Zeit die Weltbevölkerung um fast 500 Millionen Menschen zugenommen hat (also um die ganze Bevölkerung der EU). Trotzdem hat sich vieles verändert, und vieles in die richtige Richtung. Dazu ein paar Stichworte:

- Alle Regierungen dieser Welt haben ihre »umweltpolitische Unschuld« verloren. Kein Land, keine Industrie und keine Interessengemeinschaft kann sich in Zukunft darauf berufen, die Probleme nicht zu kennen. Probleme der Umwelt und Entwicklung stehen heute in zunehmendem Maße auf den Traktandenlisten aller Länder der Welt und werden es bleiben.

- In den vergangenen 5 Jahren ist außerdem die Erkenntnis gewachsen, daß die Industrie nicht nur ein Teil des Problems ist, sondern auch ein notwendiger und unverzichtbarer Teil der Lösung sein muß. Mehr und mehr Firmen, angefangen bei den weltweiten Konzernen, aber auch Mittel- und Kleinbetriebe, nehmen die Umwelt ernst.

- Regierungen und Umweltorganisationen beginnen, mit der Wirtschaft zusammenzuarbeiten, statt sie zu bekämpfen, weil sie einsehen, daß nur durch Zusammenarbeit mit einer gesunden Wirtschaft brauchbare und politisch akzeptierbare Lösungen gefunden werden können.
- Umweltmanagement-Systeme werden weltweit eingeführt, insbesondere seit die Internationale Normenorganisation (ISO), übrigens auf Initiative des *Business Council*, weltweit anerkannte und zertifizierbare Normen für griffiges Umweltmanagement und andere Instrumente wie *life-cycle*-Analysen usw. in Kraft gesetzt hat.

Seit der BCSD 1992 das Konzept der Ökoeffizienz lanciert hat, erkennen immer mehr Unternehmen auch die ökonomischen Vorteile des sparsamen Umgangs mit Naturgütern und beginnen, ihre Produkte und Prozesse zu überprüfen und ökoeffizienter zu machen. Auch hier eine markante Entwicklung in nur sechs Jahren.

In diesem Prozeß spielen die Finanzmärkte eine immer größere Rolle: Als wir 1990 den BCSD aufbauten, zeigten Banken und Versicherungen kaum Interesse an diesem Thema. »Nicht wir verschmutzen die Umwelt, das macht die Industrie«, war ein typisches Argument, um die Einladung für einen Beitritt zum BCSD abzulehnen. Heute sieht das bereits ganz anders aus:

- Versicherungen haben erkannt, daß Umweltverschmutzung für sie enorme Risiken darstellt. Sie fangen an, Umweltsünder nicht mehr oder nur zu schlechteren Bedingungen zu versichern. Als nächstes stellten sie sich die Frage, ob es eigentlich sinnvoll sei, ihr Kapital in Firmen zu investieren, die ein übergroßes Versicherungsrisiko darstellen, und beginnen, ihre Anlagekriterien zu überdenken.
- Auch Banken werden sich bewußt, daß Umweltlasten Kosten verursachen und die Bonität einer Gesellschaft in Frage stellen oder den Pfandwert einer Liegenschaft vermindern können. Fortschrittliche Banken fangen daher an, die Gesellschaften nicht nur nach traditionell finanziellen Kriterien, sondern mehr und mehr auf ihr Umweltverhalten zu analysieren.
- In den letzten Jahren vermehren sich auch die Anlagefonds, die Gesellschaften, an denen sie sich beteiligen wollen, bezüglich Umweltverhalten und Ökoeffizienz genauer anschauen (siehe Artikel von Ulrich Niederer). Es handelt sich dabei keineswegs um ethische oder sogenannte »Öko-Fonds«, Fonds mit dem klaren Ziel zur langfristigen Gewinnoptimierung. Die Überlegung ist eigentlich einleuchtend: Ein gutes, vorausblickendes Management kann es sich heute nicht mehr leisten, die Umwelt zu vernachlässigen. Das wäre fahrlässig und kurzsichtig. Aber nur ein gutes Management garantiert langfristige Erfolge.

Sind diese Veränderungen der Beginn eines Megatrends? Ich bin überzeugt davon, weil der Druck der Öffentlichkeit trotz anderweitiger Probleme ständig wächst, weil die Umweltorganisationen weiterhin aktiv bleiben werden, und nicht zuletzt, weil sich die Anzeichen und die wissenschaftlichen Indizien für die negativen Folgen des Raubbaus an der Natur verstärken und langsam zu Beweisen werden.

Die Welt wird sich unterschiedlich entwickeln, je nachdem, wie Regierungen und die Staatengemeinschaften das Problem der Knappheit der Umweltgüter anpacken werden. Je früher Maßnahmen eingeleitet werden, um so wirksamer und kostengünstiger wird die Schadensbegrenzung ausfallen.

Für die Unternehmen bedeutet dies: Je früher ein Unternehmen die Umweltprobleme als Chance statt als lästigen Kostenfaktor begreift, um so eher wird es im 21. Jahrhundert zu den Marktführern gehören.

*Fazit*

Der oben beschriebene Trend ist natürlich nur ein Anfang, Ökoeffizienz ist noch lange nicht »mainstream«. Sie wird im 21. Jahrhundert zum »mainstream« werden. Der Erfolg der ökoeffizienten Unternehmen und Volkswirtschaften wird zur Nachahmung verleiten. Aber diejenigen Unternehmen, welche frühzeitig auf diesen Kurs eingeschwenkt sind, werden in Führung bleiben. Ökoeffizienz ist ja kein Endzustand, sondern ein fortdauernder Prozeß, dem auch ein Lernprozeß vorausgeht. Es dauert erfahrungsgemäß Jahre, bis eine neue Unternehmenskultur, und um eine solche handelt es sich, alle Schichten eines Unternehmens durchdrungen hat. Dies ist jedoch eine Voraussetzung für den Erfolg, weil viele alte Gewohnheiten ersetzt werden müssen und Innovation zur Grundhaltung der Unternehmensleitung und aller Mitarbeiter werden muß.

## Literatur

Club of Rome (1988): Jenseits der Grenzen des Wachstums. Globale Industrialisierung: Hoffnung oder Gefahr? Zur Lage der Menschheit am Ende des Jahrtausends, Bericht internationaler Experten an den Club of Rome, Scherz Verlag: Bern, München, Wien.

Schmidheiny, Stephan; Business Council for Sustainable Development (BCSD) (1992): Kurswechsel – Globale unternehmerische Perspektiven für Entwicklung und Umwelt, Artemis & Winkler Verlag: München.

von Weizsäcker, Ernst U.; Lovins, Amory B.; Lovins, L. Hunter (1997): Faktor Vier. Doppelter Wohlstand – halbierter Naturverbrauch, Der neue Bericht an den Club of Rome, Taschenbuchausgabe, Droemer Knaur: München.

Amory B. Lovins

# Ökoeffizienz: Unbegrenzte Möglichkeiten

*Einleitung*

Ich möchte Ihre Gehirnwindungen ein wenig lockern mit einem Denkspiel des großen Ingenieurs Paul MacCready. Viele von Ihnen sind bestimmt schon in Büchern über kreatives Denken auf das Rätsel mit den neun Punkten gestoßen; die Aufgabe lautet normalerweise: Verbinden Sie die neun Punkte mit nur vier Strichen, ohne den Stift vom Papier zu nehmen. Es wird erwartet, daß Sie dann folgendermaßen vorgehen: »Eins, zwei, drei, vier, fünf – geht nicht. Eins, zwei – geht auch nicht.« Erst am Schluß kommen Sie vielleicht auf die Idee, jenseits der üblichen Schemata zu denken und die Lösung zu finden. Eines Tages kam aber der Professor wutentbrannt zu seinen Studenten, weil einer von ihnen eine Lösung mit nur drei Strichen gefunden hatte. Ehrlich gestanden, ich konnte sie zuerst auch nicht entdecken, aber hier handelt es sich ja nicht um mathematische Punkte ohne Durchmesser, so daß diese Lösung auf einem ausreichend breiten Blatt Papier schon möglich ist. Nach diesem Befreiungsschlag begannen die Studenten aber, das Rätsel mit nur einem Strich zu lösen, und fanden eine Reihe von Möglichkeiten dazu, z.B. die Origami-Methode, bei der man das Papier zerknüllt und mit einem Bleistift durchsticht, bis schließlich alle neun Punkte gleichzeitig getroffen sind. Meine Lieblingslösung stammt von einem zehnjährigen Mädchen, das mit einem breiten Pinsel über alle Punkte auf einmal fuhr und erläuterte: »Keiner hat gesagt, daß es ein dünner Strich sein muß.« Naja, die anfängliche Hürde war hier eben, daß das Rätsel »Finden sie *die* Lösung« lautete, als gebe es nur eine einzige, und die Tyrannei des Wörtchens »die« hat unser Denken doch wieder in ein vorgegebenes Schema verbannt, wo wir nicht kreativer sein konnten, als das Rätsel es vorsah.

*Wie man sich unter der Kostengrenze durchgräbt …*

Ein solcher Befreiungsschlag von den üblichen Denkschemata ist auch nötig, um uns von den Vorstellungen der neoklassischen Wirtschaftstheorie zu erlösen, die behaupten, daß wachsende Einsparungen von Energie und Ressourcen schwindende Einnahmen verursachen und so die Zusatzkosten des Sparens erhöhen – man stoße auf die Grenzen der Kosteneffektivität und müsse aufhören. Die Praxis zeigt ganz andere, in der Wirtschaftstheorie nicht vorgesehene Möglichkeiten. Wenn man nämlich nicht aufhört und immer weiter spart, kann man sich unter der Kostengrenze hindurchgraben und gelangt auf der anderen

Seite zu noch größeren Einsparungen bei viel geringeren Zusatzkosten. Betrachten wir ein praktisches Beispiel aus der Industrie.

*Beispiel Pumpen und Motoren*

Ich habe kürzlich zusammen mit dem genialen niederländischen Ingenieur Jan Skellan von der Teppichfirma *Interface* daran gearbeitet, eine Pumpanlage für eine Fabrik in Schanghai neu zu entwerfen. Sie war bereits von der führenden, ich glaube deutschen, Firma in diesem Bereich optimiert worden und hätte eigentlich so gut wie nur möglich sein sollen. Ich verriet Skellan einige Ideen des Meisters der Reibungsminimierung, Herrn Lee Eng Lock aus Singapur (siehe Artikel von Lee Eng Lock), und mit ihrer Hilfe konnte er die für das Pumpen nötige Energie um 92 % reduzieren, also um einen Faktor 12. Das System kostete weniger und funktionierte besser. Wie war das möglich? Nun, durch zwei Veränderungen an den zugrundeliegenden Entwurfsprinzipien. Die erste Veränderung führte zum Gebrauch großer Rohre und kleiner Pumpen anstelle von schmalen Rohren und großen Pumpen. Die Reibung in einem Rohr nimmt um beinahe die fünfte Potenz der Vergrößerung des Durchmessers ab, aber normalerweise wird die Rohrgröße optimiert, indem man die Zusatzkosten eines dickeren Rohrs mit dem Wert der gesparten Pumpenergie vergleicht. Was fehlt? Die Größe und der Kapitalwert des Pumpenmotors, des Wechselrichters, und der elektrischen Zufuhr, die gegen die Reibung im Rohr ankommen müssen. Es stellt sich also heraus, daß bei einer klügeren Anlage das Rohr ungefähr doppelt so groß und das Pumpen- und Antriebssystem wesentlich kleiner ist. Das sind nicht die Ergebnisse der Raumforschung, sondern eher die Technik des viktorianischen Zeitalters, die aber oft vergessen wird. Heute optimieren wir oft nur einen isolierten Teil des Systems, das dadurch insgesamt schlechter funktioniert.

Die zweite Veränderung, die Ingenieur Skellan vornahm, war, daß er zuerst die Rohrleitungen legte und dann die Anlage anschloß, und nicht umgekehrt. Normalerweise wird die Anlage willkürlich irgendwo hingestellt, oft an die falsche Stelle und auf die falsche Höhe, mit den Anschlüssen in die falsche Richtung. Dann holt man den Klempner und bittet ihn, diesen mit jenem Punkt zu verbinden, und die Leitungen winden sich um allerlei Ecken. Den Klempnern gefällt das natürlich, denn sie erhalten einen Stundenlohn und berechnen das verbrauchte Material, aber sie bezahlen weder das Pumpsystem noch die Energierechnungen. Aber die vielen Windungen erhöhen die Reibung um das Drei- bis Sechsfache. Wenn man zuerst die Rohre legt, sind sie kurz und gerade statt lang und krumm. Außerdem kann man sie dann besser isolieren. In diesem Fall konnten wir so zusätzliche 70 Kilowatt Wärmeverlust einsparen, und die Investition hatte sich nach drei Monaten amortisiert. Die Prinzipien, auf denen der Entwurf beruht, sind also entscheidend, wenn man sich unter Kostengrenzen hindurchgraben will.

*Beispiel Rocky Mountain Institute*

Ein weiteres Beispiel ist mein Haus – gleichzeitig das Hauptquartier des Rocky Mountain Institute – in den Rocky Mountains, 2200 Meter über dem Meeresspiegel. Das Klima ist ziemlich streng, manchmal erreichen die Außentemperaturen –44°C. Im Winter kann die Wolkendecke 39 Tage hintereinander geschlossen bleiben. Die frostfreie Periode dauert vom 26. Juni bis zum 16. August, doch leichter Frost kann jederzeit auftreten. Aber wenn man aus einem Schneesturm draußen in das Atrium in der Mitte unseres Hauses kommt, findet man sich in einem tropischen Urwald wieder, in dem gerade die 26. Bananenernte eingebracht wird. Der alte Leguan erteilt Kurse über das Echsendasein, aber nur für Fortgeschrittene. Ihm ist natürlich längst klar, daß das Haus über kein konventionelles Heizsystem verfügt und daß diese Bauweise viel billiger ist.

Wie kann das funktionieren? Normalerweise würde man fragen, wie dick die Isolierung sein muß, einen Vergleich zwischen den Zusatzkosten für die bessere Isolierung und den eingesparten Heizkosten zu ziehen. Was fehlt hier? Nun, wie steht es denn mit dem Kapitalwert des Heizsystems? Es stellt sich heraus, daß es klüger ist, das Haus supereffizient zu isolieren, in unserem Fall mit k-Werten von 0,14 für die Wände, 0,05 für das Dach und 0,5 für die Fenster, und auf ein Heizsystem zu verzichten. Wir werden zu 99% passiv-solar geheizt, dank unserer Superfenster, die so gut isolieren wie acht bis zwölf normale Glasscheiben, aber wie zwei aussehen und weniger als drei kosten. Das gilt auch für ein deutsches Klima, in dem sie mehr Wärme erzeugen, als sie verlieren, selbst wenn sie nach Norden blicken. Sie können natürlich auch an ein heißes Klima angepaßt werden, wo sie dann Licht ohne Wärme einlassen und die Klimaanlage überflüssig machen. Mit Hilfe dieser Technologien konnten wir die Baukosten senken, denn die Fenster kosten weniger als das nun überflüssige Heizsystem. Unsere Ersparnisse plus ungefähr 25 DM pro Quadratmeter investieren wir dann, um den Haushaltsstromverbrauch um 90% zu reduzieren. Der Kühlschrank verbraucht nur 8%, die Tiefkühltruhe 15% ihres »normalen« Energiebedarfs. Für unsere 372 Quadratmeter beträgt die monatliche Stromrechnung ungefähr 8 DM. Wir sparen außerdem 99% der Energie für Heißwasseraufbereitung und verringern den Wasserverbrauch um die Hälfte. Die Investitionen amortisieren sich innerhalb von zehn Monaten. Das ist eine lange Zeit, aber wir müssen bedenken, daß es sich hier um Technologien von 1983 handelt, die längst übertroffen werden können. Das ist also ein noch Beispiel dafür, wie man sich unter den Kostengrenzen hindurchgraben kann, indem man aus einer einzigen Investition eine Vielzahl von Vorteilen zieht. Dazu gibt es eine Unmenge von Möglichkeiten, die Superfenster z.B. erbringen zehn verschiedene Vorteile, von denen die Steigerung der Energieeffizienz nur einer ist. In 1A-Elektromotoren verbergen sich weitere 16 Vorteile, in der Optimierung von Leuchtstoffröhren und ihrem Ballast sogar 18. Der sich ergebende Nutzen ist spürbar und meßbar.

*Beispiel Bürogebäude*

Eine weitere Möglichkeit, sich unter der Kostengrenze hindurchzugraben und große Einsparungen zu geringeren Kosten zu erreichen, liegt darin, Verbesserungen einzuführen, wenn man ohnehin gerade renovieren muß, wegen Altersverschleiß oder FCKW. Betrachten wir als Beispiel ein großes verglastes Bürogebäude von 19000 $m^2$ in der Nähe von Chicago. Vor vier Jahren wurden wir um Hilfe gebeten, als die Versiegelung nach 20 Jahren doch ihren Geist aufgab. Alle Fenster, die übrigens sehr dunkel waren, müssen ersetzt werden. Aber anstatt die gleichen Fenster wie vorher zu verwenden, entdecken wir eine andere Sorte, ein Superfenster, das sechsmal soviel Licht, aber zehnmal sowenig Wärme durchläßt. Es isoliert viermal so gut, bietet viermal besseren Lärmschutz und verursacht pro Quadratmeter Glas $ 8 Zusatzkosten. Angenehmes natürliches, nicht grelles Licht durchflutet die Büroräume, so daß das sehr effiziente elektrische Licht gedämpft werden kann und nur noch 3 Watt pro Quadratmeter verbraucht. Es ist ein leichtes, durch klug gewählte Neuanschaffungen den Energieverbrauch der Bürogeräte auf 2 Watt pro Quadratmeter zu senken, dadurch nimmt auch die in den Raum abgegebene Prozeßwärme – Menschen also ausgenommen – um 85 % ab. Statt der 2,1 Megawatt für Kühlung brauchen wir dann nur noch 0,6. Das Kühlsystem ist aber auch schon 20 Jahre alt und muß außerdem wegen FCKW erneuert werden. Normalerweise würde die Erneuerung eines so großen Systems $ 600000 kosten. Wir hingegen gestalten es viermal so effizient wie vorher, und da es ja viermal kleiner sein kann, sparen wir dabei $ 200000 – genau so viel, wie die Maßnahmen kosten, die zusammen ein kleineres Kühlsystem möglich machen. Eine Einsparung von drei Vierteln der Energie war also zu dem Preis zu haben, den die Renovierung ohnehin gekostet hätte. Solche Gelegenheiten bieten sich sehr häufig. Außerdem wurde das Gebäude viel angenehmer und gemütlicher. Zahlreiche Studien belegen, daß der höhere Klima-, Licht- und Geräuschkomfort eines effizienten Gebäudes, sei es nun alt oder neu, die Arbeitsproduktivität um sechs bis 16 % steigert. Nun, in einem prototypischen Büro bezahlt man einhundertmal soviel für Menschen wie für Energie. Wenn es also gelingt, die Arbeitsproduktivität um 1 % anzuheben, hat man ökonomisch betrachtet gerade die ganze Energierechnung beglichen. Wie gesagt, die Steigerung erreicht tatsächlich häufig sechs bis 16 %. Natürlich erfordert dies »ganzheitliche« Herangehensweisen, mit denen das Gebäude als System optimiert wird, und nicht nur einzelne Teile davon. An einigen Stellen muß man mehr ausgeben, damit man an anderen viel weniger ausgeben kann. Dabei ist es ungemein hilfreich, wenn die Architekten und Ingenieure auch für das belohnt werden, was sie einsparen, und nicht für das, was sie verschwenden, wie z.B. im gegenwärtig geltenden Honorarsystem. Deswegen hat es mich gefreut zu hören, daß deutsche und schweizerische Architekten jetzt performanceorientierte Prämien für Entwürfe in Erwägung ziehen.

Wie weit reichen diese Möglichkeiten in den Bereich der Industrie hinein? Sehr, sehr weit. Selbst mit eher konventionellen Methoden haben z.B. beinahe 1000 bei Dow Chemical in Louisiana durchgeführte Energiesparprojekte über zwölf Jahre eine durchschnittliche Rendite von 204% erwirtschaftet (vorausberechnet waren 202%). Wenn man der Wirtschaftstheorie Glauben schenken will, dürften diese Einsparungen überhaupt nicht existieren: Sieht ein Wirtschaftswissenschaftler einen Hundertmarkschein auf der Straße liegen, hebt er ihn nicht auf, denn er kann ja nicht echt sein, sonst hätte ihn längst jemand aufgehoben. Aber sie sind echt, und als die jährlichen Einsparungen langsam auf $110 Milliarden zugingen, nahmen sie noch weiter zu, und die Rentabilität der Investitionen stieg unaufhaltsam. Denn nachdem die Ingenieure einmal Blut geleckt haben, sind sie nicht mehr zu halten und entwerfen immer neue Einsparmöglichkeiten. Effizienz ist eine unbegrenzte, ja stetig wachsende Ressource. Ähnlich halbierte der größte US-amerikanische Hersteller von Drähten und Kabeln innerhalb von nur sechs Jahren seinen Energieverbrauch und sparte danach immer weiter. Die Investitionen amortisierten sich nach zwei Jahren. Zahlreiche Chemiekonzerne in Europa, die schon seit 1973 die Hälfte ihrer Energie eingespart haben, entdecken, daß sie mit Hilfe von Knausertechnologien und neuen Katalysatoren oder besseren Steuerungsmechanismen weitere 70% überflüssig machen, was sich wieder nach zwei Jahren amortisiert.

Ungefähr drei Viertel des in der Industrie verbrauchten Stroms werden in Motorensystemen eingesetzt. Der Stromverbrauch weniger Wochen ist bei einem großen Motor so hoch wie sein eigener Kapitalwert. Normalerweise sagen wir, daß es sich nicht lohnt, bereits vorhandene Motoren zu ersetzen, daß wir warten müssen, bis sie ausgedient haben, und erst dann einen effizienten besorgen. Aber wenn man alle 16 Vorteile eines 1A-Motors mit einberechnet, ist es doch der Mühe wert, die meisten diensttuenden Motoren nachzurüsten. Bis zu 35 verschiedene Dinge kann man unternehmen, um das Motorensystem zu verbessern. Sie hängen mit Auswahl, Größe, Wartung und Energiezufuhr der Motoren zusammen, mit vier verschiedenen Steuerungssystemen, der Stromzufuhr, der Systeme, die das Drehmoment an die betriebene Maschine weiterleiten, und schließlich mit der Art und Weise, wie das ganze System gesteuert wird. Aber von diesem 35 Eingriffen muß man nur sieben bezahlen, die restlichen 28 sind kostenlose Nebenprodukte. Wenn man also das ganze System betrachtet, sind die Einsparungen zu einem sehr geringen Preis zu erreichen.

Vor neun Jahren berechneten wir, und das Forschungsinstitut der amerikanischen Stromunternehmen stimmt uns zu, daß man auf diese Weise ungefähr die Hälfte der Energie zwischen Stromzähler und Anschluß der Maschine einsparen könnte, was sich bei einer Gebühr von ungefähr acht Pfennig, also fünf amerikanischen Cent, pro Kilowattstunde innerhalb von 16 Monaten rentiert haben würde. Auch hier ist ein Gutteil der Einsparungen auf das positive Ineinandergreifen der einzelnen Maßnahmen zurückzuführen. Dabei zähle ich hier noch nicht einmal die Einsparungen »flußabwärts«, innerhalb oder jenseits der Anlagen, die der Motor antreibt. Dort finden sich natürlich auch nicht zu vernachlässigende Spargelegenheiten.

Tatsächlich sollte man mit dem Sparen immer flußabwärts beginnen – das Beispiel mit der Reduzierung der Pumpenergie um einen Faktor 12 habe ich ja bereits erwähnt. Aber sehen Sie sich einmal die Zusammenhänge an: In einem Pumpsystem wirken typischerweise so viele Widerstände, daß für eine Einheit Rohrdurchfluß im Kraftwerk neun Einheiten Brennstoff verbraucht werden. Umgekehrt bedeutet dies, wenn man eine Einheit Rohrdurchfluß bzw. Widerstand im Rohr einspart, spart man auch neun Einheiten Brennstoff, normalerweise Kohle, also Treibhauseffekt und sauren Regen usw., aber auch Kosten, nämlich für das Kraftwerk. Die Hebelpunkte, an denen ökologische und ökonomische Verbesserungen ansetzen können, sind zahlreich. Noch besser an unserem Beispiel ist, daß die Widerstände, die in Einsparungen verwandelt werden, sich oft in diesen Teilen der Fabrik oder des Gebäudes befinden, und daß z.B. eine Einheit eingesparter Reibung im Rohr nahezu zweieinhalb Einheiten Größe, also Kapitalkosten, des Motors bewirkt. Solche Verbesserungen, auch Nachrüstungen, sind oft äußerst profitabel, da sie die ganze Anlage kleiner, einfacher und billiger gestalten.

Verbesserungsmöglichkeiten finden sich nicht nur in den älteren, nennen wir sie Fabrikschlotindustrien, obwohl sie dort gewiß sehr häufig sind. Ich habe kürzlich am Neuentwurf einer Chemiefabrik mitgearbeitet, wo wir zeigen konnten, wie ungefähr drei Viertel des Stroms und ein Zehntel der Kapitalausgaben für Zubehör, also Ventilatoren, Pumpen usw., eingespart werden könnten, und vieles ließ sich durch Nachrüstung bewerkstelligen. Es ist also eine Frage der Entwurfsprinzipien, und wenn die Ingenieure meine Vorschläge sehen, schlagen sie sich an den Kopf: Na klar, warum haben wir das nicht schon immer so gemacht?

Selbst in der modernsten Industrie, in der Herstellung von Mikrochips, finden sich Faktor-Vier-Sparmöglichkeiten. Tatsächlich war ich gerade letzte Woche bei solchen Audits dabei. Auch in neuen Fabriken ist allein durch Nachrüsten ein Faktor Zwei leicht zu erreichen. Dort bieten sich jedoch noch viel größere Möglichkeiten – Faktor Sieben, Zehn oder sogar Zwanzig. Wieder kosten die effizientesten Lösungen am wenigsten. Ich werde kurz veranschaulichen, warum das so wichtig ist: Kürzlich informierte ich mich über eine asiatische Festplattenfabrik, die pro hergestelltem Diskettenlaufwerk Strom im Wert von $7 verbraucht. Ihr Hauptkonkurrent braucht nur ein Zehntel davon, 70 amerikanische Cent. Die Besten auf dem Markt verbrauchten 13 Cent, aber danach gab es noch welche mit 10,5 und 9,5 Cent. Ihre Herstellung wird immer billiger, schneller, und bringt bessere Resultate hervor. Die Fabrik mit $7 ging kurz darauf pleite. Diese Art von Einsparungen im Industriebereich stellt nur den Anfang dar; in den Vereinigten Staaten fließen z.B. 93% des in der Wirtschaft bewegten Materials nicht in die Produkte ein, und die wenigen Prozent, die das Produkt erreichen, überleben auch nicht lange. Sie werden schnell weggeworfen. Sechs Wochen nach dem Verkauf befindet sich vielleicht noch ein Prozent des ursprünglich bewegten Materials in einem Produkt. Das ist keine überzeugende Bilanz, und selbst besonders materialeffiziente Länder übertreffen die USA nur um einen Faktor Zwei oder Drei.

Bei der Dematerialisierung der Gesellschaft und Wirtschaft gibt es also unbegrenzte Möglichkeiten. Maßnahmen, wie sie Walter Stahel (siehe Artikel von Walter Stahel) und Friedrich Schmidt-Bleek vorgeschlagen haben, bieten sich an. Das Kreislaufgesetz institutionalisiert die Dematerialisierung. Die Aufgabe der Industrie besteht natürlich darin, Materialien abzubauen und zu Brauchbarem zu verarbeiten, aber je eher wir einen Strom brauchbarer Dienstleistungen mit nur einem minimalen Stoffverbrauch herstellen können, desto mehr Geld können wir dadurch sparen: Wir ersetzen Material durch unsere grauen Zellen. Dieser Prozeß ist Teil eines viel umfassenderen Wandels der Gesellschaft, den wir mit Ernst Ulrich von Weizsäcker in unserem Buch, *»Faktor Vier«*, zu beschreiben versuchen, und der mit neueren Beispielen in einem Buch von Paul Hawken, *Natural Capitalism*, veranschaulicht wird (von Weizsäcker; Lovins; Lovins, 1997/Hawken; Lovins; Lovins, 1999). Wenn man 1750 dem britischen Parlament angekündigt hätte, die Produktivität der Arbeiter um 100% zu steigern, wäre man für verrückt erklärt worden. Aber es ist so gekommen. Und zu jener Zeit war es auch sinnvoll, denn es standen relativ wenig Menschen und scheinbar unerschöpfliche Mengen an Rohstoffen zur Verfügung, wenig Technologie und viel Platz, um Abfall und Emissionen abzuladen. Die Wirtschaftswissenschaften lehren uns, immer am knappsten Rohstoff zu sparen, weil sonst unser Fortschritt gebremst wird. Die heutigen Knappheitsmuster unterscheiden sich aber von jenen des 18. Jahrhunderts: Menschen sind genug vorhanden, aber die Ressourcen werden knapp. Wenn man statt der Menschen die unproduktiven Tonnen, Liter und Kilowattstunden vor die Tür setzt, kann man ihnen mehr und bessere Arbeit bieten, denn die Verschwendung von Rohstoffen, Geld und Menschen bildet einen einzigen Zusammenhang, und die Lösungen sind gleichermaßen miteinander verknüpft. Es geht hier nicht bloß darum, Unternehmen rentabler zu gestalten, indem man auf der einen Seite den Ressourcenverbrauch und auf der anderen die Emissionen reduziert. Unser Kollege Bill McDonough nennt das, die Filter aus den Rohren aus- und in die Köpfe der Architekten einbauen, damit Emissionen »wegentworfen« werden. Wir haben hier auch einen Weg entdeckt, auf dem man viele der drängendsten sozialen Probleme innerhalb unserer Länder und zwischen Nord und Süd lösen kann.

*Beispiel Bürosessel*
Ich will Ihnen ein Beispiel für die Vorgehensweise des Architekten McDonough geben, für den Einbau von Filtern in die Köpfe der Designer. Ein wichtiger Hersteller von Büromöbeln, Sealcase, bat ihn, einen Stoff für die Bezüge von Bürosesseln zu entwerfen. Aber er wollte entwerfen, wie der Stoff hergestellt wird, nicht nur, wie er aussieht. Wie sich herausstellte, brachte der bisherige Produktionsprozeß in der Schweiz einen derart mit giftigen Chemikalien durchtränkten Stoff hervor, daß die Stoffreste von der Regierung als Giftmüll behandelt wurden. Worauf sitzen wir denn eigentlich? Nachdem einige Dutzend Chemieunternehmen sich jede Einmischung verbeten hatten, erlaubte der Vorsitzende der Ciba-Geigy McDonough und dem grünen Hamburger Chemiker Michael Braungart, sich Tausende von Chemikalien anzuschauen, die in der Stoffherstellung verwendet werden. Sie filterten jene heraus, die Krebs, genetische Schäden, angeborene Behinderungen oder Drüsenschäden verursachen, die andauernd giftig waren oder sich in der Nahrungskette anlagern würden. Ihnen blieben dann 39 ungefährliche Chemikalien, mit denen sie problemlos jede Stoffarbe erzeugen konnten außer Schwarz, an dem sie zunächst noch etwas arbeiten mußten. Der Stoff fühlte sich besser an, sah besser aus und hielt auch länger, weil die natürlichen Fasern nicht von aggressiven Chemikalien angegriffen wurden. Er ließ sich auch billiger herstellen, weil man sich ja nicht mehr den Kopf darüber zerbrechen mußte, ob man gerade seine Angestellten oder die Umwelt vergiftete – der Herstellungsprozeß war völlig harmlos. Als die schweizerischen Inspektoren zu Rohner AG kamen, dachten sie, ihre Meßinstrumente seien kaputt: Das Abwasser der Fabrik war sauberer als das dort eingesetzte schweizerische Trinkwasser, denn der Stoff wirkte ja als Filter. Solche Probleme hat man gerne.

Einsparmöglichkeiten ergeben sich überraschend häufig auch in den energieeffizientesten Ländern. In Schweden entdeckte z.B. der nationale Energierat 1989, daß die Hälfte des verbrauchten Stroms auch mit eher alten Technologien zu 78 % billiger eingespart werden könnte, als es kosten würde, mehr Strom zu produzieren. Mit ein paar Energieeffizienzverbesserungen, einer kleinen Umstellung der Brennstoffe auf Gas und Biobrennstoffe und der Verlagerung des Produktionsschwerpunktes auf die emissionsärmsten Kraftwerke erreichten sie die vorausgesagte Steigerung des BSP um 54 %, stiegen in den Ausstieg aus der Kernenergie ein und senkten die Kosten der Stromversorgung um beinahe eine Milliarde Dollar im Jahr. Es war ganz einfach billiger, Strom zu sparen als Brennstoff für die Stromerzeugung zu kaufen.

In Dänemark spielte sich eine ähnliche Entwicklung ab. Man entdeckte, daß man mit den Technologien der späten 80er Jahre drei Viertel des gesamten dänischen Stroms zu sehr konkurrenzfähigen Preisen einsparen konnte. Studien von Wolfgang Feist und anderen haben entdeckt, wie der Stromverbrauch deutscher Haushalte um bis zu vier Fünftel gesenkt werden könnte – mit Investitionen, die sich nach zweieinhalb Jahren amortisieren. Ähnliche Ergebnisse finden sich weltweit, selbst in den effizientesten Staaten. Tatsächlich sind die Häuser im Westen Deutschlands heiztechnisch betrachtet noch ineffizienter als die in den USA. Bei ähnlichen Produktpaletten gab es in Deutschland weniger Verbesserungen der industriellen Energieeffizienz als in den Vereinigten Staaten. ich möchte nicht behaupten, daß wir effizient sind, denn das ist nicht wahr. In meiner Heimat haben wir vielleicht die Verschwendung von Energie im Wert von 150 bis 200 Milliarden Dollar vermieden, aber wir verschwenden immer noch Energie im Wert von 300 Milliarden Dollar. Die Möglichkeiten nehmen ständig zu. Vor 22 Jahren wurde ich heftig wegen eines Artikels kritisiert, den ich in Foreign Affairs veröffentlicht hatte. Dort hatte ich behauptet, daß der primäre Energieverbrauch in den USA sich nicht wie die offizielle Prognose entwickeln würde. Damals galt das als Ketzerei, aber tatsächlich traf es so ein. Dabei beginnen wir gerade erst, in die unendlichen Weiten erreichbarer und rentabler Effizienz vorzudringen (Lovins, 1976, 1977).

*Beispiel Hypercar*

Die nächsten und vielleicht spannendsten unerforschten Gebiete für diese Art von Arbeit liegen im Verkehrsbereich, dem widerspenstigsten Bereich des Treibhauseffekts. Die Kombination einiger kluger Techniken zeitigt jedoch erstaunliche Ergebnisse. Autos jeden gewünschten Typs können aus neuen Verbundwerkstoffen, besonders Kohlefaser, so geformt werden, daß sie zwei- bis dreimal weniger als heutige Autos wiegen, außerdem zweieinhalb- bis dreieinhalbmal weniger Luftwiderstand und drei- bis fünfmal weniger Reibungsverluste erzeugen. Wenn man solchermaßen die für die Fortbewegung des Autos erforderliche Energie um die Hälfte reduziert hat, kann man sich dem Antrieb widmen: Er kombiniert einen Verbrennungsmotor mit einem Elektromotor, der Bremsenergie wieder aufnimmt. Diese Verbindung verschiedener Technologien – wir nennen es *hypercar* – gräbt sich unter den Kostengrenzen hindurch. Aufgrund einiger interessanter Synergien ist das Ganze mehr als die Summe seiner Teile. Verbindet man das ultraleichte und ultraaerodynamische Design mit dem Hybridantrieb, erreicht die Brennstoffeffizienz zunächst einen Faktor 3,5, später einen Faktor Acht oder mehr. Abhängig davon, wie groß das Auto ist und wie der Strom an Bord erzeugt wird, übertrifft der *hypercar* das Drei- oder sogar Zwei-Liter-Auto, mit Brennstoffzellen sogar ein Ein-Liter-Auto. Weitere Vorteile liegen im zehn- bis zehntausendmal geringeren Schadstoffausstoß, mit Brennstoffzellen sogar keiner. Je nachdem, wie an Bord Strom erzeugt wird, fährt das Auto mit verschiedenen Brennstoffarten und läßt sich leicht auf Kompressionsgas umstellen, da es so effizient ist, daß das erforderliche Gas in einen kleinen und billigen Tank paßt, der nicht zu schwer ist.

Die Sicherheit des Wagens selbst bei Zusammenstößen mit größeren Fahrzeugen bleibt erhalten oder wird sogar erhöht, da Kohlefaser und ähnliche Verbundstoffe mindestens fünfmal soviel Energie pro Kilogramm wesentlich sanfter aufnehmen können als Stahl. Aufgrund des Materialtyps und der Straßenlage des Wagens sind Fahrgefühl und Lebensdauer erheblich besser als bei konventionellen Autos.

Die Herstellung scheint auch kostengünstiger zu sein. Heute wird in der Autoherstellung billiger Stahl verwendet – Autos sind das höchste Gut der Eisenzeit, Produkte unglaublicher technischer Leistung. Die deutsche Industrie tut sich bei ihrer Herstellung besonders hervor, aber vor langer, langer Zeit stellte IBM ja auch ausgezeichnete Schreibmaschinen her. Dieses billige Material, Stahl, ist leider auch ziemlich schwer, und außerdem ist es recht teuer, daraus ein gutes Auto zu bauen. Die Stoffe, die ich hier für den *hypercar* empfehle, haben umgekehrt einen ziemlich hohen Kilopreis, lassen sich aber leicht bearbeiten. Viele komplizierte mechanische Teile werden einfach verschwinden, und die Lackierung entfällt: Die Farbe wird beim Gießen der Karosserie vorgegeben. Der *hypercar* ist wie ein normales Auto, aber viel besser – nicht nur weil er sparsamer fährt, sondern weil er den neuesten Stand der Technik darstellt. Heute kauft ja auch kein Mensch mehr Vinylschallplatten, sondern CDs. Mit den neuesten und besten Technologien werden vielleicht in zehn oder fünfzehn Jahren die Ausstattung und Geräumigkeit eines Lexus, die Leistung eines Mercedes, die Sicherheit eines Volvo, die Beschleunigung eines BMW und der Preis eines Passat Eigenschaften eines einzigen Wagentyps sein, der ein oder zwei Liter pro Kilometer verbraucht bei einer Reichweite von ein- oder zweitausend Kilometer und geringem bis keinem Schadstoffausstoß. Diese Technologien erfordern noch ein gerüttelt Maß an Kompatibilitätssteigerung und Verfeinerung, aber sie sind bereits erfunden.

Hypercar

Die Herstellung des *hypercar* sieht natürlich völlig anders aus. Hier könnte der größte Umbruch der Industriestruktur seit der Erfindung des Mikrochips stattfinden – der Untergang der Auto-, Öl-, Stahl-, Aluminium-, Kohle- und Stromindustrie und der Aufstieg neuer, sanfter und rentabler Industriezweige. Die Hemmnisse sind hier eher kultureller als technischer oder wirtschaftlicher Art. Außerdem löst der *hypercar* nicht das Problem, daß zu viele Menschen zu viel in zu vielen Autos herumfahren, welches ja noch anwachsen könnte, wenn Fahren sich billiger und attraktiver gestaltet. Anstelle von Öl und Luft rauben uns diese Autos Platz, Straßen und Geduld. Ohne ehrliche Preise und wirkliche Konkurrenz zwischen allen Transportmitteln und zusätzlich der Möglichkeit, dort zu bleiben, wo wir sind, weil vernünftige Raumplanung uns zu einem angenehmen Habitat verhilft, oder mit virtueller Mobilität nur die Elektronen zu bewegen und die schweren Kerne zurückzulassen, wird dieses Problem uns weiter belasten.

Unsere Methode, den *hypercar* ins Gespräch und auf den Markt zu bringen, ist reichlich ungewöhnlich. Statt das geistige Eigentum zu schützen und zu verkaufen, haben wir es öffentlich auf unserer Internetseite unter http://www.rmi.org zugänglich gemacht, so daß sich nun alle darum streiten. Wir versprachen uns davon die besten Ergebnisse, da ja die Kunden bessere Autos wollen und die Hersteller Wettbewerbsvorteile. Der Wettbewerbsvorteil, den wir ihnen bieten, besteht in der zehnfachen Reduzierung des Produktionszyklus, der Anzahl der Einzelteile, der benötigten Montagehallen und -handgriffe und des erforderlichen Kapitals, das ja die größte Quelle finanziellen Risikos und damit die höchste Markteintrittsschwelle darstellt. Um in dem von uns angeregten Wettbewerb in Führung zu gehen, kündigten zwei Dutzend Unternehmen ihr Engagement für die Entwicklung des *hypercar* an. Investitionen von bis zu drei Milliarden Dollar, die sich mit dem Eintritt von Interimfirmen wie Ersatzteilherstellern und Elektrogiganten in den Wettbewerb jährlich verdoppeln, wurden getätigt. Wir unterstützen sie alle bei ihrer Arbeit und fördern so die Konkurrenz zwischen ihnen. Es scheint recht gut zu funktionieren. Wir rechnen damit, daß erste Modelle um 1999 auf den Markt kommen. Nichts ist unmöglich: Ein Wagen mit Hybridantrieb ist bereits in Japan bei Toyota zu haben, und sie springen wie Pilze überall aus dem Boden. Dreifache Effizienz gilt nun schon als selbstverständlich; jeder große Autohersteller fördert solche Entwicklungsprogramme, viele produzieren solche Autos, manche gehen in die Serienproduktion – letztes Jahr, dieses Jahr, nächstes Jahr. Hier vollzieht sich eine Leistungsexplosion, die gleichzeitig die geistige Blockade durchbricht, die uns fürchten ließ, daß nur noch wenig zu retten sei. Gute Technik überwindet die gelehrten Debatten darüber, wie hoch der Benzinpreis steigen muß.

*Fazit: Unser Auto wird zum fahrenden Kraftwerk*

Ich möchte mit dem Hinweis auf eine eher überraschende Folge der Erfindung des *hypercar* schließen, welche viele Unternehmen betreffen wird. Solche Autos lassen sich am besten mit Brennstoffzellen antreiben, die auf Wasserstoff und Luft in einer Protonenaustauschmembran oder einem Polymermechanismus beruhen: gleichbleibender Zustand, keine Verbrennung. Alles, was dabei entsteht, sind 60 bis 70% qualitativ hochwertiger Strom und 30 bis 40% warmes Trinkwasser (70°), sonst nichts. Wie kann man nun den Preis für die Brennstoffzellen ausreichend niedrig stabilisieren? Man baut sie zunächst in die Gebäude ein, die drei Viertel unseres Stroms verbrauchen. Die Gebäudeinfrastruktur, die man mit dem Warmwasser betreiben kann, garantiert Einsparungen, die dann in Methanbrennstoff und einen kleinen Apparat zur Herstellung von Wasserstoff investiert werden. Entsprechende Heiz- und Kühlsysteme gibt es bereits. Wenn der Brennstoff einmal bezahlt ist, sind die Brennstoffzellen sehr preisgünstig. Gegen Ende dieses Jahres gehen sie zu $800 pro Kilowatt in Produktion. Auf lange Sicht wird der Preis um einen Faktor 20 bis 40 sinken, aber ein Faktor Acht reicht aus, um die Brennstoffzellen für die Autoherstellung erschwinglich zu machen. Es ist nur logisch, wenn Strom- und Gaswerke Brennstoffzellen in Gebäuden leasen, besonders da, wo das Stromnetz verstopft ist und teure Erweiterungen verlangt, wo also lokale Stromerzeugung etwas sehr Wertvolles ist. Wenn das Produktionsvolumen dann den Preis der Brennstoffzellen sinken läßt, bauen wir sie in Autos ein. Jedes Auto stellt dann ein 20-Kilowatt-Kraftwerk auf Rädern dar, das aber nur 4% der Zeit herumfährt und die restlichen 96% an bestimmten Orten verbringt. Das kann man hervorragend nutzen. Nehmen wir an, unsere Firma wäre in einem Gebäude, das bereits mit Brennstoffzellen arbeitet – wir würden zu den ersten gehören, die so ein Auto leasen könnten. Wenn wir zur Arbeit fahren, schließen wir dort das Auto an das Stromnetz an. Während wir an unserem Schreibtisch sitzen, produziert unser sonst nur herumstehendes Statussymbol 20 Kilowatt erstklassiger Energie und verdient damit genug, um die Hälfte der Leasinggebühren zu tragen. Die Kohle- und Kernkraftwerke werden so vom Markt verdrängt, denn die *hypercar*-Flotte wird schließlich eine Produktionskapazität erreichen, die jene des nationalen Stromnetzes um das Fünffache übertrifft.

Dies ist nur ein Beispiel für das unerwartete Zusammenwirken bereits bekannter Technologien, und ich finde, daß es ein vielversprechender Ausblick ist für die rentable Lösung nicht nur des Drittels der Klimaprobleme, das sich aus dem Verkehr ergibt, sondern auch des Drittels, das von den Kraftwerken herrührt. Jenen von Ihnen, die sich für die Einzelheiten solcher Entwicklungen interessieren, empfehle ich einen Besuch auf unserer Webseite, wo ein neuer Aufsatz mit dem Titel *Climate Making Sense and Making Money* kostenfrei heruntergeladen werden kann. Ich danke für Ihre Aufmerksamkeit.

## Literatur

Hawken, Paul; Lovins, Amory B.; Lovins, L. Hunter (1999): Natural Capitalism: Creating the Next Industrial Revolution, Little, Brown, New York.

Lovins, Amory; Lovins L. Hunter; Rocky Mountain Institute (RMI) (1997): Climate Making Sense and Making Money, als pdf-Dokument unter http://www.rmi.org.

Lovins, Amory (1977): Soft Energy Paths: Toward a durable peace, Penguin Books: Harmondsworth.

von Weizsäcker, Ernst U.; Lovins, Amory B.; Lovins, L. Hunter (1997): Faktor Vier – Doppelter Wohlstand – halbierter Ressourcenverbrauch. Der neue Bericht an den Club of Rome, Taschenbuchausgabe, Droemer Knaur: München.

Gunter Pauli

# Nutzungskaskaden führen zu völliger Abfallvermeidung

*Einleitung*

Erlauben Sie mir, eine kurze Geschichte zu erzählen, wie ich eigentlich dazu kam, die »Zero Emission«-Initiative zu gründen.

Vor fünf Jahren war ich relativ bekannt in Europa mit meinem Unternehmen, das damals Ecover hieß. Ich entwickelte das Unternehmen Ecover und baute hierfür eine ökologische Fabrik aus Holz mit einem Grasdach. Damals dachte ich, ich sei ein Pionier. Schlimmer noch, viele Leute glaubten, ich sei ein Pionier. Daß ich das dachte, war noch in Ordnung, daß andere Leute dies auch dachten, war jedoch das Schlimmste.

Eines Tages wurde mir klar, daß ich mit meinem grünen Unternehmen nur 6% der Rohstoffe, die ich aus Malaysia und Indonesien bezog, eines vergleichbaren Unternehmens benötigte und damit also die Flüsse Europas etwas sauberer machte. Was ich bis dahin nicht wußte, war, daß bei der Rohstoffgewinnung die 15fache Verschmutzung entstand.

Ich war, wie ich es nenne, ein »Homo-No-Sapiens«, ein Mann, der nicht weiß, was er tut. Das Problem ist, daß wir uns so oft vorstellen, wir seien Pioniere, Revolutionäre oder Erneuerer, doch ich stellte fest, daß diese Vorstellung falsch ist. In meiner Enttäuschung fragte ich mich: Wie kann ich meine »eigene« Welt »grün« gestalten? Ich kam zu dem Entschluß, mich aus meinen unternehmerischen Tätigkeiten in Europa zurückzuziehen. 1993 entschied ich mich, meine Arbeit darauf zu konzentrieren, für unsere Wirtschaftsprobleme – die Wirtschaftsarroganz Europas – eine weltweite Lösung zu finden, da wir diese meines Erachtens noch nicht haben.

Ich beschloß, ein Forschungsnetzwerk aufzubauen, und mit Hilfe der Universität der Vereinten Nationen, vor allem dank des Rektors, Herrn Heitor Gurgulino de Souza, bin ich als Nicht-Wissenschaftler dazu gekommen, ein Netz von Wissenschaftlern aus der ganzen Welt mit dem Ziel zusammenzubringen, das »Abfallkonzept« zu eliminieren. Der einzige nämlich, der auf dieser Welt lebt und in der Lage ist, etwas herzustellen, was niemand haben will, ist der Mensch. In der Natur ist niemand in der Lage, etwas zu produzieren, was niemand anderer haben will. Wir aber sind so intelligent, daß wir jeden Tag etwas neu erschaffen.

Die Arbeit, die wir mit unseren Projekten leisten möchten, nennen wir *total material productivity* (TMP). Wie können wir eigentlich die Materialien, die wir verwenden, zu 100% wiederverwenden? Ich bin nicht mit viermal oder zehnmal mehr zufrieden. Ich meine, alles muß verwendet werden. Wieso sollen wir das nicht tun? Die Natur funktioniert so, nur der Mensch macht es nicht so. *Zero Emissions* oder *search for a 100% productivity of raw materials* ist deshalb mein Vorschlag für mehr Wettbewerbsfähigkeit.

*Upsizing statt downsizing*

Wir müssen in der Lage sein, ein *upsizing* der Wirtschaft, wie ich es gerne nenne, zu realisieren. Wir haben viel zu oft nur mit *downsizing* zu tun. *Upsizing* bedeutet, daß wir mehr Einkommen generieren, mehr Geld verdienen, daß wir mehr Arbeitsplätze schaffen und daß wir die Verschmutzung eliminieren. Dieses Konzept habe ich im gleichnamigen Buch zuerst 1996 auf spanisch niedergeschrieben (Pauli, 1998, 1999).

Sie glauben, dies ist nicht möglich? Ich schlage Ihnen vor, das Konzept zu erklären, und stelle Ihnen danach Beispiele von konkreten Projekten, die wir auf der ganzen Welt realisiert haben, vor. Ich bin unheimlich ungeduldig und kann es nicht leiden, daß wir zuviel reden. Wir müssen mehr tun. Deswegen können wir Werte mit Wissenschaft und Technologie verknüpfen, so daß wir Initiativen durchführen können, die einen *cash-flow* generieren. Wenn wir keinen *cash-flow* generieren, dann hat man am Ende des Tages keinen Mehrwert in der Ökonomie geschöpft, und wenn man keinen Mehrwert schöpft, dann brauchen wir Zuschüsse vom Staat und müssen hierfür Steuern zahlen. Deshalb suche ich nach einem anderen, neuen Wirtschaftssystem.

Wie das Beispiel von Hess Natur zeigt, muß sich die Wirtschaft den Bedürfnissen der Gesellschaft anpassen (siehe Artikel von Uta auf der Brücken), aber wir müssen auch unsere Basisbedürfnisse nach Wasser, Nahrungsmitteln, Gesundheit, Baustoffen, Energie und Arbeit konzentrieren. Das sind Grundbedürfnisse, die wir berücksichtigen müssen. Auf dem Warenmarkt herrscht ein Überangebot, das den Käufern die Möglichkeit gibt, zu kaufen, was er will.

Was versuche ich eigentlich mit *Zero Emissions* zu erreichen? Ich versuche, daß wir aus den *hidden assets*, also aus Verschmutzung, Abfall, welcher ohne Wert bezeichnet wird, etwas machen, das Wert hat. Diese Mehrwertschöpfung ist eigentlich die Dynamik der Energie des Lebens. Leider legen wir viel zuviel Aufmerksamkeit in unseren Unternehmen auf *downsizing*, das heißt, daß wir Unternehmensführer unsere Geschäfte auf jene Bereiche konzentrieren, in denen wir am besten sind; alle anderen stellen wir ein.

Das Konzept von *core business* hat zum einen das Ergebnis, daß wir viel Management eliminieren möchten, und zum anderen, daß wir *outsourcen*. Wir tun sowenig wie möglich selbst und versuchen, den anderen soviel wie möglich Verantwortung zu überlassen, so daß jeder sich auf sein Bestes konzentrieren kann. Das Problem dabei ist, daß das Konzept vom *downsizing* gar kein wirtschaftswissenschaftliches ist. Wir konzentrieren uns nur auf Arbeit und Kapital und berücksichtigen dabei gar nicht die Möglichkeiten, Rohstoffe wiederzuverwenden. Denjenigen von Ihnen, die in der Politik sind, möchte ich sagen: *downsizing* und Eliminierung von Arbeit sind unwirtschaftlich. Die Wirtschaftstheorie sagt ganz klar, daß die Produktivität eine Kombination von drei Bezugsgrößen inklusive Rohstoffe ist. Ich weiß nicht warum, aber die Geschäftsführungen in der Welt haben dies vergessen. Stellen Sie sich einmal vor, daß ein Unternehmen 100 Angestellte hat und daß von diesen nur 30 arbeiten würden. Das Unternehmen ginge pleite. Aber es ist ganz normal, daß ein Unternehmen nur 5% der Rohstoffe verwendet und 95% als Schmutz ansieht und trotzdem wettbewerbsfähig ist. Das geht bei mir nicht in den Kopf. Wie ist es möglich, daß die heutigen Wirtschaftssysteme das noch immer akzeptieren können?

Ich gebe Ihnen nun ein paar Beispiele für die Absurdität dieses Konzeptes, nachdem wir angeblich in Europa und den USA am effizientesten sind. Einige Beispiele sind Ihnen sicherlich bekannt:

- Nur 30% des Rohstoffs des Baumes werden verwendet, 70% verbrennen wir.
- Ebenso werden nur 17% des Rohstoffes Zucker verwendet, der Rest wird ebenfalls verbrannt.
- Oder z.B. Farbstoffe: Wieviel Prozent kleben auf den Fasern tatsächlich? 30%, 80%, oder mehr als 80%? Nur 3% werden verwendet.
- Oder nehmen Sie das Beispiel des Bierbrauers. Stellen Sie sich einmal einen Bierbrauer vor, der nur Zuckerkomponenten vom Weizen verwendet und den Rest als Abfall ansieht. Allein 26% stellt der Anteil des Eiweißes dar. Würde dieses dem Bier zugeführt, dann würden wir noch dicker vom Biertrinken werden. Doch Eiweiß ist für den Bierbrauer Abfallstoff, bekloppt, aber so ist es.
- Und die Fettsäuren des Palmöls, die ich für die Herstellung von Detergenzien verwendet hatte, um diese aus einem natürlichen Produkt herzustellen, führen zu einer zehnmal höheren Verschmutzung in den Entwicklungsländern.

Das Problem ist, daß wir die Grundprinzipien von Marketing nicht befolgen. Die Grundprinzipien lehren uns, daß wir versuchen müssen, die Bedürfnisse der Kunden zu befriedigen. Der Kunde will z.B. nicht, daß man Protein im Trester der Bierbrauerei versaut. Aber das Problem ist, daß er meistens keine Ahnung davon hat, wie ein Produkt entstanden ist, und deshalb nicht beurteilen kann, ob er es so haben möchte.

Wir verfolgen auch nicht die Prinzipien des ökologischen Managements. Wir reden immer nur von nachsorgender und vorsorgender (Umwelt-)Technik. Wenn wir uns jedoch fragen, was wir nicht tun, z.B. *no harm to people, no damage to the environment* oder *no accidents*, dann finden wir keine Antworten darauf.

Am Ende des Tages wissen wir gar nicht, was wir getan haben. Auch das Verursacherprinzip, welches sagt, daß jener dafür zahlen muß, der eine Umweltverschmutzung verursacht, ist unklug, da es zur Folge hat, daß derjenige mit viel Geld viel verschmutzt. Das ist meiner Meinung nach eine lineare Lösung für ein lineares Problem. Oder anders formuliert: Zwei Probleme ergeben ein großes Problem.

Wir haben soviel Programme: *Cleaner Production, Responsible Care, Natural Step* oder ISO 1400, welche alle für sich ganz interessante erste Schritte darstellen, aber wir müssen endlich mal Mehrwert schöpfen. Mehrwertschöpfen bedeutet, daß wir ein Instrumentarium entwickeln müssen, um wettbewerbsfähiger zu werden.

Die erste grüne Revolution hat angeblich bereits stattgefunden. In dieser ersten grünen Revolution ist es uns gelungen, die Produktivität der Landwirtschaft zu erhöhen. Wir wissen auch, daß diese erste grüne Revolution ihre Probleme mit sich gebracht hat. Wir wissen aber auch, daß es heute nicht mehr möglich sein wird, diese Landwirtschaft und die totale Produktivität noch mal um das Dreifache zu erhöhen. Wir brauchen ein neues Konzept. Jedes Jahr, berichtet World Watch, kommen 90 Millionen zusätzliche Babies auf die Welt und 400 Millionen Menschen, die jeden Tag 2 US$ in der Tasche haben und damit jeden Tag ein Bier, eine Zeitung und Fleisch kaufen möchten (World Watch Institute, 1998). Deswegen muß es eine neue Revolution geben, da wir wissen, daß die Ressourcen der Erde begrenzt sind, wir jedoch viel mehr aus den Ressourcen der Erde herausholen können. Wir hoffen, daß wir so einen neuen Standard für die Industrie realisieren können.

### *Das Zero Emission-Konzept*

Das neue Prinzip heißt *Zero Emissions*, Nullemissionen. Das bedeutet nicht, daß keine Abfallstoffe mehr produziert werden, sondern daß diese nicht mehr als solche angesehen und wiederverwendet werden.

Die Industrie ist immer verpflichtet worden, neue Konzepte zu entwickeln: *productivity, total quality management (TQM), just in time* oder *customer loyalty* sind nichts Neues. Wir können dies übersetzen auf *Zero Defects, Zero Inventory, Zero Defections*, also Null Ausschuß in der Produktion, Null Lagerhaltung und Null Kundenverlust.

*Zero Emissions* ist keine Aussage eines Wissenschaftlers, sondern ein Managementziel, und Management braucht ganz konkrete Aussagen: Wir werden nichts mehr verlieren, sondern alles wiederverwenden.

Natürlich sagen mir viele, dies sei unmöglich. *Zero Emissions* können wir nicht erreichen. Und wir sagen, sie haben recht. Es ist nicht möglich, denn wenn man linear denkt und innerhalb einer Industrie lineare Lösungen sucht, dann findet man diese auch nie. Wenn man aber endlich einmal das Systemdenken verinnerlicht, ist es ganz einfach, *Zero Emissions* zu realisieren.

Wir müssen endlich Wirtschaft als Wissenschaft des Systemdenkens anerkennen. Es ist allerdings nur möglich, das Konzept der *Zero Emissions* umzusetzen, wenn wir verschiedene Industrien zusammenbringen und wenn Abfallstoffe der Industrie von vornherein geplant und mit den richtigen Technologien entwickelt werden, so daß das Ganze als offenes System funktionieren kann. Aber leider sind wir »Homo-No-Sapiens«, wir wissen nicht, wie das funktioniert, weil wir so linear denken und die Industrie deshalb keine Mitarbeiter hat, die dies einführen könnten.

Ich werde Ihnen jetzt kurz ein Beispiel geben: Zucker und Bäume. Einerseits benötigen wir Fasern vom Baum, um Papier herzustellen. Wir verwenden dafür eine Technologie, die *chemical krafting* heißt. *Chemical krafting* bedeutet, daß wir alle Rohstoffe des Baums verbrennen und nur die Fasern verwenden. Was verbrennen wir? Z.B. Hemizellulose und Lignin. Wir sind davon überzeugt, daß Bäume zu langsam wachsen, und führen deshalb genetische Manipulationen durch, so daß der Baum nicht 30, sondern nur 15 Jahre braucht, um dieselbe Größe zu erreichen. Andererseits haben wir Rohrzucker. Rohrzucker wächst jedes Jahr, und wir machen aus diesem Rohrzucker das Produkt Zucker. Dieser Süßstoff, der unsere Zähne vernichtet und uns dick macht, soll die Lösung für den Bedarf des Menschen nach Zucker sein? Saccharin, Asparthan, synthetische Süßstoffe, das kann doch nicht der Weisheit letzter Schluß sein! Wir können doch Hemizellulose hydrogenisieren in Xylan, und aus Xylan können wir Xylitol herstellen. Dieser Stoff ist 50% süßer als Zucker und kann aus Bäumen gewonnen werden. Dennoch hat sich die Industrie entschieden, daß 70% des Baumes verbrannt werden. Nur ein Unternehmen in Norwegen stellt diese Art des Zuckers heutzutage her und verkauft ihn für US$ 6000 pro Tonne.

Die Fasern verbrennen wir jedesmal. Die finnischen und kanadischen Experten sagen uns, daß diese Fasern nicht gut genug seien, um Papier herzustellen. Ich verstehe dies, denn wenn ich in Finnland bin, sehe ich nirgendwo Rohzucker. Ich verstehe, daß es für Finnen unmöglich ist einmal nachzudenken, wie man Fasern von Bargas verwenden kann, um Papier herzustellen. Die *Cleaner Production* Programme der Weltbank in China sind deshalb darauf ausgerichtet, daß nur genetisch manipulierte Kiefern angebaut werden, damit die Chinesen endlich nicht mehr Strohhalme des Reises für die Herstellung von Papier verwenden, denn dies ist nicht so effizient.

Wir sind Homo-No-Sapiens, wir könnten 98% des Baums verwenden, wenn wir in der Lage sind, die Technologie der Separation von Lignin, Zellulose und Hemizellulose durchzuführen. Ist dies technisch überhaupt möglich, werden Sie fragen? Freilich ist es möglich, es ist gar nicht so schwer. Aber wenn wir nur linear denken und nur *core business* machen, werden wir dies nie schaffen!

Ich erzähle Ihnen deshalb eine Geschichte, die Sie zum Umdenken bringen soll. Stellen Sie sich vor, ich komme aus Kolumbien und würde in Paris einem Franzosen vorschlagen, Kaffee anzubauen. Dieser Franzose würde mich für verrückt erklären. Ich werde jedoch darauf beharren, Kaffee in Paris anzubauen! Der Franzose wird antworten, daß in Frankreich nicht das Klima für den Anbau von Kaffee herrsche. Ich werde entgegnen, daß sei kein Problem, wir müssen nur ein Gewächshaus bauen, und in diesem können wir das Klima, die Temperatur, das Licht und die Feuchtigkeit so einrichten, daß es möglich sein wird, Kaffee in Paris anzubauen. In Frankreich ist die Bodenqualität aber nicht wie in Kolumbien, wird der Franzose einwerfen. Das macht nichts, werde ich sagen. Ich schicke Ihnen einfach Erde aus Kolumbien. Auch die Bohnen werde ich beifügen. Für mich stellt dies alles kein Problem dar und ist auch nicht ungewöhnlich. Der Franzose glaubt immer noch, ich sei verrückt, und versteht mich nicht.

Nun stellen Sie sich einmal vor, ein Franzose kommt nach Kolumbien und sagt, lassen Sie uns *Champignons de Paris* hier anbauen. Der Kolumbianer wird sagen, wir haben aber nicht das Klima wir ihr in Paris. Der Franzose antwortet, hierfür bauen wir einen Raum, in welchem das Klima, das Licht, die Feuchtigkeit automatisch kontrolliert werden, ohne daß Probleme auftreten. Der Kolumbianer meint, daß die Erde nicht wie in Paris sei. Der Franzose jedoch entgegnet, daß sei kein Problem, er liefere die Erde. Der Kolumbianer entgegnet, daß auch Pferdemist für die Produktion von Pilzen benötigt werde. Wir liefern Pferdemist und das Know-how für die Produktion von Pilzen, sagt der Franzose. Außerdem stellen wir die Finanzierung, Entwicklungshilfe, zur Verfügung.

Hier muß jeder sofort einwenden, daß 40% der Artenvielfalt von Pilzen in Südamerika zu finden sind. Die Frage stellt sich deshalb, wer hier verrückt ist. Natürlich sind wir es!

Wie war es möglich, daß wir 1992 nach Rio gefahren sind und sechs Tage über Biodiversifikation und Entwicklungen diskutierten? Wir sind Homo-No-Sapiens. Solange, wie wir nicht wußten, daß in Südamerika 40% der Artenvielfalt der Welt vorhanden, kann ich es akzeptieren, aber da wir Homo-Sapiens sind und wissen, daß Südamerika die größte Artenvielfalt hat, und immer noch so getan wird, als ob dies nicht so sei, dann kann ich nur feststellen, daß wir Homo-Stupido sind.

Was haben wir von Charles Darwins *Theory of Evolution* gelernt? *Survival of the fittest*, der Stärkste überlebt. Meine Kinder sind heute 6 und 7 Jahre alt. Angenommen, sie gehen mit diesem Gedanken nach draußen in die Welt, dann werden wir nie eine ideale Wirtschaft schaffen können. Ich stellte mir deshalb die Frage: Warum sind wir Menschen stärker als die Natur?

Hier meine Antwort darauf. Ich bin ein Baum, und als Baum habe ich Früchte.

Wenn ich viele Früchte habe, kommen viele Vögel zu mir, und es fallen viele Früchte auf den Boden. Dadurch steigt die biologische Aktivität; die Bakterien nehmen zu. Wenn viele Bakterien im Boden aktiv sind, dann habe ich sehr viel mehr Nährstoffe als Baum, und wenn ich mehr Nährstoffe habe, bekomme ich mehr Blätter. Habe ich mehr Blätter, produziere ich mehr Photosynthese und verliere daraufhin mehr Blätter. Hier schließt sich der Kreislauf wieder, und ich ziehe wieder Bakterien, Regenwürmer und Pilze an, die Humus, Nährstoffe für mich, den Baum, produzieren. So kommen wieder Vögel, und alles geht wieder erneut los. Jetzt werden Sie mich fragen, warum ich der Stärkste bin? Weil ich alles, was ich nicht mehr brauche, mit allen anderen teile. Diesen Kreislauf der Natur dürfen wir nicht vergessen, wenn wir als Menschen auf der Erde in Zukunft überleben wollen. Und warum bin ich der Stärkste? Weil ich Respekt für alle Beiträge, auch den kleinsten, habe. Ich bin nur der Stärkste, wenn ich akzeptiere, daß jeder, so klein er auch ist, seinen Beitrag liefert, und das ist im wesentlichen das Konzept *Zero Emissions.* In meiner Produktion brauche ich natürlich nicht alles, aber ich weiß, daß meine Abfallstoffe weiterverwendet werden können. Mehrwert kann so geschöpft werden. Wir Homo-Sapiens sollten wissen, wie Steigerung des Mehrwertes funktioniert und damit die Erhöhung der Produktivität erreicht werden kann.

Statt dessen werden heute die Blätter, nachdem sie vom Baum gefallen sind, abtransportiert, und im besten Fall werden Regenwürmer künstlich zugeführt, um Humus zu produzieren, der dann wieder transportiert wird. Wir nennen dies *outsourcing,* Spezialisierung, *call business.* Und obwohl wir wissen, daß die Natur so nie überleben würde, sieht so unsere Mehrwertbildung aus. Wir sind Homo-No-Sapiens und nicht die Natur.

Deshalb ist auch die Behauptung von Jeremy Rifkin, daß die Arbeit ausgehe, meines Erachtens falsch. Warum? Wenn wir akzeptieren, daß Ordnung immer in Unordung übergeht, heißt das, daß es uns heute besser als morgen geht. Wie soll ich diese Zukunftsaussicht meinen Kindern beibringen? Ich sage deshalb, diese Annahme ist falsch: Ordnung geht zwar über in Unordnung, aber auch wieder zurück! So fallen Blätter z.B. vom Baum, und am Boden stellen die Blätter für uns Unordnung dar, für die Regenwürmer aber Ordnung. Von der Wiege bis zur Wiege müssen wir unsere Betrachtung deshalb immer vornehmen und nicht nur von der Wiege bis zur Bahre. Wir müssen ein Konzept entwickeln, das uns erlaubt, diese unbekannten Möglichkeiten von Unternehmen anzuerkennen. Der Ansatz heißt *Zero Emissions.* Wir müssen die Betrachtung der Input-Output-Tabellen verschieben: Alles was Output war und von dem wir nicht mehr wissen, was wir damit anfangen sollen, wird zu Input, und Input wird wieder zu Output. Die Betrachtung kann daher nur systemweit erfolgen.

*Erfolgreiche Zero Emissions-Projekte*

Wir haben bereits 50 Projekte mit der Industrie nach diesen Prinzipien durchgeführt. Hier einige Beipiele:

- Vitamin E: Ich erzählte Ihnen bereits von meinem eigenen Unternehmen. Damals benötigte ich Fettsäuren aus Palmöl. Was ich nicht wußte, war, daß alle Vitamine bei der Herstellung vernichtet werden, um die Fettsäuren zu gewinnen. Stellen Sie sich nur vor, Vitamin E aus Palmöl wird heute für die Erzeugung von Fettsäure vernichtet, um ökologische Waschmittel für umweltbewußte Europäer zu gewinnen. Das ist meines Erachtens total verrückt. Wir sollten lieber Fettsäuren als Vitamin E vernichten. Zum Glück gibt es die Möglichkeit, beides aus Palmöl zu gewinnen. In Malaysia, in Golden Hope, zwei Stunden von Kuala Lumpur, haben wir eine Vitamin-E-Produktionsanlage neben eine Fettsäureanlage gebaut und so den Prozeß optimiert.
- MDF-Platten: Sie kennen alle das Problem des Formaldehyds, das sich damit verbindet. Wir haben deshalb eine Anlage in Riga, Lettland, so umgestaltet, daß statt Kleber mit Formaldehyd Naturlignin eingesetzt wird, welcher technisch das gleiche Ergebnis ermöglicht, toxikologisch in Ordnung und wirtschaftswissenschaftlich rentabel ist.
- Bambus: Wir hatten einmal in Europa das Problem mit Asbest in Gebäuden und ersetzen ihn durch synthetische Fasern. Wir wissen jedoch bis jetzt nicht, welche Auswirkungen diese auf unsere Gesundheit haben. Da wir dies nicht wissen, aber mit Sicherheit in den nächsten 20 Jahren auch mit diesem Ersatzstoff Probleme auftreten werden, haben wir ein System entwickelt, diese durch Bambusfasern zu ersetzen. Zusammen mit Taiheyo-Zement aus Japan haben wir diese Technologie in Thailand umgesetzt. Wir sind nun in der Lage, den Kohlendioxidausstoß von Zement um 80 % zu verringern, da 50 % des Produktes aus Bambusfasern bestehen. Außerdem gewinnen wir aus den Bambusfasern Flüssigkeit, die wir in Alkohol fermentieren und als Energiequelle für die Produktion verwenden.
- Wasserhyazinthen: Diese stellen in Afrika ein großes Problem dar. Man versuchte deshalb mit 2,4 D, einer Hormonchemie, ihr Wachstum einzuschränken. Nachdem dies nicht funktionierte, führte man Insekten aus Südamerika und Australien ein, da man dachte, man könne das Problem vielleicht mit einem natürlichen biologischen Feind bekämpfen – was eigentlich nicht so falsch ist. Aber auch dies scheiterte, da die einheimischen Vögel alle eingeführten Insekten auffraßen. Zum Glück, muß ich sagen, ansonsten hätten wir wahrscheinlich ein Problem für die nächsten 200 Jahre mit den fremden Insekten in Afrika bekommen! Wir erkannten, daß die starke Vermehrung der Wasserhyazinthen mit dem starken Verlust von Mutterboden zu tun hat. Die Natur versucht, den Verlust dieses Rohstoffes auszugleichen. Wir schlugen deshalb vor, auf den Wasserhyazinthen Pilze anzubauen. Die Weltbank

stellte uns für dieses Projekt am Kariba-Meer, das zwischen Zambia und Zimbabwe liegt, aus dem *emergency fund* 89 Mio. US$ zur Verfügung. Hiermit schufen wir 100000 Arbeitsplätze im ersten Jahr. Aus dem Einsatz von Pilzen gewinnen wir außerdem das wichtige Nebenprodukt Eiweiß. Wieso war es möglich, daß die Europäische Union Flugzeuge, Chemikalien und Piloten finanzierte, um Chemikalien dort über dem Binnenmeer zu versprühen? Wir sind Homo-No-Sapiens. Erst als wir mit unseren chinesischen Kollegen bewiesen, daß die Produktivität von Pilzbau auf Wasserhyazinthen viermal höher ist als mit Holz, wurde diese unsinnige Förderung eingestellt. Ich gebe zu, es ist schwierig, die richtige Entscheidung zu treffen, da es 10000 unterschiedliche Pilzarten gibt, aber dann muß man eben eine Analyse vornehmen. Wir haben dies getan und werden daran weiterarbeiten.

- Brauereien – für diese haben wir integrierte Systeme entwickelt, z.B. für Brauereien auf den Fidschi-Inseln, in Namibia [1], auf den Seychellen, in Gambia, in Kamerun, in China und Japan. Alle arbeiten ohne Abfall, d.h. es fällt kein verschmutztes Wasser an und auch kein Trester. Dadurch haben die Brauereien ungefähr einen doppelt so hohen Umsatz und konnten 2,5 mal mehr Arbeitsplätze schaffen, bei keiner Verschmutzung!

Das sind diejenigen Projekte, die wir am liebsten weiterentwickeln. Ich kann Ihnen leider nicht alle vorstellen, aber sie arbeiten erfolgreich. Zur Zeit haben wir acht Projekte in der ganzen Welt. Ibara aus Japan entwickelt das erste Konzept, um alle $SO_x$ und $NO_x$ wiederzugewinnen. Die erste Anlage hierfür ist seit letztem Jahr in China in Betrieb. Es ist also kein Problem, $SO_x$ und $NO_x$ weiterzuverarbeiten, wenn man weiß, was man damit tun kann. Außerdem haben wir zur Zeit ein großes Aufforstungsprojekt mit 11000 Hektar in Las Gaviotas, Kolumbien. Die Investitionskosten für die Aufforstung eines Hektars Wald haben wir auf $1/4$ reduziert, da wir zur gleichen Zeit eine Trinkwasserproduktion eingerichtet haben. Dieses Projekt wurde nun nach Pacaja, Brasilien, ausgeweitet, wo wir nun zusätzliche 127000 Hektar wieder aufforsten.

*Zero Emissions* versteht sich also nicht als ein wissenschaftlicher Ansatz, sondern betreut konkrete Großprojekte. Wir sind davon überzeugt, daß 100 % wiedergewonnen werden können, mehr Umsatz realisierbar ist und damit Umweltverschmutzung eliminiert werden kann. Nur wenn wir uns alle dafür entscheiden, können wir dies erreichen. Dann können wir TMP erreichen, 100% wiederverwenden und dies auch noch zu wirtschaftlichen Bedingungen.

Wir sind nun eingeladen worden, in einem eigenen Pavillon auf der EXPO 2000 in Hannover unser *Zero Emissions*-Konzept anhand von 10 Projekten aus der ganzen Welt vorzustellen. Vier Projekte wurden bereits von der EXPO genehmigt (EXPO, 1998).

Was versuchen wir mit dem Konzept *Zero Emissions* zu verfolgen? Wir müssen die Produktivität erhöhen, und wir müssen mehr Arbeitsplätze schaffen. Dafür müssen wir Mehrwert in Gewinn und *cash-flow* übersetzen. Wenn dies nicht funktioniert, dann scheitert dieses Konzept.

*Neue Forschungsprojekte*

Wir sind dabei, neue Industriebereiche zu entwickeln. Ein Bereich ist die Biotechnologie. Wir führen daher ein großes Forschungsprojekt in der Enzymologie durch, um die unterschiedlichsten Typen von Enzymen von Pilzen zu identifizieren. Vielleicht wissen Sie nicht, daß es 1,2 Millionen Variationen von Pilzen und Mikropilzen gibt und 10000 Makropilze, die Hälfte können wir essen. Alle diese haben unterschiedliche Enzyme. Wir brauchen deshalb keine genetische Manipulation von Enzymen. Wir müssen nur versuchen, zu verstehen, was die Natur schon hat. Wenn wir nicht bereit sind, dies zu studieren, dann drücken wir unsere Intelligenz nur im Rahmen von genetischer Manipulation aus. Aber die Natur stellt jeden Typ von Enzymen zur Verfügung, und deshalb arbeiten wir daran, diese zu identifizieren. Ein weiteres Projekt beschäftigt sich mit der Identifizierung der Enzyme von Regenwürmern.

Wie viele Arten von Regenwürmern gibt es auf der Erde? 3500. Wissen Sie, daß 40% des Gewichts des Regenwurmes Därme sind. Diese sind voll von Enzymen. Wir waren bis heute nicht in der Lage, diese zu separieren, bis wir Wissenschaftler beauftragten, sich einmal damit zu beschäftigen. Warum sollen wir synthetische oder genetisch manipulierte Enzyme in unsere Waschmittel stecken? Wenn Sie meinen, Ihre Textilien weißer als weiß waschen zu müssen, dann können Sie dies nun auch mit natürlichen Enzymen. Wir haben jetzt aus Regenwürmern ein Enzym extrahiert, mit welchem wir genauso sauber waschen können, ohne genetisch manipulieren zu müssen. Wissen Sie, wie hoch die Vermehrungsrate von Regenwürmern pro Monat ist? 1500. Da 40% des Regenwurmes aus Därmen bestehen, haben wir also keine Probleme, genügend Enzyme zu produzieren. In der Slowakei haben wir gerade eine Pilotanlage errichtet, die 1,5 Tonnen Enzyme pro Tag produziert. Der Rohstoff, die Regenwürmer, stammen aus der Slovakei. Wir versuchen damit, auf die lokale Artenvielfalt zurückzugreifen und nicht zu vernichten, wie dies im Fall des roten kalifornischen Regenwurms, der für die schnellere Zersetzung des Komposts in die ganze Welt exportiert wurde, obwohl es viel bessere gibt, geschah. Die Natur ist so vielfältig. Wir müssen uns diese deshalb zunutze machen.

In Japan hat die *Japan Management Association* gerade entschieden, unter der Schirmherrschaft von Herrn Dr. Keizo Yamaji, dem ehemaligen Vorsitzenden von Canon, eine neue ISO-Norm zu entwickeln: ISO-21000. Wir haben für diesen neuen Standard vorgeschlagen, endlich einmal Abfall nicht vorzusehen. Dank einer Gruppierung von verschiedenen Industrien kommt dieser Gedanke voran, z.B. bei Nippon Electric und NEC. NEC hat in Kyushu eine erste Anlage gebaut, die diesem Grundgedanken folgt. Außerdem führte NEC 18 verschiedene Industrien zusammen, um Nullemissionen zu erreichen. Japanische Unternehmen haben erkannt, daß auch nach der ISO-14000 weitergearbeitet werden muß. Brasilien, Mexiko und Kolumbien reagierten bereits positiv auf denVorschlag einer ISO-21000, da für diese Länder eine Strategie der Nullemission keinen Luxus, sondern Entwicklung darstellt.

*Fazit*

Ich bin davon überzeugt, daß in Zukunft auch diejenigen Geschäftsführer hinter Gitter kommen werden, die Proteine nicht wiederverwenden. Wir können uns dies nicht mehr leisten. Eine Analyse, die wir vornahmen, ergab, daß in Südamerika ca. 650 Tonnen Proteine pro Tag vernichtet werden, weil wir nicht wissen, wir wir sie wiederverwenden sollen. Das können wir uns als Homo-Sapiens nicht mehr erlauben.

Übrigens wird die *Zero Emission*-Stiftung von Japan unterstützt. Wir arbeiten mit 24 Leuten in unserer Stiftung mit dem Ziel, neue Technologien so schnell wie möglich zu entwickeln und in die Praxis umzusetzen, denn nur in der Praxis können wir noch mehr dazulernen. Deshalb wollen wir am Ende des Tages konkrete Resultate für die Umwelt und die Menschheit erreicht haben. Wenn Sie mit dem Wort *Zero Emissions* nichts anfangen können, weil das zweite Gesetz der Thermodynamik sagt, daß dies nicht möglich ist, dann sagen Sie einfach *upsizing. Zero Emissions* ist eine Initiative, die von mir – der sehr ungeduldig ist – geleitet wird und mit 4000 Forschern aus der ganzen Welt zusammenarbeitet. Dank dieser Gegebenheiten sind wir in der Lage, in der ganzen Welt Projekte durchzuführen. Der einzige Kontinent, auf dem wir heute noch kein Projekt haben, ist Europa. Europa glaubt immer noch, es sei führend im Umweltmanagement. Deswegen habe ich mich entschieden, meine Energie vor allem auf Projekte in Entwicklungsländern zu konzentrieren, weil dort die Bedürfnisse am größten sind.

Ich hoffe, daß Sie meinen Bericht nicht allzu schwarz-weiß analysieren. Ich danke Ihnen für Ihr Interesse.

## Literatur

EXPO 2000 Hannover (1998): Die weltweiten Projekte der EXPO 2000. Globales Netzwerk für eine nachhaltige Zukunft, Alinea: München, S. 68-69.

Gunter Pauli (1998): Upsizing. The Road to Zero Emissions. More Jobs, More Income, and no Pollution, Greenleaf Publishing.

Gunter Pauli (1999): Upsizing. The Road to Zero Emissions. More Jobs, More Income, and no Pollution, erscheint 1999 bei Bertelsmann.

World Watch Institute (1998): Zur Lage der Welt, Daten für das Überleben unseres Planeten, Fischer.

# INSTRUMENTE

Domingo Jiménez-Beltrán

# Ökoeffizienz – die europäische Antwort auf nachhaltige Entwicklung?[2]

*Einleitung*

Zuerst möchte ich die Gelegenheit nutzen, um die Initiative, Leistung und Ausdauer zu würdigen, mit der der Konferenzvorsitzende Ernst Ulrich von Weizsäcker die Verwirklichung von Nachhaltigkeit täglich ein Stück näherbringt. Offensichtlich kann man doch, so unwahrscheinlich es klingt, ein Prophet im eigenen Land sein.

Als ich gebeten wurde, an dieser Konferenz mit einem Vortrag mit dem Titel »Ökoeffizienz – die europäische Antwort auf nachhaltige Entwicklung?« teilzunehmen, war ich mir nicht sicher, ob ich diesem Thema gerecht werden könnte. Ein guter Freund schlug mir als Alternative den Titel »Umwelt und Gerechtigkeit, lokal und global: Eine uneuropäische Antwort« vor, der mir sehr verlockend klang und realitätsnäher schien. Trotzdem blieb ich bei dem ursprünglichen Titel, denn schließlich ist Nachhaltigkeit unser Ziel – ob Ökoeffizienz Europas Antwort auf die Forderungen des Erdgipfels von Rio de Janeiro wird, muß sich noch zeigen, und daher das Fragezeichen.

Ich möchte hier behaupten, daß die europäische Union bereits auf Rio reagiert hat, indem sie nachhaltige Entwicklung als klares Ziel im neuen Amsterdamer Vertrag (Art. 2 und 6) verankerte. Die Frage ist nun, wie wir in Europa dieses Ziel erreichen können; die Antwort könnte »Ökoeffizienz« lauten. Im folgenden möchte ich Möglichkeiten diskutieren, wie wir aus der Lage, in der wir uns heute befinden, in jene gelangen können, in der wir sein möchten und nach den Vorgaben des Vertrags auch gelangen sollten. Es geht mir dabei darum, zu zeigen, daß Ökoeffizienz als grundlegende Voraussetzung und wichtiger Bezugspunkt die Entwicklung in Richtung auf Nachhaltigkeit in Gang setzen und halten kann.

*Umwelt in der Europäischen Union: Es gibt noch viel zu tun*

Es ist wahrscheinlich bekannt, daß die Europäische Umweltagentur (*European Environment Agency*, EEA) den Auftrag hat, alle drei Jahre einen Bericht über den Zustand der Umwelt in der EU zu erstellen. Der erste Bericht, den wir 1995, als die EEA erst seit einem Jahr bestand, vorlegten, diente als Grundlage für die Überarbeitung des 5. Umweltaktionsprogramms (EEA, 1995). Wir arbeiten nun an einem weiteren Bericht, der Ende dieses Jahres erscheinen wird (EEA, 1998).

Unsere gute Nachricht über Umwelt und Nachhaltigkeit in der EU lautet: Wir haben auf nationaler wie auch auf internationaler Ebene viel besser zusammengearbeitet als ohne den Rahmen der EU. Kioto ist dafür ein gutes Beispiel. Tatsächlich stellt also Umweltpolitik eine der Erfolgsgeschichten der EU dar. Die weniger gute Nachricht lautet, daß noch viel getan werden muß. Unsere bisherigen Anstrengungen reichen noch nicht aus, um eine allgemeine Verbesserung der europäischen Umwelt zu bewirken oder gar globale Umweltprobleme einzudämmen. In zahlreichen Schlüsselbereichen der Wirtschaft üben außerdem nicht-nachhaltige Entwicklungstendenzen mehr Druck auf die Umwelt aus, als wir mit *end-of-pipe*-Maßnahmen ausgleichen können.

Wenn ich die Umweltdaten betrachte, muß ich feststellen, daß wir uns vielleicht auch zu sehr auf bestimmte, offensichtliche Probleme konzentrieren, wie das der Kraftfahrzeug- und Flugzeugemissionen, während sich z.B. die Verkehrsinfrastruktur beinahe unkontrolliert entwickelt – ich spreche hier von den Maßnahmen der Infrastrukturkommission der EU –, so daß der Verkehr zunimmt und sich die Menge der Emissionen erhöht. Wir beschäftigen uns nur mit einigen wenigen neuen Chemikalien, während toxikologische Untersuchungen der Stoffe, die bereits auf dem Markt sind, und ihrer Kombinationen kaum durchgeführt werden. Manchmal habe ich das Gefühl, daß wir uns nur damit beschäftigen – oder damit beschäftigt werden, Altlasten abzuarbeiten, derweil die Zukunft irgendwo anders heranwächst. Eine Verbesserung der Umwelt, eine Erhöhung der Lebensqualität aller ist dringend geboten. Allerdings wird uns dies nicht mit Hilfe umweltpolitischer Richtlinien allein gelingen; die Veränderung der Wirtschaftspolitiken im Sinne einer nachhaltigen Entwicklung ist unabdingbar.

*Der Zustand der Umwelt 1995*

Der Bericht von 1995 hat bereits gezeigt, daß ohne beschleunigte Maßnahmen der Umfang der Umweltverschmutzung weiterhin die Belastbarkeit des Menschen und die Aufnahmefähigkeit der Umwelt überschreiten wird. Mit noch keiner Maßnahme ist es gelungen, die vollständige Integration umweltpolitischer Überlegungen in die verschiedenen Wirtschaftssektoren oder gar eine Strategie für nachhaltige Entwicklung zu erreichen. Um die umweltpolitischen Ziele der EU zu verwirklichen, empfahl der Bericht den stärkeren Ausbau der umweltpolitischen Maßnahmen in den Bereichen Klimawandel (also $CO_2$-Emissionen), saurer Regen, Luftverschmutzung, Trinkwasserentnahme und Qualität des Grundwassers, Zerstörung von Lebensräumen und Müllverwertung. Neue Herangehensweisen mußten im Zusammenhang mit der Verarmung von Böden, die ja eine wichtige Ressource darstellen, mit dem Schutz der Küsten und mit der Auswirkung von Chemikalien auf die Umwelt entwickelt werden; insbesondere mit dem letzten Punkt mußte sich die EEA intensiv auseinandersetzen.

Es wurde außerdem vorhergesagt, daß die Bewältigung dieser Fragen eine der größten Herausforderungen für die EU bleiben werde, da die meisten sozioökonomischen Entwicklungen weitere Umweltbelastungen zeitigten. Das Bevölkerungs- und Wirtschaftswachstum in diesem Zeitraum zog beschleunigte Entwicklungen in Bereichen wie Personen- und Güterverkehr oder Tourismus nach sich (keine Entkopplung). Währenddessen konnte in bezug auf den Energieverbrauch eine langsamere Zunahme beobachtet werden (leichte Entkopplung) und beim Verbrauch von Düngemitteln in der Landwirtschaft sogar ein Rückgang (Entkopplung). Insgesamt mußte jedoch ein erwartetes Wachstum des Material- und Energieverbrauchs und damit der Umweltbelastung vorausgesagt werden. Verkehr schien ein naheliegender Zielbereich für zukünftige Politiken, da sich hier ein stetig wachsender Druck auf die Umwelt abzeichnete. Prognosen deuteten auf eine Verdopplung des Güterverkehrs und eine Zunahme des Personenverkehrs um ca. 50% zwischen 1990 und 2010 hin.

*Umwelt 1998*

Die aktualisierten Daten, die für das DOBRIS +3 *Assessment* (European Communities, 1998) für ganz Europa gesammelt wurden, und erste Vorhersagen für den EU-Ausblick für das Jahr 1998 erlauben einige grobe Schätzungen in bezug auf bestimmte Indikatoren:

- Das $CO_2$-Stabilisierungsziel für das Jahr 2000 könnte erreicht werden. Die $CO_2$-Emissionen sind zwischen 1990 und 1995 um 3% gefallen, was vor allem auf die Umstellung von Kohle auf Gas in der Stromerzeugung, die Abnahme der Grundstoffindustrie und die höhere Energieeffizienz der Industrie zurückzuführen ist.
- Das jüngste *business-as-usual*-Szenarium der Europäischen Kommission geht nach wie vor von einer Zunahme der Treibhausgase um 2% bis zum Jahr 2000 und um 8% bis zum Jahr 2010 aus, obwohl sich die EU 1997 in Kioto dazu verpflichtet hat, ihren Treibhausgasausstoß um 8% zu reduzieren.
- Die Verringerung des Ausstoßes ozonschädigender Substanzen entspricht den Zielvorgaben, obwohl der Ausstoß von Fluorkohlenwasserstoffen (FCKW) in den letzten Jahren angestiegen ist. Wegen ihrer Verweildauer in der Atmosphäre wird es jedoch einige Jahrzehnte dauern, bis sich die Ozonschicht wieder erholt; der Erfolg heutiger Reduktionen bzw. die durch Emissionen verursachten Schäden werden sich umgekehrt erst nach mehreren Jahren zeigen, was die strenge Durchsetzung vorbeugender Maßnahmen natürlich um so wichtiger macht.

- Alle früheren Reduktionsziele für $SO_2$ wurden erreicht. Strengere Vorgaben werden jedoch in Betracht gezogen, um eine Überschreitung der Grenzwerte in Europa insgesamt zu verhindern.
- Ein leichter Rückgang der $NO_x$-Emissionen konnte für den Zeitraum zwischen 1990 und 1994 beobachtet werden, was bedeutet, daß eine Stabilisierung auf dem Stand von 1990 erreicht wurde. Trotzdem erscheint es unwahrscheinlich, daß das Ziel für das Jahr 2000, eine 30%ige Reduktion im Vergleich zum Jahr 1990, verwirklicht werden kann.
- VOC-Emissionen sind zurückgegangen; ob aber das Reduktionsziel für das Jahr 2000 erreicht werden kann – eine 30%ige Reduktion im Vergleich zum Jahr 1990 –, bleibt ungewiß.

Die Verbindung von Kontrollmechanismen in verschiedenen Sektoren und die wirtschaftliche Umstrukturierung in Osteuropa leisteten einen wesentlichen Beitrag zur Reduktion der Emission von Ozonvorläuferstoffen: Trotz zunehmenden Verkehrs in Europa betrug die Verringerung zwischen 1990 und 1995 deutliche 14%. Aufgrund der hohen Ozonkonzentration in der Troposphäre bedroht Sommersmog in zahlreichen europäischen Ländern noch immer die Gesundheit von Mensch und Umwelt.

- Die Menge an Haushaltsmüll steigt weiter an, und zwar um 27% im Bezugsraum von 1985 bis 1995. Nur ein klarer Bruch in dieser Entwicklung könnte noch die Verwirklichung des Zieles – Stabilisierung im Jahr 2000 auf dem Niveau von 1985 – ermöglichen. Ein solcher erscheint jedoch unwahrscheinlich, da die Daten der einzelnen EU-Länder nach wie vor auf eine enge Verbindung zwischen Müllaufkommen und wirtschaftlicher Entwicklung hinweisen.
- Bodenerosion und Versalzung stellen für viele Gegenden besonders im Mittelmeerraum ein ernstzunehmendes Problem dar. Hinsichtlich der Bodenerhaltung wurden nur geringe Fortschritte erzielt. Gegenwärtig sind ungefähr 300000 potentiell verseuchte Flächen erfaßt, besonders in Industrieregionen.
- Die Grundwasservorräte bleiben bedroht. Obwohl im letzten Jahrzehnt die Grundwasserentnahme nicht zugenommen hat und in einigen westlichen Ländern sogar abnahm – ausgenommen in der Landwirtschaft –, besteht nach wie vor die Gefahr der Wasserknappheit, besonders in städtischen Gebieten. Hauptprobleme sind hierbei veraltete Wasserleitungssysteme in einigen und uneffizienter Wasserverbrauch in allen Ländern.
- Die Grundwasserqualität, und damit auch die Gesundheit des Menschen, werden durch von der Landwirtschaft verursachte hohe Nitratkonzentrationen gefährdet. Die Pestizidkonzentration im Grundwasser überschreitet im allgemeinen die EU-Grenzwerte, und viele Mitgliedsländer berichten von

Grundwasserverseuchung durch Schwermetalle, Kohlenwasserstoffe und Chlorkohlenwasserstoffe. Da die Schadstoffe erst nach Jahren das Grundwasser erreichen, greifen Maßnahmen zur Grundwasserverbesserung nur mit einer entsprechenden Zeitverzögerung.

- Trotz einer deutlichen Verringerung des Phosphatgehalts im Abwasser über die vergangenen fünf Jahre dank eindämmender Maßnahmen in Industrie und Abwasseraufbereitung und des Einsatzes phosphatfreier Waschmittel in Haushalten konnten Überdüngung und Umkippen von Gewässern nicht gebremst werden.
- Die Bevölkerungsdichte in Europas Städten hat weiterhin zugenommen, ebenso wie die Ausdehnung städtischer Gebiete. Hier werden nach wie vor Anzeichen von Umweltbelastung deutlich: schlechte Luft, Lärmbelästigung, Verkehrschaos, Verlust von Grünflächen und Schädigung historischer Gebäude und Monumente. Auch wenn sich die Luftqualität in den Städten in mancherlei Hinsicht verbessert hat, nehmen andere Belastungen, die vor allem auf den Verkehr zurückzuführen sind, zu und reduzieren die Lebensqualität ebenso, wie sie die Gesundheit des Menschen bedrohen.
- Zusätzlich zu diesen Alltagsbelastungen führen Umweltkatastrophen technischen und natürlichen Ursprungs zu größeren, wenn auch weniger häufigen Schäden an der europäischen Umwelt. Obwohl die Beweislage prekär ist, läßt sich aufgrund der Anzahl gemeldeter Industrieunfälle schließen, daß die Lage sich leicht zu bessern scheint. Schäden durch Überschwemmungen und andere klimabedingte Katastrophen nehmen in der EU allerdings zu, und hier können Zusammenhänge einerseits mit anthropogenen Veränderungen der Landschaft (Versiegelung von Flächen), andererseits mit der wachsenden Häufigkeit extremer Wetterlagen hergestellt werden.
- Inwiefern Chemikalien Mensch und Umwelt gefährden, bleibt unsicher: Eine große Zahl verschiedener Stoffe ist allgemein in Gebrauch, und unsere Kenntnisse über die Art und Weise, wie sie mit der Umwelt reagieren oder sich in ihr anreichern, sind gering. Angesichts der Schwierigkeit, die die Bewertung der Toxizität zahlreicher potentiell gefährlicher Chemikalien darstellt, zielen einige der gegenwärtig eingesetzten Strategien auf die Reduktion ihrer Variations- und Einsatzbreite, auf die Verringerung ihres Gebrauchs und Ausstoßes und damit des Entsorgungsproblems.

Die hier zusammengefaßte Lagebestimmung zeigt, daß sich der Zustand der Umwelt trotz der Verringerung einiger schädigender Einflüsse insgesamt nicht gebessert hat. Das liegt einerseits an natürlichen Zeitverzögerungen, wie es beim Ozonloch und dem Phosphatgehalt in Seen der Fall ist. Andererseits ist dies aber auch darauf zurückzuführen, daß die eingesetzten Maßnahmen häufig dem Umfang und der Vielschichtigkeit des Problems nicht gerecht wurden, z.B. bei der Bekämpfung des Sommersmogs oder der Pestizidbelastung des Grundwassers. Im allgemeinen konzentriert sich die europäische Umweltpolitik hauptsächlich auf die Kontrolle der Schadensquellen und auf den Schutz bestimmter Teile der Umwelt. In jüngerer Zeit wurden umweltpolitische Überlegungen in andere Politikbereiche integriert, so daß sich ein Prozeß in Richtung auf nachhaltige Entwicklung abzeichnet. Verkehr, Energie, Industrie und Landwirtschaft stellen die Schlüsselbereiche dar, auf die sich zukünftige Umweltpolitiken konzentrieren müssen.

*Die Zukunft der europäischen Umwelt(politik)*

Die Zukunft der europäischen Umwelt ist um so prekärer, als sich von den vorhandenen Daten eine weitere Zunahme umweltschädigender Faktoren ablesen läßt:

- Der Einsatz von Düngemitteln in der Landwirtschaft wächst wieder an, nachdem er 1992 seinen Tiefststand erreicht hatte.
- Der Bruttoinlandsverbrauch von Energie nimmt auch wieder zu, liegt aber noch unter dem Wirtschaftswachstum: Zwischen 1993 und 1994 blieb der Energieverbrauch stabil, zwischen 1990 und 1994 ist er aber um 3 % gestiegen. Ein Umschwung zugunsten erneuerbarer Energien ist nicht zu erkennen.
- Straßen- und Luftverkehr wachsen nach wie vor und sehr viel schneller als die Wirtschaft an. Gütertransport auf der Straße hat in ganz Europa seit 1980 um 54 % zugenommen, Personenstraßenverkehr seit 1985 um 46 % und Personenflugverkehr in derselben Zeit um 67 %. Besonders im Transportsektor kann die Umweltpolitik nicht mit den rasanten Entwicklungen Schritt halten, und Verkehrschaos, Luftverschmutzung und Lärmbelästigung breiten sich weiter aus. Dies wirft nun die grundlegende Frage nach dem Zusammenhang zwischen Wirtschaftswachstum und Verkehrszunahme auf. Nach Möglichkeiten, die wachsende Nachfrage nach Transport einzudämmen, die Nutzung öffentlicher Verkehrsmittel zu fördern und neue Bebauungsstrukturen und Lebensstile zu ermutigen, die mit weniger Verkehr auskommen – die Dematerialisierung der Wirtschaft nicht ausgeschlossen –, wird gesucht. Der Übergang zu nachhaltigeren Verkehrsstrukturen wird nicht leicht zu bewerkstelligen sein, zumal der gewohnte Umgang mit Infastrukturentwicklung (FIS) und Individualverkehr von einem beachtlichen politischen Gewicht getragen wird. In ganz Europa zieht leider der öffentliche Personennahverkehr im Wettbewerb mit Individual- und Straßentransportverkehr den kürzeren.
- Der Tourismus, insbesondere Massentourismus, nimmt weiterhin und mit wachsender Intensität zu.

- Die industrielle Produktion wächst nach einer Stagnationsphase zwischen 1990 und 1994 wieder. Im Gegensatz zu anderen Wirtschaftssektoren besteht hier wegen mildernden Umständen wie gesteigerter Energieeffizienz und Abnahme der Grundstoffindustrie allerdings kein direkter kausaler Zusammenhang mit einer Zunahme von Umweltverschmutzung.

Seit unserem Bericht von 1995 hat sich also die Lage kaum verändert. Weil aber das Bewußtsein über die Hindernisse, die noch zu überwinden sind, bevor sich der Zustand der Umwelt erholen kann bzw. nachhaltigere Entwicklungsprozesse angestoßen werden können, deutlich zugenommen hat – wie schon Aristoteles sagte, Erkenntnis steht vor der Tat –, stehen heute die Chancen für die Integration von Umweltpolitik in andere Politikbereiche besser als zuvor. Noch vor wenigen Jahren befand sich die Umweltpolitik in Konfrontation mit z.B. der Energie-, der Verkehrs-, der Landwirtschafts- und Industriepolitik (insbesondere Chemie); heute wird der Umweltpolitik die Aufgabe zugewiesen, nachhaltige Entwicklung in den genannten Bereichen einzuleiten. Die Frage ist nur, ob wir Umweltpolitiker dieser Aufgabe gewachsen sind.

In diesem Zusammenhang schafft das Abkommen von Amsterdam (Artikel 2 und 6) einen neuen politischen Rahmen, indem es nachhaltige Entwicklung als EU-Ziel formuliert. Die Agenda 2000 einschließlich der Überarbeitung der gemeinsamen Europäischen Agrarpolitik und der EU-Erweiterung, das von der Klimarahmenkonvention in Kioto verabschiedete Protokoll und auch die neuen Umwelt- und Nachhaltigkeitsstrategien, die im Juni 1998 auf dem EU-Ministerrat in Cardiff vorgestellt werden sollen, dürften für die Implementierung dieser Artikel Möglichkeiten bieten.

Auf der Grundlage der Artikel 2 und 6 des Abkommens von Amsterdam soll die Europäische Kommission dem Ministerrat eine Strategie zur Integration der Umwelt- in die anderen Politiken als wesentlichen Schritt in Richtung nachhaltige Entwicklung vorlegen. Diese Strategie würde mit einem äußerst günstigen Zeitpunkt zusammentreffen, mit bedeutsamen Veränderungen in den Produktions- und Verbrauchsstrukturen der EU, die sich wiederum an den sich wandelnden Wirtschaftssystemen, der EU-Erweiterung und den Forderungen der Klimakonvention und des Protokolls von Kioto orientieren. Große Veränderungen stehen uns bevor: Nutzen wir sie doch, um ein nachhaltigeres Europa zu schaffen, um jene andere EU, die »Ecological Union«, aufzubauen! Fortschritte in Richtung Nachhaltigkeit auf der EU-Ebene sind die einzige Möglichkeit, der europäischen Verantwortung auf globaler Ebene gerecht zu werden.

Wir können dieses Ziel erreichen, vorausgesetzt, wir finden ein konsensfähiges Konzept als Grundlage sowohl der Strategien als auch der Mechanismen, die erforderlich sind, um Wachstum immer nachhaltiger zu gestalten. Zunächst muß das Wirtschaftswachstum von der Erzeugung umweltschädigender Einflüsse entkoppelt werden; dann können Wirtschafts- und Umweltpolitik integriert werden; die Wirtschaft wird dematerialisiert, und der allgemeine Wohlstand wächst bei fallendem Ressourcenverbrauch. Um ein nachhaltiges Wirtschaftssystem aufzubauen, werden wir Disziplin, Ausdauer und die Bereitschaft, immer dazuzulernen, benötigen. In den 70er Jahren konnte man eine umweltpolitische Veranstaltung noch mit der Frage sprengen, worum es denn bei »Umwelt« überhaupt gehe. Das kann uns heute nicht mehr passieren, da wir uns bereits auf einen gemeinsamen Nenner geeinigt haben: die Definition von nachhaltiger Entwicklung der Brundtland-Kommission. Außerdem teilen wir doch alle die Überzeugung, daß nachhaltige Entwicklung ein Prozeß ist (»eine Reise, kein Kurztrip«), bei dem es wie beim Wirtschaftswachstum vor allem darum geht, ob und wie schnell Fortschritte erzielt werden. Zu diesem Zweck ist es lebenswichtig, ein Bezugsmodell zu entwickeln, in dem allgemeine und sektorale Indikatoren und Ziele formuliert werden. Außerdem müssen *ex-ante-* und *ex-post-*Bewertungsmechanismen beschlossen und schrittweise eingesetzt werden, die den Prozeß überwachen und seine Optimierung ermöglichen.

Der Schlüssel zu diesem Prozeß ist das Wissen: unabhängige Daten, die verläßlich, relevant, zielorientiert und aktuell sind. Sie unterstützen Entscheidungsprozesse ebenso wie die öffentliche Diskussion und erlauben uns, wichtige Beschlüsse zu fassen sie gegebenenfalls durchzusetzen oder zu revidieren, und schließlich unsere Schritte zu begründen. Die EEA wurde mit dem Ziel eingerichtet, Informationen für den Entwurf und die Umsetzung effizienter – und nun nachhaltiger – Umweltpolitiken bereitzustellen. Wie können wir, die EEA, dazu beitragen, eine Wende herbeizuführen, um schließlich den Zustand der Umwelt zu verbessern und einer nachhaltigeren Entwicklung den Weg zu ebnen?

Die EEA kann den Verlauf der Entwicklung durch Überwachen und Berichten ändern. Unsere Arbeit darf sich nicht darauf beschränken, den Zustand der Umwelt und die Umweltprobleme zu beschreiben; unsere Aufgabe ist es vielmehr, Analysen bereitzustellen und mit unseren Berichten den notwendigen Wandel der Produktions- und Verbrauchsmuster zu unterstützen. Das Sammeln und Veröffentlichen von Daten ist ein entscheidender Faktor, der gemeinsam mit dem politischen Willen und dem gesellschaftlichen Druck den Prozeß zur nachhaltigen Entwicklung lostreten und leiten kann. Ebenso wichtig in diesem Zusammenhang sind die Integration von Wirtschafts- und Umweltpolitik mit Hilfe des bislang fehlenden Bindeglieds, der Ökoeffizienz und Ressourcenproduktivität, und die Einführung eines finanzpolitischen Instruments zur Internalisierung von externen Kosten.

*Gebt mir einen Hebelpunkt ...*

Wir brauchen Mechanismen, mit denen wir Entwicklungen vorhersehen und bewerten können, und ein Bezugsmodell für unsere Richtlinien. Zwei Instrumente bieten sich an:

*Ein ex-ante-Mechanismus:* Ein *ex-ante*-Mechanismus erlaubt es, neue Politiken, Programme oder Großprojekte z.B. mit Hilfe von Umweltverträglichkeitsprüfungen zu bewerten. Damit wird sichergestellt, daß in dem jeweils betroffenen Bereich Nachhaltigkeit begünstigt bzw. verwirklicht wird. Benötigt wird weniger eine Richtlinie als vielmehr die politische Entscheidung, bei der Prüfung von Politiken, Programmen und Projekten die externen Kosten mit zu berücksichtigen, sich also an umweltpolitischen Bezugspunkten und Nachhaltigkeitskriterien zu orientieren.

*Ein ex-post-Mechanismus:* Ein *ex-post*-Mechanismus bedarf der Einrichtung eines Überwachungs- oder Datenerhebungssystems, das regelmäßig Bewertungen zur Messung der Fortschritte in bestimmten Bereichen durchführt und prüft, ob vereinbarte Ziele erreicht wurden. Dieser Mechanismus sollte seine Unabhängigkeit von der Politik bewahren. Erforderlich ist natürlich ein Bezugsmodell, ein Bewertungsmaßstab – z.B. Indikatoren. Obwohl bereits Ansätze zur Anwendung von Indikatoren vorhanden sind, z.B. in den verschiedenen Generaldirektionen der Europäischen Kommission, im Statistischen Amt der Europäischen Gemeinschaft (EUROSTAT), vielen Mitgliedsstaaten, der OECD, der Weltbank, mangelt es noch an übergeordneten Institutionen wie der EEA-EUROSTAT, die die einzelnen Projekte koordinieren, auf Regelmäßigkeit und Konsistenz bei der Anwendung achten und die Indikatoren neuen Erkenntnissen anpassen.

In diesem Zusammenhang ist das Konzept der Ökoeffizienz von besonderer Tragweite: Bei der Definition von Indikatoren für das Bezugsmodell, das auch konsensfähige Ziele für die einzelnen angesprochenen Bereiche enthalten sollte, bei *ex-ante*-Einschätzungen und -Vergleichen von Szenarien und Alternativen, und bei *ex-post*-Auswertungen und -Berichten.

An diesem Punkt muß auf die Grenzen der allgemein akzeptierten Definition von Ökoeffizienz, die auf einem Vorschlag des *Business Council for Sustainable Development* (BCSD) im Jahre 1992 beruht, hingewiesen werden: »Ökoeffizienz bedeutet, daß Waren und Dienste verfügbar gemacht werden, die menschliche Bedürfnisse erfüllen und Lebensqualität mit sich bringen, die einen minimalen Effekt auf die Umwelt haben und deren Ressourcenintensität während ihres gesamten Lebenszyklus gering bleibt, so daß die wirtschaftliche Produktion die Aufnahmefähigkeit der Erde nicht über Gebühr belastet.« Die soziale Dimension der Nachhaltigkeit, die auch die Verantwortung zwischen den Generationen betrifft, ist hier nicht berücksichtigt; wir dürfen jedoch nicht vergessen, daß Nachhaltigkeit nicht nur mehr Ökoeffizienz oder bessere Ressourcenproduktivität beinhaltet. Diese können auch durch den Markt allein erreicht werden, sofern er externe Kosten berücksichtigt. Nachhaltigkeit bedeutet aber auch Gerechtigkeit und Solidarität, oder schließlich »nachhaltigen Egoismus«, der den Bedürfnissen der Nachkommen Rechnung trägt. Das könnte der Markt nur erreichen, wenn ein internationales oder globales Nachhaltigkeits- oder Wohlstandssystem eingerichtet würde, das auf einer internationalen und globalen Steuerpolitik aufbaut – angesichts der Debatte um die Kerosinsteuer wohl eher der Stoff, aus dem die Träume sind.

*Der Hebel: Ökoindikatoren*

Betrachten wir die verschiedenen Typen von Ökoindikatoren:

- Typ A: Deskriptive Indikatoren: Was geschieht?
- Typ B: Performanz/Fortschrittsindikatoren: Welche konkreten Ziele werden erreicht?
- Typ C: Effizienzindikatoren: Wie effizient sind die eingesetzten Maßnahmen?
- Typ D: Erweiterte Wohlstandsindikatoren (vergleichbar dem »grünen« Bruttosozialprodukt)

Kurzfristig besteht die Herausforderung ganz klar darin, die bis jetzt aufgestellten und vornehmlich deskriptiven Indikatoren zu nutzen, indem wir ihnen einen gemeinsamen Rahmen geben – z.B. das Driving Forces/Pressures-State-Impact-Response-Modell (Treibende Kräfte/Druck auf die Umwelt – Zustand der Umwelt – Effekt – gesellschaftliche Reaktion), das gegenwärtig das Überwachen und Berichten über den Zustand der Umwelt bestimmt – und ihnen Effizienzindikatoren zur Bewertung von Produktions- und Verbrauchsprozessen zur Seite stellen. Werden diese beiden Typen von Indikatoren noch mit einem Bezugswert oder konkreten Ziel verbunden, so funktionieren sie als mächtige Performanzindikatoren, wie sie für Überwachungs- und Datenerhebungssysteme unerläßlich sind.

Konkrete Ziele: Das ist vielleicht das Zauberwort, wie die Wirkung der Europäischen Währungsunion auf die Wirtschaft zeigt, und die Tatsache, daß nur jene internationalen Konventionen – und hier komme ich auf das Protokoll von Kioto – auch Folgen zeitigen, die mit meßbaren und nachweisbaren Zielen arbeiten, wie das Wiener Übereinkommen zum Schutz der Ozonschicht oder das Genfer Übereinkommen über weiträumige grenzüberschreitende Luftverunreinigung. Wäre es nicht möglich, einen exklusiven Club für die nachhaltigeren Wirtschaftsmächte in der EU, den *Ecological Union Club*, zu gründen, dessen Anwärter und Mitglieder mit Hilfe von Indikatoren bzw. konkreten Zielen zugelassen werden? Vielleicht sind ja ein paar Wirtschafts- oder Finanzforen oder Lobbies daran interessiert. Was Industrie und Wirtschaft angeht, ist die

EEA dabei, Umwelt- bzw. Nachhaltigkeitsmaßstäbe zu erarbeiten. Wir hoffen, bald über ausreichend Bezugswerte und öffentlichen Druck – Staat und Aktionär legen Wert auf Werte – zu verfügen, damit in Industrie und Wirtschaft ein neues, nachhaltigkeitsorientiertes Wettbewerbsstreben entsteht.

Bereits vorhandene Ansätze in den volkswirtschaftlichen Gesamtrechnungen, umweltbezogenen Statistiken, Sozialstatistiken, Stoffstromanalysen und schließlich das DPSIR-Modell müssen genutzt werden. Ökoeffizienzindikatoren werden auf jeden Fall eine wichtige Rolle in einem wirksamen Umwelt- oder Nachhaltigkeitsinformationssystem spielen:

- Sie stellen wichtige Bezugspunkte für verschiedene Interessenträger wie Politiker, Geschäftsleute und gesellschaftliche Kräfte dar.
- Sie dienen als Teil eines Frühwarnsystems.
- Sie unterstützen
  - die Analyse von Umwelt- und Nachhaltigkeitstrends und -szenarien (ex ante);
  - die Entwicklung integrierter Umweltprüfungen für Programme und Politiken (ex post);
  - die Integration von Umweltbelangen in die Wirtschaft;
  - die Entwicklung der Informationsmechanismen und eines Bezugsmodells zur Initiierung und Erhaltung einer europäischen Nachhaltigkeitsstrategie.

*Hebelpunkte: Einige Informationen über die Effizienz unserer Volkswirtschaften*

1995 berichtete die EEA über die Produktionsprozeßeffizienz, daß sie sich im Zeitraum von 1970 bis 1990 verbessert habe: Sowohl die Energieintensität (20%) wie auch die Materialintensität (50%) hatten in allen zwölf Mitgliedsstaaten abgenommen. Diese Entwicklung war auf einen Strukturwandel von energieintensiver Schwerindustrie zu weniger verbrauchsstarken Industriezweigen wie Montage und Dienstleistung zurückzuführen. Ähnliches galt für die neuen Mitgliedsstaaten, die auch auf einen Modernisierungsprozeß mit effizienterem Rohstoff- und Energieverbrauch und höherem Mehrwert umgeschaltet hatten.

Als Teil ihres Berichts »EU-Umweltausblick 1998« arbeitet die EEA nun an der Analyse der jüngsten Trends und entwirft Zukunftsszenarien zur Intensität der EU-Wirtschaft und der damit verbundenen Energie- und Ressourcenproduktivität bzw. Ökoeffizienz. Zwischenzeitlich wird es interessant sein, sich die Ergebnisse einer jüngeren Studie (Adriaanse et al., 1998) über vier weit entwickelte Industrieländer – die USA, Japan, Deutschland, die Niederlande – anzuschauen.

Um beim heutigen Stand der Ökoeffizienz ihre Güter und Dienstleistungen bereitstellen zu können, betreiben diese Länder einen jährlichen Pro-Kopf-Materialaufwand von 45 bis 85 Tonnen an Primärmaterial, die Nutzung von

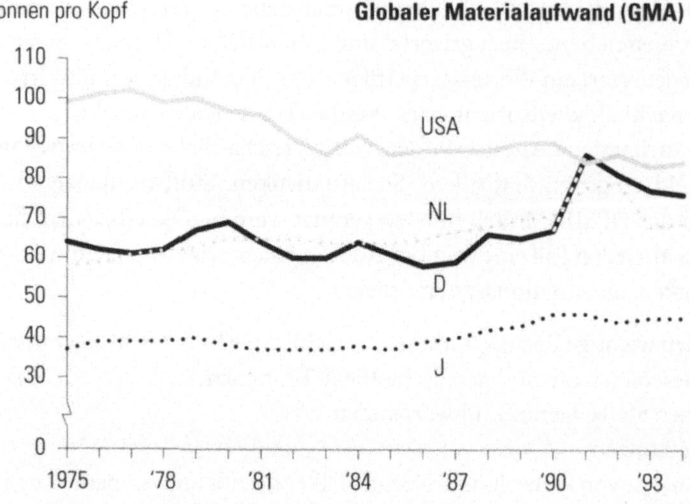


Luft und Wasser ausgeschlossen. Diese Zahlen geben das immense Ausmaß von Rohstoffabbau, Landschaftsveränderung, Bodenerosion sowie des direkten Verbrauchs an natürlichen Stoffen für die Aufrechterhaltung des gegenwärtigen Niveaus der volkswirtschaftlichen Aktivität und des Lebensstandards wieder. Obwohl bislang keine zusammenfassenden Ökoeffizienzindikatoren auf der EU- oder Mitgliedsstaatenebene zur Verfügung stehen, läßt die Analyse der Materialintensität erkennen, daß diese vier Industriestaaten gegen Ende der 1980er Jahre begannen, den Weg in Richtung Ökoeffizienz einzuschlagen. Seitdem pendeln sie sich, Japan ausgenommen, auf gleichbleibendem Niveau ein oder werden sogar etwas zurückgeworfen – für Deutschland ist die Wiedervereinigung hier von Bedeutung. Eine erneute Kopplung von Ressourcenverbrauch und Wirtschaftswachstum droht (s. Abb. oben).

Dieser Effekt wird um so deutlicher, wenn wir bei der Bewertung der Materialintensität dieser Volkswirtschaften die sogenannten »ökologischen Rucksäcke« als Teil des globalen Materialaufwands (GMA) berücksichtigen. Hier geht es nicht um direkt zugeführte Stoffe, den sog. direkten Materialinput wie z.B. Rundholz für Sägewerke oder das von Raffinerien eingesetzte Rohöl. Der GMA bezieht zusätzlich Aufbereitungsabfälle mit ein, die zusammen mit den gewünschten Ressourcen aus der Umwelt entnommen werden, um die wirtschaftlich verwertbaren Materialien zu gewinnen (z.B. der nicht verwertbare Anteil, der bei der Konzentration von Eisenerzen anfällt), und auch die verlagerten Massen, das zur Gewinnung von Rohstoffen bzw. zum Bau von Infrastrukturen bewegte Material (z.B. den im Bergbau anfallenden Abraum). Die ökologischen Rucksäcke stellten 1991 zwischen 55% und 75% des globalen

Materialaufwands der vier untersuchten Industriestaaten dar, wobei ein Teil der Ressourcenentnahme – in Deutschland 35 %, in Japan 50 %, in den Niederlanden 70 % – jenseits der Landesgrenzen stattfand.

Diese gigantischen Stoffströme beinhalten aber auch ein enormes Potential für Effizienzsteigerung. Mit Hilfe von Ökoeffizienzindikatoren können wir heute die Bilanzen der volkswirtschaftlichen Gesamtrechnungen durch Stoffstrombilanzen ergänzen und Umweltgesamtrechungen aufstellen, die die tatsächlichen Kosten des Wirtschaftswachstums aufzeigen und wichtige Signale für richtige – nachhaltigere – ökonomische Entscheidungen geben. Es erschiene sinnvoll, wenn auch Firmenberichte Indikatoren zu Material- und Energieverbrauch berücksichtigten, was allerdings grundlegende Änderungen in ihren Bilanzierungssystemen voraussetzt. Unternehmen verlassen sich zumeist auf rein wirtschaftliche Indikatoren, die keine Orientierungshilfen für Ökoeffizienz bereitstellen. Viel ist schon für die Verbesserung betrieblicher Umweltperformanz- oder Fortschrittsindikatoren getan worden, aber jüngere Empfehlungen wie z.B. der Internationalen Normenorganisatoin (ISO) enthalten über 100 Typen solcher Indikatoren, was für die Erstellung von Parametern für Unternehmen oder den Gebrauch im Finanzsektor einige zuviel sein dürften.

Der Bedarf an zusammenfassenden Indikatoren ist offensichtlich: Sie reduzieren ein komplexes System auf wenige, leicht anwendbare Parameter und können sowohl für das interne Unternehmensmanagement wie auch für die Aufstellung einer Firmenrangliste von außen eingesetzt werden. Die noch zu entwickelnden zusammenfassenden Indikatoren gruppieren sich um vier entscheidende Stoffströme:

1. Materialverbrauch
2. Energieverbrauch
3. Aufbereitungsabfälle, verlagerte Massen eingeschlossen
4. Umweltschädigende Produkte, Abfall eingeschlossen

(Die Punkte 3. und 4. unterscheiden zwischen Produktionseffizienz und *end-of-pipe*-Kontrollmaßnahmen.)

Wenn alle vier dieser weitgefaßten Kategorien in einen Zusammenhang mit den erzielten Erträgen gestellt werden, ergeben sie zusammenfassende Ökoeffizienzindikatoren für Unternehmen.

Die EU ermutigt gegenwärtig Unternehmen, Umweltperformanzindikatoren als freiwilliges »Environment Statement«, wie es in der *Environmental Management and Audit Scheme* Richtlinie (EMAS) gefordert wird, in ihre Firmenberichte mit einzubeziehen: Informationen bezüglich Energie, Material, Grundwasser, Abfall, Ausstoß umweltschädigender Stoffe, Lärm und anderer Einflüsse würden so gesammelt. Dabei ist die Art und Weise der Präsentation der

Daten ausschlaggebend, und stoffstrombasierte Indikatoren sind hier am hilfreichsten. Ein Großteil der Fortschritte hinsichtlich Ökoeffizienz werden in größeren Unternehmen angestrebt; kleine und mittelständische Unternehmen (KMU) benötigen eigene, auf ihre Bedürfnisse zugeschnittene Umweltperformanzindikatoren.

Die Öffentlichkeit will natürlich informiert sein, wenn sie eine Rolle bei der Steigerung der Ökoeffizienz unseres wirtschaftlich-gesellschaftlichen Handelns spielen soll. Obwohl die EU-Richtlinie zum freien Zugang zu Umweltinformation von 1990 hier einen Beitrag zur öffentlichen Bewußtseinsbildung geleistet hat, muß noch sehr viel mehr Information zur Verfügung gestellt werden. Das *Toxic Release Inventory* in den USA, das von der Environment Protection Agency (EPA) veröffentlich wird, scheint den Ausstoß von TRI-Chemikalien pro $1000 Unternehmensumsatz erfolgreich reduziert zu haben (Naimon, 1996, http://www.epa.gov/opptintr/tri/), und Indonesien hat kürzlich durch die Veröffentlichung von Umweltschadensdaten Unternehmen unter Druck gesetzt, die nun ihren Schadstoffausstoß verringert haben. Aus diesen Erfahrungen können die mittel- und osteuropäischen Staaten lernen, die ähnlichen Schwierigkeiten bei der Durchsetzung von Umweltgesetzen gegenüberstehen.

Ökoeffizienzindikatoren müssen zielgerichtet sein. Der Faktor-10-Club hat das Ziel einer Steigerung der Ökoeffizienz um das Zehnfache als notwendiges langfristiges Ziel und Herausforderung für Industriestaaten formuliert. Faktor 10 – diese Größe gibt dem Umfang und der Richtung des erforderlichen Wandels Ausdruck. Unterstützt wird das Ziel des Clubs durch die Forderung, die gesamten anthropogenen Stoffströme, deren Menge bereits die der natürlichen Stoffströme übersteigt, zu halbieren. Aus einer globalen Pro-Kopf-Umlage ergibt sich daraus für den europäischen Raum ein Reduktionsziel von ungefähr 90% (Spangenberg et al., 1997). Der gegenwärtige Materialaufwand der OECD-Volkswirtschaften beträgt jeweils ca. 300 kg pro $100 des Bruttoinlandsproduktes. Nur 20% der Weltbevölkerung verbrauchen 80% der Ressourcen: Das ist ebensowenig gerecht wie nachhaltig.

Die OECD nimmt das langfristige Ziel der Reduktion der Materialintensität um einen Faktor 10 sehr ernst; bereits 1995 wurde es als vorrangig in den österreichischen Umweltplan aufgenommen: »Reduktionsziel für die Stoffströme in Österreichs Wirtschaft um einen Faktor 10 in den nächsten Jahrzehnten.« (NUP, 1995).

Allerdings könnten auch Ökoeffizienzerfolge von diesem Ausmaß nicht mehr ausreichen, wenn die globale Belastung der Umwelt noch immer zu hoch ist, so daß es der »Nachhaltigkeitsbezugspunkte« bedarf, um die Umweltbelastung in den Grenzen der Aufnahmefähigkeit der Umwelt zu halten. Die gegenwärtige Verbindung umweltschädigender Subventionen mit Steuern, die im wesentlichen Arbeit und Kapital statt Energie, Materialverbrauch und Umweltverschmutzung belasten, lenkt die Wirtschaft in die der Nachhaltigkeit entgegengesetzte Richtung. Die Internalisierung externer Kosten durch Steuern (EEA, 1996; OECD, 1997; *Forum for the Future*, 1998) oder andere ökonomische Instrumente und die Neuorientierung der Subventionen in Richtung auf umweltförderndes Handeln sind dringend nötig, um auf dem Markt Signale zu setzen, die Ökoeffizienz und Nachhaltigkeit ermutigen. Ökonomische Anreize könnten auch den Wandel von einer linearen »Einmalwirtschaft« zu einer zyklischen Wirtschaft bewirken, wo Abfall zu Rohstoff wird.

*Europa aus den Angeln heben: Nachhaltigkeit und EU-Erweiterung*

Bevor ich zum Schluß komme, möchte ich noch einige Überlegungen zu der großen Herausforderung und der günstigen Gelegenheit anstellen, die die EU-Erweiterung für Fortschritte in Richtung Nachhaltigkeit auf europäischer und auch – angesichts der Führungsrolle der EU nach Kioto – globaler Ebene mit sich bringt. Die Frage ist, ob sich dieser Prozeß nachhaltig oder auch ökoeffizient gestalten lassen wird.

Die Vorteile für die Umwelt, die sich aus der EU-Erweiterung ergeben, sind ebenso offensichtlich wie der wirtschaftliche Aufwand, die Kosten, die mit der Anwendung der umweltpolitischen Anforderungen der EU auf die Anwärterstaaten verbunden sind. Zweifellos werden die Vorteile, die in der Verbesserung des menschlichen Wohlergehens, der Umweltqualität und so wertvoller Ressourcen wie des Grundwassers liegen, größer als die Kosten sein. Der Kostenfaktor ist allerdings nicht zu unterschätzen: Er dürfte um 100000 Millionen ECU, also ca. 1000 ECU pro Einwohner betragen – mehr als der gesamte Jahreshaushalt der EU. Das Durchschnittseinkommen in den Anwärterstaaten liegt hingegen bei nur einem Drittel des in den Mitgliedstaaten normalen Einkommens.

Die EU-Erweiterung ruft nach Innovationen. Die EU hat sich der Nachhaltigkeit politisch verschrieben; die Verpflichtungen der EU und besonders die Führungsrolle, welche die EU in der Klimarahmenkonvention beibehalten muß, bedeuten, daß die Erweiterung der EU eine prächtige Gelegenheit ist, um mit der Veränderung der Produktions- und Verbrauchssysteme zu beginnen, indem Finanz-, Technik-, Personal- und Kreativitätspotentiale dort ausgeschöpft werden, wo es aus umweltpolitischer und besonders nachhaltiger Sicht besonders lohnend erscheint: in den osteuropäischen Staaten, deren Produktionssysteme ebenso wie ihre städtischen, Dienstleistungs-, Kommunikations- und Verkehrsinfrastrukturen von Grund auf umgestaltet und erneuert werden müssen. Es gilt aber nicht allein, die Anwärterstaaten finanziell und durch Zusammenarbeit zu unterstützen, um eine schnelle Anwendbarkeit der EU-Umweltgesetzgebung zu garantieren. Ziel ist auch, die in diesen Ländern unabdingbare sozioökonomische Entwicklung zügig voranzutreiben, sicherzustellen, daß diese so nachhaltig wie möglich verläuft, und damit den Entwicklungsprozeß auf der Ebene der gesamten zukünftigen EU zu steuern. Die Übereinstimmung mit der EU-Gesetzgebung (weit jenseits der Bestrebungen von Kioto) wäre ein Ergebnis, nicht das von vornherein angestrebte Ziel, und könnte mit minimalem Kostenaufwand erreicht werden.

Eine solche Herangehensweise erfordert allerdings, bevor sie in die Tat umgesetzt werden kann, eine tiefgreifende Änderung der Haltung der EU-Mitgliedsstaaten, die gegenwärtig die Anwärterstaaten in eher ungünstigem Licht betrachten: Die Anwärterstaaten gelten

- als ökologische Wüste, wo die Lage hinsichtlich Umweltverschmutzung katastrophal ist und als Wettbewerbsvorteil genutzt werden kann, wenn nicht schleunigst die EU-Legislation durchgesetzt wird. Tatsächlich existieren wesentliche Verschmutzungsprobleme, die jedoch sehr konzentriert auftreten und eng mit veralteten Energieerzeugungs- und Produktionssystemen zusammenhängen. Allgemein ist der Zustand der Umwelt eines großen Teils ihrer Gebiete, vor allem, was Flora und Fauna betrifft, wesentlich besser als in den nördlichen EU-Mitgliedsstaaten, wenn auch von unmittelbaren Risiken bedroht – ähnlich wie in den südlichen EU-Staaten;
- als gigantischer Absatzmarkt für Technik und Umwelttechnik, auf dem Profit winkt und die Entwicklungskosten für bestehende Techniken, Infrastrukturen und Dienste, Umweltdienste (zumeist *end-of-pipe*-orientiert) nicht ausgeschlossen, wieder hereingeholt werden können. Von dem Kuchen der 100000 Millionen ECU, die für Umwelttechnik zur Sanierung der Schäden bereitgestellt werden, möchte sich eben jeder etwas abschneiden.

Es ist eigenartig, daß die bisher durchgeführten Untersuchungen – die jüngste, von einer schwedischen Regierungskommission im November 1997 erstellte Studie trug den Titel »Analyse des Umweltzustandes und der mit ihm verbundenen wirtschaftlichen Folgen für die anstehende Erweiterung der EU« – diese Vorurteile bestätigen. Während die EU für ihre innere Entwicklung Nachhaltigkeit als Bezugspunkt für die Neuorientierung der Umwelt- und Wirtschaftspolitik betrachtet, scheinen wir im Zusammenhang mit den sogenannten Integrationsprozessen zu erwarten, daß die Anwärterstaaten erst einmal die Entwicklungsphasen durchmachen, die bereits hinter uns liegen, unsere Fehler eingeschlossen: die Zerstörung der Natur, obwohl doch die Wiederherstellung dieser wertvollen Ressource entweder teuer oder unmöglich ist; das Primat des Individual- und Straßengüterverkehrs; die Zentralisierung und übertriebene Dimension der Elektrizitätserzeugung; ungebremste Stadtentwicklung usw. Anscheinend können sie erst danach als gleichwertige Partner in unseren Plan für die Zukunft einbezogen werden – eine Zukunft, für die sie besser vorbereitet wären, wenn ihnen die Strafe unserer Fehlentscheidungen erspart bliebe.

Diese 100000 Millionen ECU, die zwischen 30 und 40% der Beitrittskosten ausmachen würden, scheinen der Preis für die ökologische Validierung der Anwärterstaaten zu sein, die sonst, wie wir behaupten, durch den Ausverkauf ihrer Umwelt einen Wettbewerbsvorteil erzielen könnten. Ein umgekehrtes Szenarium reicht aus, um die Absurdität unserer Forderungen zu verdeutlichen: Man stelle sich vor, die osteuropäischen Staaten verlangten von den gegenwärtigen Mitgliedern der EU, daß sie ihre Natur – die Feuchtgebiete, Flora, Fauna, die heute zersprengten, unterentwickelten und vielfaltsarmen Wälder – in den präindustriellen Zustand zurückversetzten, der heute in Teilen Osteuropas anzutreffen ist. Uns würde das teuer zu stehen kommen.

Unter diesen Umständen ist klar, daß die Anwärterstaaten in die gemeinsame Diskussion über nachhaltige Entwicklung und verwandte Konzepte wie Ökoeffizienz einbezogen werden müssen. Die EEA will hier durch ihren Bericht »The EU 98 Environmental Outlook«, der auch die Anwärterstaaten berücksichtigen wird, einen Beitrag leisten. Kurzfristig wäre es in der Phase vor dem Beitritt gewiß zuträglich, die osteuropäischen Länder zur Teilnahme an laufenden Initiativen zur nachhaltigen Entwicklung einzuladen.

Schließlich könnte noch eine Reihe ganz konkreter Projekte ausgearbeitet werden, die den laufenden Prozeß der Anpassung der Umweltgesetze optimieren würden. Lassen Sie mich einige Möglichkeiten nennen:

- die Einbeziehung der Anwärterstaaten in einige EU-Ausschüsse und ihre Aufnahme als Mitglieder in die EEA, die am Prozeß der nachhaltigen Entwicklung mitarbeiten. Dadurch würde eine sanfte Anpassung und Zusammenarbeit zu geringen Kosten verwirklicht.
- die Durchführung zusätzlicher Analysen innerhalb des Zeitplans der Anwartschaft, um nachhaltige Entwicklung schon im Vorlauf zur Erweiterung zu stärken. Jenseits der Einschätzung der wirtschaftlichen Kosten der Anpassung an die EU-Umweltgesetze müssen dabei sogenannte strategische Umweltverträglichkeitsprüfungen wirtschaftlicher Entwicklungen und Politikmaßnahmen durchgeführt und alternative Szenarien entworfen werden, die alle Politikfelder miteinbeziehen. Das Ergebnis sollte Möglichkeiten der Finanzierung und Unterstützung nachhaltigeren sozioökonomischen Fortschritts vorschlagen, in deren Folge eine Wiederherstellung der Umwelt steht, statt veraltete und rückwärtsgerichtete Herangehensweisen einzusetzen, die schlechterdings die Unterordnung unter die bestehende Umweltgesetzgebung verlangen oder ein *business-as-usual*-Szenario in Kauf nehmen.

Wenn auch die Unterordnung unter die Umweltgesetze der EU bis heute ein bestimmender Faktor ist, so sollte sich der Anpassungsprozeß doch an den oben genannten Punkten orientieren und seine Prioritäten mit Bezug auf die folgenden Überlegungen setzen:

- Die Durchsetzung von Richtlinien zum Zustand der Umwelt – also des Wassers, der Luft usw. – und besonders jener, die die Gesundheit der Menschen, die ja von der Qualität der Luft und der Wasservorräte abhängt, betreffen, muß Vorrang haben vor technikbezogenen Bestimmungen (Wasseraufbereitung, Emissionen).
- Unter den Programmen zur Anwendung der technikbezogenen Richtlinien muß jenen Vorrang gegeben werden, die Innovation und Modernisierung in den Bereichen Technik, Produktion und Infrastruktur fördern. *End-of-pipe*-Maßnahmen kommen erst an zweiter Stelle. Dabei könnten sogar vorübergehend Richtlinien z.B. zur Effizienzoptimierung von Aufbereitungsanlagen etwa für die Gase aus bestehenden Wärmekraftwerken hintangestellt werden, um mehr in Dezentralisierung, also in den Bau kleinerer Kraftwerke, oder in Effizienzsteigerung, etwa durch Kraft-Wärme-Kopplung, zu investieren. Der sich hieraus ergebende Substitutionseffekt zöge schließlich eine Verringerung der Emissionen und Umwelteinflüsse nach sich, besonders wenn in erneuerbare Energien investiert würde.
- Besonders wichtig sind in diesem Zusammenhang die Richtlinien zum Schutz der Natur und ihre finanzielle Ausstattung. In Verbindung mit Programmen zur alternativen Raumentwicklung könnten sie einen wesentlichen Beitrag zum Erhalt der Feuchtgebiete, Forstgebiete und Urwälder leisten, die durch die Strukturförderung der EU selbst bedroht sind.

*Fazit*

Zusammenfassend können wir also feststellen, daß noch ein weiter und steiniger Weg vor uns liegt, bevor wir einen nachhaltigeren Entwicklungsprozeß in Gang setzen können, aber gerade deswegen müssen wir sofort aufbrechen und dürfen uns nicht verirren. Wissen, Informationen, Daten sind unsere Landkarten und Wegweiser, aber auch die Meilensteine, an denen wir unsere Fortschritte ablesen können. Mit Ökoeffizienz als Kompaß werden wir das Ziel erreichen.

Zu mehreren bevorstehenden Terminen werden unsere Bereitschaft und Fähigkeiten in dieser Hinsicht zum Einsatz kommen:

- auf der EU-Ebene anläßlich der Initiative der britischen Präsidentschaft zu Verkehr und Umwelt (Ministerrat im April und Juni 1998) und bei der Vorstellung der auf eine schwedische Initiative zurückgehenden Umwelt- und Nachhaltigkeitsstrategien im Juni 1998 auf dem EU-Ministerrat in Cardiff;
- jenseits der EU während des Erweiterungsprozesses und bei der möglichen Einbindung der Anwärterstaaten in EU-Programme;
- auf globaler Ebene bei den Entwicklungen von Kioto bis Buenos Aires, die von der Klimarahmenkonvention zu erwarten sind.

Die Mitarbeit der Bürger und der Geschäfts- und Industriesektoren wird für die Verbesserung und Legitimierung der anstehenden Entscheidungen von ebenso enormer Wichtigkeit sein wie für ihre Implementierung. Industrie und Unternehmen sind durchaus fähig, die Herausforderungen und Ziele zu ihrem Vorteil und größerem Profit zu verarbeiten, sofern ihnen ausreichend Vorbereitungszeit zur Anpassung gelassen wird. Das ist ja ihre Spezialität, nur daß diesmal der Vorgang von der Gesellschaft gesteuert wird, also nachfragegesteuert ist, und nicht von der Wirtschaft.

## Literatur


Advisory Council for Research on Nature and Development et al. (1998): Incentives for Eco-Efficiency.

Bundesministerium für Umwelt (Hrsg.) (1995): Nationaler Umwelt Plan (NUP), Wien, http://www.bmu.gv.at/admin_umwelt/ admin_u_nup/frmset_nup_a.htm.

EEA (1995): Die Umwelt in der Europäischen Union 1995, Bericht zur Überprüfung des Fünften Umwelt-Aktionsprogramms, Kopenhagen.

EEA (1996), Environmental Taxes Implementation and Environmental Effectiveness, Copenhagen.

EEA (1997): Public Access to Environmental Information, Copenhagen.

EEA (1998): Europes Environment: The Second Assessment, Copenhagen.

EEA (1998): Inventory of the European Environmental Targets and Sustainability Reference Values: STAR Database User Manual, Copenhagen.

European Communities (1998): Europe's Environment: Statistical Compendium for the Second Assessment, Luxemburg: Office for Official Publications of the European Communities.

Foundation for Business and Sustainable Development (FBSD) (1998): The Eco-Efficiency Case Study Database, Geneva, http://www.wbcsd.ch/foundation.

International Institute for Environment and Development et al. (1996): Incentives for Eco-Efficiency, Market Based Instruments for Pollution Prevention: A Case Study of the Steel Sector in India, London.

Spangenberg, Joachim H. (1997): Material Flow Based Indicators in Environmental Reporting, Wuppertal.

Johansson, A. (1998): Personal Communication, Lund.

Naimon, J. S. (1996): Toxic Chemicals Information Programmes: Lessons from the USA, Washington.

Adriaanse, Albert, et al.: Stoffströme (1998): Die materielle Basis von Industriegesellschaften, in Zusammenarbeit von Wuppertal Institut für Klima, Umwelt, Energie, World Resources Institute, Ministerium für Wohnungswesen, Raumordnung und Umwelt der Niederlande, Japanisches Institut für Umweltstudien, Übersetzung von Christian Kopf und Helmut Schütz, Überarbeitet von Stefan Bringezu, Birkhäuser Verlag: Berlin, Basel, Boston.

Adriaanse, Albert, et al. (1997): Resource Flows: The Material Basis of Industrial Economies, World Resources Institute, Wuppertal Institut, Netherlands Ministry of Housing, Spatial Planning and Environment, National Institute for Environmental Studies, World Resource Institute.

World Resource Institute (1997): Measuring Up, Washington, D.C.

Paul H. Brunner und Richard Obernosterer

# Differenzierung der Ressourceneffizienz

*Einleitung*

Die pauschale Reduktion des Rohstoffeinsatzes um einen Faktor vier (von Weizsäcker; Lovins; Lovins, 1997) bzw. zehn (Schmidt-Bleek, 1993) wird als Ziel für eine nachhaltige Entwicklung vorgeschlagen. Bei der Umsetzung dieses »Leitbildes« in die Praxis wird jedoch eine Differenzierung der einzelnen vom Menschen verursachten Materialflüsse (Güter- und Stoffflüsse) notwendig sein. Beispielsweise wird sich für Güter wie Trinkwasser oder Biomasse bzw. für Stoffe wie $CO_2$ oder Dioxine ein jeweils anderer Faktor ergeben. Der folgende Artikel diskutiert Ansätze einer Differenzierung am Beispiel des Stoffhaushaltes verschiedener Städte. Die folgenden Beispiele haben vordergründig nicht viel gemeinsam, vielmehr zeigen sie unterschiedlichste Gesichtspunkte zum Thema Ressourcenmanagement. In den Schlußfolgerungen werden diese Aspekte zusammengefaßt, um deren Bedeutung in der Diskussion um eine Reduktion des Materialeinsatzes zu zeigen.

*Von der Seuchenbekämpfung zum Hygienebewußtsein*

Weyl ist am Ende des 19. Jahrhunderts der Frage nachgegangen, wie sich die Maßnahmen der Städtereinigung auf die Gesundheit der Bevölkerung ausgewirkt haben (Weyl, 1893). Er bezieht sich in seinen Untersuchungen auf eine Zusammenstellung der Aufwendungen der Stadt Berlin für »hygienische Bauten«. Dazu zählten neben Wasserver- und -entsorgung auch Krankenhäuser, Schlachthöfe, Desinfektionsanstalten, Markthallen und ähnliche Einrichtungen. Weyl benutzte als Indikator für den hygienischen Zustand einer Stadt die Typhusmortalität und leitete aus seinen Untersuchungen ab, daß einzelne Maßnahmen einen bedeutenden Beitrag zur Seuchenbekämpfung geleistet haben. Über die Zeitreihe betrachtet kann jedoch festgestellt werden, daß erst durch mehrere Maßnahmen gemeinsam und mit dem dabei gestiegenen allgemeinen Hygienebewußtsein die Typhussterblichkeit um eine Größenordnung sank.

*Von der Pferdedroschke zum PKW*

Der Pferdemist von 120000 Pferden in New York City führte im Jahre 1893 zu Belastungen der Stadtbevölkerung (Tarr, 1996). Große Anstrengungen wurden unternommen, um die enormen Mengen an Pferdeäpfeln aus der Stadt zu entfernen. Dennoch wurden mehr und mehr Stimmen laut, die ein Pferdeverbot für die Stadt forderten. Die Lösung dieses Problems kam unerwartet. Eine neue Technologie, der PKW, ersetzte zunehmend die Pferdedroschke als Verkehrsmittel und löste damit das Problem der Entsorgung von Pferdeäpfeln der Stadt New York. Eine Reduktion des Pferdeanteiles in der Stadt um einen Faktor X war nicht mehr notwendig.

Der PKW brachte neue Probleme mit sich. Eine der bekannten Folgen der Motorisierung ist die Zunahme von Kohlendioxid in der Atmosphäre. Eine Prognose (Cozzarini, 1998) zeigt, daß ein Treibstoffverbrauch pro PKW von 3 Liter auf 100 km kaum einen Einfluß auf die globalen anthropogenen Kohlendioxidemissionen hätte. Aus der Sicht der Treibhausproblematik ist die Einführung des »3-Liter«-Autos demnach keine »radikale« Lösung. In Anlehnung an die obigen Beispiele kann die These aufgestellt werden, daß zu einer effektiven globalen $CO_2$-Reduktion mehrere Maßnahmen zusammen, eine oder mehrere neue Technologien und ein geändertes Bewußtsein notwendig sind.

*Der urbane Stoffhaushalt – Flüsse und Lager, Güter und Stoffe*

Der Stoffwechsel von Städten ist geprägt von einem hohen Materialdurchfluß und großen Materiallagern. Durch die Stadt Wien fließen täglich rund 700 000 Tonnen an Gütern und Stoffen. In der Stadt sind bereits 500 Millionen Tonnen akkumuliert, und es kommen täglich 35 000 Tonnen hinzu (Daxbeck et al., 1996). 150 Tonnen Wasser pro Einwohner fließen jährlich durch die Anthroposphäre Wiens. Der Großteil dieser Menge stammt aus dem Wiener Umland, wo es reichlich vorhanden ist. Von der Seite des Ressourceneinsatzes stellt sich für Wien die Frage, ob es überhaupt seinen Wasserfluß reduzieren soll, da diese Ressource buchstäblich im Überfluß vorhanden ist. Etwas weniger provokant ausgedrückt stellt sich für jede Region die Frage, welche ihrer Ressourcen am dringlichsten einer geänderten Bewirtschaftung bedürfen. Ein Ressourcenmanagement ist stark von den regionalen Gegebenheiten abhängig. Beispielsweise haben Schwermetallkonzentrationen in den Sedimenten der Fjorde der Stadt Stockholm auf Grund der Einleitung von geklärtem Abwasser bedenklich hohe Werte erreicht. Ein geringerer Wasserverbrauch würde die Stofffrachten, die in diese Senken gelangen, kaum verändern. Hingegen werden die ersten bereits gesetzten Maßnahmen, wie das Ziel, Kupfer zur Dachdeckung öffentlicher Bauten zu vermeiden, langfristig zur Reduktion der Kupferfrachten in die Sedimente beitragen (Burström et al., 1997). In anderen Regionen kann wiederum ein geringerer Wasserverbrauch von seiten einer optimierten Abwassertechnik erforderlich sein. Demnach ist nicht nur eine Differenzierung der einzelnen Materialflüsse notwendig, die Faktoren sind auch an die jeweiligen Regionen zu adaptieren.

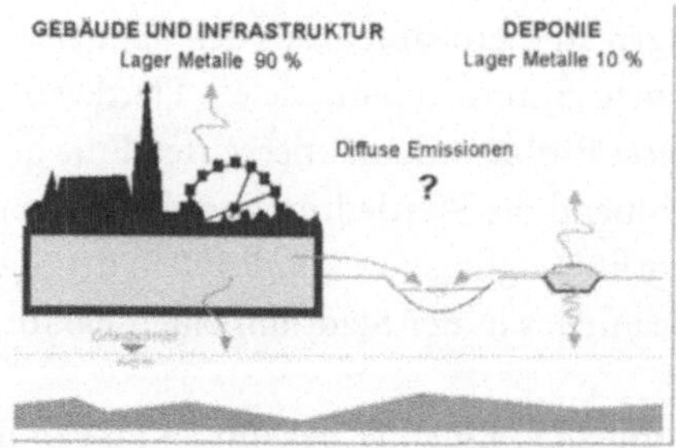


Urbane Metallager und diffuse Emissionspfade der Stadt Wien (Obernosterer et al., 1998)

Im Gegensatz zu Wasser, das eine Stadt durchfließt, verbleiben vor allem Baumaterialien für längere Zeit in der Stadt. Das Lager der Stadt Wien wurde einer differenzierten Analyse unterzogen, und es zeigte sich, daß sich 90 % des städtischen Metallagers in der gebauten Stadt selbst und lediglich etwa 10 % in ihren Deponien befinden (Obernosterer et al., 1998). Zu bemerken ist, daß die Emissionen aus den Deponien einer Kontrolle unterzogen werden, hingegen der weitaus größere Teil des Metallagers ohne »Abdichtung« keiner gesamtheitlichen Kontrolle unterzogen wird. Bei einer Reduktion der Inputmengen, beispielsweise um einen Faktor vier, würde das Lager zwar in der Regel langsamer wachsen, es bleibt aber in seiner Größe bestehen bzw. zu bewirtschaften. Das urbane Materiallager stellt nicht nur ein Umweltgefährdungspotential dar, es birgt auch potentielle Ressourcen. So sind derzeit im Wiener Wasserleitungsnetz etwa 20000 t Blei eingebaut (Möslinger, 1998). Das Ressourcenpotential dieser Menge würde ausreichen, um 1,6 Millionen PKW-Bleiakkumulatoren herzustellen. Diese Überlegungen zeigen, daß dem Lager eine größere Bedeutung im Ressourcenmanagement eingeräumt werden muß (s. Abb. oben).

Ein methodischer Ansatz zur Bewertung der Umweltverträglichkeit von Stoffflüssen ist der Vergleich zwischen anthropogenen und geogenen Flüssen und Lagern. Für die Stadt Wien wurde ein derartiger Vergleich angestellt (Paumann et al., 1997). Um die entsprechenden Emissionen eines natürlichen (geogenen) Ökosystems Wien abzuschätzen, wurde die versiegelte Fläche Wiens als natürlich bewachsen angenommen. Es zeigte sich, daß die anthropogenen Emissionen stoffspezifisch um einen Faktor 25 bis 800 größer sind als die vergleichbaren geogenen Stoffflüsse. Der Vergleich zeigt die Notwendigkeit, aber auch die Möglichkeit einer Differenzierung der einzelnen Materialflüsse. Die Annäherung des anthropogenen an einen geogenen Stoffhaushalt kann als Leitlinie zur Festsetzung spezifischer Reduktionsfaktoren einzelner Material-, insbesondere Stoffflüsse herangezogen werden.

Das unterschiedliche Wachstum des Güter- und Stoffumsatzes im Laufe der Zeit liefert ein weiteres Beispiel für eine notwendige Differenzierung der einzelnen Materialflüsse. Während der Güterumsatz des modernen Menschen etwa zehnmal größer ist als derjenige eines Jägers und Sammlers (Daxbeck; Brunner, 1992), ist beispielsweise der Pro-Kopf-Bleiverbrauch in den letzten 6.000 Jahren um den Faktor 10000 gestiegen (Settle; Pattersen, 1980). Zu bemerken ist, daß die Zunahme des Bleiverbrauches mehr von der Entwicklung der Technik als vom Bevölkerungswachstum abhängig war. Eine Reduzierung des Bleieinsatzes um den Faktor Vier würde nicht ausreichen, um ein umweltverträgliches Bleimanagement zu garantieren. Es stellt sich die Frage, um wieviel der Bleieinsatz reduziert werden müßte, um mit der heute bestehenden Technik und dem heute vorhandenen Bewußtsein ein umweltverträgliches Bleimanagement zu bewerkstelligen. Ist es für Blei der Faktor 1000?

*Fazit*

Der Faktor Vier ist ein einfaches und damit gut geeignetes Leitbild, um ein Bewußtsein für die Strategie »weniger Materialeinsatz und weniger Umwelteinwirkungen bei Erhöhung des Wohlstandes« zu schaffen. Folgende Punkte müssen jedoch berücksichtigt werden:

- Bei der Umsetzung des Faktor-Vier-Leitbildes kann kein pauschaler Faktor festgesetzt werden. Es muß eine Differenzierung der einzelnen Güter- und Stoffflüsse erfolgen. In die Diskussion des Ressourcenmanagements sind die bereits akkumulierten Mengen (Lager) einzubeziehen. Dazu ist ein Bewußtsein für die Chancen und Risiken von Stoffflüssen und Stofflagern zu schaffen.
- Ressourcen sind lokal sehr unterschiedlich verfügbar. Auch die Aufnahmekapazitäten der Umwelt, der Förderbänder und der letzten Senken sind regional verschieden. Daraus ergibt sich die Notwendigkeit eines regional adaptierten Ressourcenmanagements.
- Die unterschiedlichen Aspekte der diskutierten Beispiele dieses Artikels zeigen, daß neue Technologien, ein geändertes Bewußtsein und eine Vielzahl von Maßnahmen und Bemühungen notwendig sein werden, um eine effiziente Ressourcenbewirtschaftung zu gewährleisten.

## Literatur

Burström, F.; Brandt, N.; Frostell, B.; Mohlander, U. (1997): Material Flow Accounting and Information for Environmental Policies in the City of Stockholm, in: Bringezu, S.; Fischer-Kowalski, M.; Kleijn, R.; Palm V. (1998): Analysis for Action, Wuppertal Special 6, Proceedings of the ConAccount Conference, S. 136-145, Wuppertal.

Cozzarini, Ch. (1998): Emissionen und Luftqualität, in: Institut für Verbrennungskraftmaschinen und Kraftfahrzeugbau der Technischen Universität Wien 1974-1998, S. 13-14, hrsg. Lenz, H.P., Institut für Verbrennungskraftmaschinen und Kraftfahrzeugbau, Technische Universität Wien, Wien.

Daxbeck, H.; Brunner, P.H. (1992): Regional Material Balance as a Tool for Environmental Monitoring, Symposium Proceedings, International Symposium on Environmental Contamination in Central and Eastern Europe, Budapest '92, S. 474-476, Budapest.

Daxbeck, H.; Lampert, Ch.; Morf, L.; Obernosterer, R.; Rechberger, H.; Reiner, I.; Brunner, P.H. (1996): Der anthropognene Stoffhaushalt der Stadt Wien, Projekt Pilot, Institut für Wassergüte und Abfallwirtschaft, Technische Universität Wien, Wien.

Hösel, G. (1990): Unser Abfall aller Zeiten – Eine Kulturgeschichte der Städtereinigung, hrsg. Verband Kommunaler Städtereinigungsbetriebe e.V., München.

Möslinger, J. (1998): Stadtstrukturbezogene Analyse des Güter- und Stoffhaushaltes der Stadt Wien – Ein Beitrag zur Entwicklung eines Ressourcenkatasters, Diplomarbeit, Institut für Wassergüte und Abfallwirtschaft, Technische Universität Wien, Wien.

Obernosterer, R.; Brunner, P.H.; Daxbeck, H.; Gagan, T.; Glenck, E.; Hendriks, C.; Morf, L.; Paumann, R.; Reiner, I. (1998): Materials Accounting as a Tool for Decision Making in Environmental Policy – MAc TEmPo Case Study Report – Urban Metabolism, The City of Vienna, Institut für Wassergüte und Abfallwirtschaft, Technische Universität Wien, Wien.

Paumann, R.; Obernosterer, R.; Brunner, P.H (1997): Wechselwirkung zwischen anthropogenem und natürlichem Stoffhaushalt der Stadt Wien am Beispiel von Kohlenstoff, Stickstoff und Blei, Institut für Wassergüte und Abfallwirtschaft, Technische Universität Wien, Wien.

Schmidt-Bleek, F. (1993): Wieviel Umwelt braucht der Mensch? MIPS – das Maß für ökologisches Wirtschaften, Birkhäuser, Berlin, Basel, Boston.

Settle, D.M.; Pattersen, C. C. (1980): Lead in albacore: guide to lead pollution in America, Science, 207, 1167-1176.

Tarr, J. A. (1996): The search for the ultimate sink – Urban pollution in historical perspective, The University of Akron Press, Akron, Ohio.

von Weizsäcker, Ernst U.; Lovins, Amory B.; Lovins, L. Hunter (1997): Faktor Vier. Doppelter Wohlstand – halbierter Naturverbrauch, Bericht an den Club of Rome, Taschenbuchausgabe, Droemer Knaur: München.

Weyl, Th. (1893): Die Einwirkung hygienischer Werke auf die Gesundheit der Städte mit besonderer Rücksicht auf Berlin, Jena 1893, S. 3, entnommen aus: Hösel, G. (1990)

David Pearce

# Ökonomische Instrumente für die Steigerung von Ökoeffizienz

## *Einleitung*

Der ökologische Rucksack moderner Wirtschaftstätigkeit muß erheblich leichter werden, wenn für unsere Nachkommen noch eine vernünftige natürliche Umwelt übrigbleiben soll. Es scheint zwei Möglichkeiten zu geben:

1. die globale Wirtschaftstätigkeit, d. h. das Wirtschafts- und Bevölkerungswachstum verringern oder
2. den Verbrauch von Energie und Material und die Produktion von Abfall im Verhältnis zur Wirtschaftstätigkeit schneller verringern, als die Wirtschaftstätigkeit insgesamt zunimmt.

Die erste ist die altvertraute Forderung nach Nullwachstum. Die zweite nennen wir Ökoeffizienz. Im folgenden möchte ich zunächst argumentieren, daß die Forderung nach Nullwachstum nicht im entferntesten zu verwirklichen oder überhaupt wünschenswert ist. Daher muß Ökoeffizienz offensiv verfolgt werden. Mein guter Freund Ernst von Weizsäcker führt seit langem die Ökoeffizienz-Bewegung in Europa an, und der unermüdliche Amory Lovins blendet uns unentwegt mit der Kunst des Machbaren, des Möglichen, und manchmal sogar des Unmöglichen. Wir können es schaffen. Die zentrale Frage ist nun, was wir tun müssen, um Ökoeffizienz zu garantieren.

Zuerst aber wollen wir die Forderung nach Nullwachstum betrachten.

## *Gegen Nullwachstum*

Man möchte annehmen, daß die Debatte für und wider Wirtschaftswachstum seit den Wortgefechten der 1970er Jahre abgeklungen ist, aber dem ist nicht so. Es scheint daher angebracht, einige Probleme zu diskutieren, welche die Forderung nach Nullwachstum mit sich bringt.

Was ist Wirtschaftswachstum? Wirtschaftswachstum wird an der Steigerung des realen Bruttosozialprodukts (BSP) pro Kopf gemessen. Das BSP wiederum ergibt sich aus dem Geldwert der Güter und Dienstleistungen in einer Volkswirtschaft, vor allem, aber nicht ausschließlich, Handelsgüter. Medizinische Leistungen sind im BSP berücksichtigt; ihr Wert wird an den Kosten der Bereitstellung dieser Leistungen gemessen. Es ist wohlbekannt, daß das BSP nicht alle Dienstleistungen und Güter miteinbezieht, z.B. Hausarbeit. Wir sind uns auch der Tatsache bewußt, daß es weder dem Durchfluß von Umweltgütern und -dienstleistungen noch dem Wertverlust des Umweltvermögens angemessen Rechnung trägt. Wir könnten also ein an »grünen« Werten gemessenes BSP oder, genauer gesagt, ein grünes Nettosozialprodukt einführen. Aber ein grünes Nettosozialprodukt befürworten bedeutet nicht, gegen Wirtschaftswachstum sein, denn eine Steigerung des grünen Nettosozialprodukts könnte auch eine Zunahme des konventionellen BSP mit sich bringen.

Ein Grund, warum wir gegen Wirtschaftswachstum sein könnten, liegt in der Vorstellung, daß Wirtschaftswachstum einen Wertverlust der Umwelt erzeugt. Wenn dem so ist, dann sollte ein gezügeltes Wirtschaftswachstum die Wertminderung verringern. Dieser Zusammenhang muß jedoch sorgfältig überprüft werden: Wirtschaftswachstum ist hier vielleicht ein Faktor, aber es dürfte noch weitere geben, und diese könnten bedeutsamer sein. Die Verringerung des Wirtschaftswachstums würde außerdem eine einschneidende Minderung der Lebensqualität jener Menschen verursachen, die die Vorteile des Wirtschaftswachstums nicht missen möchten. Will man ihnen nicht das Mitspracherecht entziehen, muß diese Qualitätsminderung gegen den Wertverlust der Umwelt aufgerechnet werden. Auch wenn wir diese Argumentation auf die Spitze treiben, indem wir sagen, daß die Kosten der Zerstörung der Wälder »immens« sind und vielleicht sogar den Untergang der uns bekannten Welt bedeuten, würden einige Menschen doch widersprechen, daß die sozialen Kosten, die sich aus der Beschränkung des Rechts des einzelnen auf freie Entscheidung (zum Teufel zu gehen, wenn er/sie es will) auch »immens« sind. Die Forderung nach Nullwachstum geht schließlich auch davon aus, daß das Wirtschaftswachstum kontrolliert werden kann. Darauf werde ich später noch zurückkommen.

Als erster Schritt ist also herauszufinden, ob Wirtschaftswachstum Umweltzerstörung verursacht. Die einzig wissenschaftliche Art und Weise zur Feststellung dieses Zusammenhangs liegt in der Berechnung einer statistischen Korrelation, wie sie auch das Thema wichtiger jüngerer Literatur über die ökologische Kuznetskurve (Ecological Kuznets Curve, EKC) ist (Rothman; de Bruyn, 1998, 1997/ Neumayer 1998). EKCs zeigen, wie eine umweltbezogene Variable wie z.B. Luftverschmutzung vom Pro-Kopf-Bruttoinlandsprodukt abhängt. Bei einigen Stoffen ergibt sich hier eine Kurve in Form eines umgedrehten U, d.h. Wirtschaftswachstum bei geringem Pro-Kopf-Einkommensniveau verschlechtert die Umweltqualität, während bei höheren Einkommen die Umweltqualität mit der Wirtschaft wächst. Verschiedene Kräfte bewirken diese Zusammenhänge: Wenn der Wohlstand in einer Volkswirtschaft wächst, ändert sich auch ihre Struktur, und an die Stelle umweltschädigender Schwerindustrie treten weniger schädliche Dienstleistungen, Handel und Finanzen. Mit steigendem Einkommen wächst auch die Nachfrage nach guter Umweltqualität, obwohl dieser Zusammenhang nicht so stark ist, wie er auf den ersten Blick scheinen mag – verschiedene Studien zeigen, daß die Einkommenselastizität der Nachfrage nach Umwelt weniger als »1« ist. Der EKC-Zusammenhang scheint für Schadstoffemissionen wie Schwefeldioxid und für die Brauch- und Trinkwasserqualität zuzutreffen. Auch für das Artensterben gibt es Daten, die einen solchen Zusammenhang nahelegen. Für Kohlendioxid, dessen Ausstoß linear mit dem Pro-Kopf-Einkommen zunimmt, trifft dieses Modell nicht zu; die Daten zu den Zusammenhängen zwischen Waldrodung und Pro-Kopf-Einkommen sind nicht eindeutig.

Wenn die Einzelergebnisse auch unterschiedlich sind, so zeigen sie doch, daß Wachstum keine notwendige Bedingung für Umweltzerstörung darstellt. Die Grundannahme der Nullwachstums-Schule ist also falsch. Hier könnte die Diskussion beendet sein: Wenn es keine statistische Korrelation gibt, kann auch kein kausaler Zusammenhang bestehen – es sei denn, er wäre über zusätzliche Variablen vermittelt. Ökonometrische Studien sollten diese Möglichkeit noch untersuchen. Nehmen wir aber einmal an, es gäbe einen Zusammenhang. Sollten wir dann das Wachstum des Bruttosozialprodukts bremsen? Es gibt einige Gründe, die dagegen sprechen:

1. Die Reduktion der Wachstumsrate verursacht Einschränkungen des materiellen Lebensstandards. Dramatischer ist noch, daß sie mit sozialen Fragen wie Arbeitslosigkeit zusammenhängt. Wie oben bereits angedeutet, muß also ein Kompromiß gefunden werden, und wie dieser aussehen soll, ist schwer zu sagen.
2. Wir wissen mit Bestimmtheit, daß es noch andere Ursachen für Umweltzerstörung gibt. Eine wesentliche Verringerung der Umweltschäden wird vielleicht eher und ohne negative Auswirkungen auf den materiellen Lebensstandard erreicht, wenn wir uns auf diese Ursachen konzentrieren. Eine Vielzahl läßt sich anführen: Preisverzerrung, schlecht oder nicht definierte Besitzrechte und »fehlende Märkte«, so daß der Nutzen von Umweltschutz und verbesserte Umweltqualität über keinen Markt verfügen und daher nicht mit der ökonomischen Ausbeutung dieser Ressourcen konkurrieren können.
3. Im allgemeinen wird angenommen, daß Wirtschaftswachstum eine Variable der Politik ist, die kontrolliert und geändert werden kann. Aber entspricht das den Tatsachen? Was uns interessiert, ist ja das langfristige Wachstum, nicht jenes, das die Regierungen mit ihren Sorgen um kurzfristige Leitzinsentwicklung, Haushaltsdefizite und Inflation beschäftigt. Eine Tabelle über das reale Volkseinkommen Großbritanniens zwischen 1885 und 1987 zeigt eine konstante Wachstumsrate (Liesner, 1989), die im Durchschnitt 1,8 % beträgt. Sie liegt damit etwas über derjenigen von England im 18. Jahrhundert, welche zu Beginn bei vielleicht 0,4 % im Jahr und gegen Ende des Jahrhunderts bei über 1 % lag. Wir könnten diese Zahlen so interpretieren, daß das Wachs-

tum im 20. Jahrhundert »unter Kontrolle« ist, während es vorher unkontrolliert war, und daß es als kontrollierbares Phänomen in der Reichweite langfristiger Planungen liegen muß. Andererseits läßt sich aber feststellen, daß die Wirtschaft bereits im 18. Jahrhundert gewachsen ist, als es noch keine Konzepte für die Planung und Kontrolle wirtschaftlicher Entwicklungen gab und auch noch keine Statistiken über das Bruttosozialprodukt erstellt wurden – das Bruttosozialprodukt ist eine sehr neue Erfindung.

4. Nehmen wir einmal an, daß wir das Wachstum beeinflussen können. Betrachten wir die »moderne« ökonomische Wachstumstheorie, die besagt, daß es vornehmlich auf »endogenem« technischem Fortschritt beruht, verkörpert durch Kapital, einschließlich Forschung und Entwicklung, Ausbildung, usw., also mit besonderer Betonung des Humankapitals. Wenn diese Herangehensweise stimmt, dann bedeutet die Senkung des Wirtschaftswachstums auch die Reduzierung technischen Fortschritts, also der Bildung usw. Dies scheint doch eine seltsame Art und Weise zu sein, Umweltprobleme in Angriff zu nehmen, besonders, da wir doch mit guten Gründen annehmen, daß die Steigerung des Bildungsniveaus eine der besten Lösungen für Umweltprobleme darstellt.
5. Nehmen wir nun an, daß Wachstum Umweltzerstörung verursacht und daß es uns einerlei ist, wie wir Wachstum bremsen – z.B. durch eine Senkung des Bildungsniveaus. Wirklich wichtig ist hier jedoch das Weltwirtschaftswachstum, und selbst wenn ein Land seine Wachstumsrate reduzieren könnte, ist die Wahrscheinlichkeit doch sehr gering, daß alle Staaten der Erde sich auf eine Kontrolle ihres Wachstums einlassen würden.
6. Überlegen wir abschließend, was die Wachstumshypothese eigentlich besagt: Die Ursache unserer Probleme sei der Wandel im Bruttosozialprodukt. Da das Bruttosozialprodukt aber ein dynamisches Konzept ist, solle sich unser Augenmerk nicht allein auf das BSP, sondern auf die Dynamik selbst richten. Ganz pragmatisch stellt sich hier die Frage, ob Nullwachstum bei diesem Bestreben die Grenze darstellt. Wahrscheinlich nicht; wenn wir einmal beginnen, Nullwachstum anzustreben, sind wir dem Ziel des negativen Wachstums nicht mehr fern, und das ist politisch einfach nicht durchzusetzen.

Diese Überlegungen zeigen, daß die Forderung nach Nullwachstum weder wissenschaftlich noch politisch zum Erhalt des Umweltvermögens taugt. Es muß noch eine andere Möglichkeit geben, die sich aus der Untersuchung der Vielzahl von Ursachen ergibt und uns eine Auswahl praktischer Maßnahmen an die Hand gibt, die wir guten Gewissens vertreten können.

Wie steht es mit dem Bevölkerungswachstum? Hier bietet sich uns ein anderes Bild. Statistische Erhebungen deuten auf einen Zusammenhang zwischen Bevölkerung und Waldrodung hin, und es gibt eine Reihe sehr guter Argumente für die Eingrenzung des Bevölkerungswachstums, die nichts mit Wäldern zu tun haben. Es soll dabei nicht darum gehen, obwohl das oft so dargestellt wird, die Vorlieben anderer zu diktieren und »ihnen« einzureden, daß sie um der Qualität der globalen Umwelt willen weniger Kinder bekommen sollen. Wichtig ist vielmehr die umfassende Information über die persönlichen Vorteile, die sich aus weniger großen Familien ergeben, wie Gesundheit und Bildungschancen. Aber gegen allzu hohe Erwartungen in diesem Bereich muß gewarnt werden: Es wird nicht möglich sein zu verhindern, daß die Weltbevölkerung einen Umfang von sieben bis acht Milliarden erreicht. Die Einschränkungsmöglichkeiten betreffen den Unterschied zwischen acht und vielleicht zehn oder zwölf Milliarden. Auch dafür lohnt es sich zu kämpfen, aber damit allein läßt sich die Umwelt nicht retten.

Die Forderung nach Nullwachstum ist nicht nur wenig hilfreich, sie lenkt auch ab von wirklich brauchbaren Politiken, die wirkliche Erfolge zeitigen können. Eine Konzentration auf die Qualität des Wachstums hingegen erscheint gut und richtig. Zu diesem Zweck hoffen wir auf einen Wachstumsprozeß, der sich an der Erfüllung grundlegender Bedürfnisse orientiert – Verbesserung der Ausbildung, der Gesundheit, des persönlichen Wohlergehens, und Zunahme, nicht Abnahme des Umweltvermögens. Aber wir sollten uns nicht in die Grundrechte der Menschen einmischen, indem wir ihnen sagen, was sie sich wünschen sollten und was nicht. Letztlich müssen sie selbst entscheiden.

### *Ökonomische Instrumente für Ökoeffizienz: Definitionen*

Die Argumente für den Einsatz ökonomischer Instrumente zur Verbesserung der Umweltqualität sind inzwischen wohlbekannt (siehe Pearce et al., 1989; Pearce, 1989, 1993; Pearce, 1991, 1994). Ich möchte hier nur einen kurzen Überblick geben.

Der Begriff »ökonomische Instrumente« bezieht sich im allgemeinen auf zwei Arten von Maßnahmen:

1. einen regulierten Preis
2. einen regulierten Markt.

In beiden Fällen wird die freie Preisentwicklung durch Eingriffe einer Kontrollinstanz eingeschränkt. Im ersten Fall wird ein Preis für etwas eingeführt, das sonst keinen Marktwert hätte, indem z.B. eine Steuer auf Schadstoffausstoß erhoben wird, oder ein bestehender Produktpreis wird durch Eingriffe modifiziert, z.B. durch Produktwandel. Im zweiten Fall wird ein neuer Markt aufgebaut, z.B. für handelbare Umweltzertifikate. Da beide Instrumente durch vorhandene oder neue Märkte wirken, nennt man sie marktwirtschaftliche Instrumente.

Ein Großteil der umweltökonomischen Veröffentlichungen neigt dazu, alle politischen Instrumente, die nicht zu einer der beiden beschriebenen Kategorien gehören, unter dem Begriff »Auflagen« zusammenzufassen. Andere definieren Auflagen als festumrissene Handlungsvorgaben, deren Nichterfüllung mit Sanktionen bestraft wird. Nach dieser Definition wäre die Festlegung von Umweltstandards auch eine Auflage. Einige Analysten (z.B. Russell; Powell, 1996) ziehen es vor, dieses weite Feld in Unterkategorien einzuteilen, wobei sie den Begriff der Auflage auf diejenigen Instrumente beschränken, die dem Verursacher vorschreiben, was er tun soll, z.B. einen bestimmten Standard erreichen, und wie er zu diesem Ziel zu gelangen hat. Emissionsgrenzwerte hingegen sagen nichts darüber aus, wie sie zu erreichen seien.

**Instrumente der Umweltpolitik**

| | Festlegung eines Ziels oder Grenzwertes | keine Festlegung |
|---|---|---|
| Festlegung des Wegs zum Ziel | »echte« Auflagen | Instrumentenmix (Produktnormen) |
| keine Festlegung | Instrumentenmix (Emissionsgrenzwerte, Umweltstandards) | »echte« marktwirtschaftliche Instrumente (Steuern usw.) |

Das Verbot eines Produktes oder einer Technologie ist daher eine »echte« Auflage, da einerseits das Ziel vorgegeben ist – Nullproduktion bzw. keine Produktion mittels der verbotenen Technologie –, andererseits auch der Weg zum Ziel festgelegt wird. Einem Fischereibetrieb, dem eine Höchstgrenze gesetzt wird, wird vorgeschrieben, was er tun soll. Wenn auch festgelegt wird, daß dieses Ziel durch Flottenschrumpfung oder Kontrolle der Maschengröße zu erreichen ist, wird auch der Weg zum Ziel festgelegt.

Eine Emissionssteuer betrifft den Verursacher, gibt ihm aber kein Reduktionsziel vor und legt auch nicht fest, wie der Verursacher auf die Steuer zu reagieren habe. Handelbare Umweltzertifikate sind nicht so genau einzuordnen; sie geben den einzelnen Verursachern kein genaues Reduktionsziel vor, denn jeder Verursacher kann beliebig viele Emissionen erzeugen, solange er über die erforderlichen Zertifikate verfügt. Ebensowenig zeigen sie, wie Verursacher ihr Verhalten ändern können, um mehr Zertifikate zu erhalten. Umweltzertifikate gehören also zu den »echten« marktwirtschaftlichen Instrumenten, obwohl doch deutliche Anzeichen einer Zielvorgabe auszumachen sind, so daß sie auch in die Spalte links unten eingeordnet werden können (siehe Tabelle). Eine technische Norm wie »Stand von Wissenschaft und Technik« oder »Stand der Technik« (§3 Abs. 6 BImSchG) würde in die Spalte rechts oben der Tabelle gehören: Sie schreibt dem Verursacher vor, was er tun soll, definiert aber kein Reduktionsziel. Ihr fehlt der Zielsetzungscharakter einer Auflage, aber auch die Flexibilität der Methodenvorgabe eines marktwirtschaftlichen Instruments.

*Vorteile marktwirtschaftlicher Instrumente*
Einige Beobachtungen zu marktwirtschaftlichen Instrumenten und Auflagen lassen sich folgendermaßen zusammenfassen:

Auflagen
- Der Anreiz ist finanzieller Natur und beruht auf Sanktionen bei Nichterfüllung.
- Umweltstandards können sich an der technischen Vermeidbarkeit des Schadstoffausstoßes (Vorsorgestandards) oder an Schädlichkeitsschwellen (Schutzstandards) orientieren; Normen können technik- oder produktbezogen sein.
- Technische Normen erlauben keine Flexibilität in der Durchsetzung, sondern schreiben eine bestimmte Technologie vor.
- Vorsorgestandards überlassen es den einzelnen Unternehmen, wie sie das Reduktionsziel erreichen, aber allen Verursachern ist dasselbe Ziel vorgeschrieben.
- Auflagen werden allgemein als Verstoß gegen das Wirtschaftlichkeitsziel betrachtet, da die Kosten der Erfüllung nicht minimiert werden. Außerdem tragen sie wenig zur Förderung des umwelttechnischen Fortschritts bei, da für die Verursacher nach Erreichen des Reduktionsziels kein Anreiz für die Implementierung weiterer Maßnahmen besteht.
- Auflagen sind dann vorzuziehen, wenn der Ausstoß eines Schadstoffes auf Null heruntergeschraubt werden soll.

Marktwirtschaftliche Instrumente
- Der Anreiz ist finanzieller Natur: Entscheiden sich die Verursacher für den Schadstoffausstoß, so müssen sie eine Abgabe zahlen; sie werden den Schadstoffausstoß reduzieren, wenn die Vermeidungskosten geringer sind als die erhobene Abgabe.
- Marktwirtschaftliche Instrumente überlassen den Verursachern die Auswahl geeigneter Vermeidungstechniken und geben so einen ständigen Anreiz zur Entwicklung kostengünstigerer umweltfreundlicher Innovationen.
- Bei Steuern ergibt sich das Problem, daß »optimale« Emissionsniveaus auch betroffen sind.
- Marktwirtschaftliche Instrumente sind für Vorsorgemaßnahmen unbrauchbar.
- Im Gegensatz zu Auflagen tragen marktwirtschaftliche Instrumente zur

Erhöhung des Steueraufkommens bei und ermöglichen so sogenannte doppelte Dividenden: Die erste Dividende ist die Lösung eines Umweltproblems, die zweite ermöglicht die Eingrenzung eines weiteren mit Hilfe der Steuereinnahmen.

*Erfahrungen mit marktwirtschaftlichen Instrumenten*

Die OECD hat die Erfahrungen der Mitgliedstaaten mit marktwirtschaftlichen Instrumenten ausgewertet (OECD, 1995). Bis 1987 wurden vielleicht 100 marktwirtschaftliche Instrumente in den OECD-Staaten eingesetzt, aber nur wenige boten wirkliche Leistungsanreize. Bis 1992 waren in 23 Staaten 169 ökonomische Instrumente zu finden, wobei Produktsteuern (zumeist auf Verpackung, Fluorkohlenwasserstoffe [FCKW], Düngemittel, Öle) und Einzahlungs-Rückzahlungs-Systeme am häufigsten waren. Die OECD kommt zu dem Schluß, daß ökonomische Instrumente andere Maßnahmen nicht ersetzen, sondern ergänzen. Sie stellte auch eine Reihe von Hemmnissen fest, die der Einführung von marktwirtschaftlichen Instrumenten entgegenstehen. Die beiden größten Hindernisse sind:

1. »Neue« Steuern stoßen immer auf Ablehnung. Dabei werden allerdings die Alternativen nicht richtig erkannt: Die Steuer wird ja nicht anstelle von keiner Maßnahme, sondern anstelle von Auflagen verhängt. Wenn die Erfüllung von Auflagen kostspieliger ist, kann sich die Last für die Verursacher bei Einführung einer Steuer geringer gestalten, je nachdem, welche Kosten der Restschadstoff verursacht, also abhängig davon, ob jeglicher Schadstoffausstoß, nicht nur der umweltschädliche, mit Abgaben belastet wird. Die Möglichkeit einer doppelten Dividende verringert die den Steuern entgegengebrachte Ablehnung, wenn ein Teil des Steueraufkommens zugunsten der Verursacher ausgegeben wird.
2. Einkommensschwache Gruppen könnten an der zusätzlichen Steuerlast schwer zu tragen haben, besonders wenn es sich um regressive Steuern handelt. Auch hier steht die erneute Ausgabe des Steueraufkommens im Mittelpunkt, das z.B. für die Entschädigung der Betroffenen umgewidmet werden könnte.

In den OECD-Mitgliedstaaten kann Steuereinkommensneutralität – also die gezielte Rückführung von Steuereinnahmen in die Gesellschaft – verschiedene Formen annehmen:

1. Die Erhebung von Umweltabgaben und Verwendung des Steueraufkommens für die Senkung der Lohnnebenkosten; die zweite Dividende ist hier die Bekämpfung der Arbeitslosigkeit;

2. Die Erhebung von Umweltabgaben und Umverteilung des Aufkommens an die Verursacher proportional zu ihrer Produktionsleistung. Diese Herangehensweise wird in Schweden verfolgt und häufig als »Bestechung« der Industrie gewertet, deren Kooperation so »gekauft« werde. Wenn aber der Schadstoffausstoß proportional zur Produktionsleistung wächst, könnte mit dieser Steuer eine Effizienzsteigerung erreicht werden. Die Höhe der Steuer orientiert sich am Emissionsniveau, die Höhe der Rückzahlung an der Produktionsleistung, so daß ein Anreiz zur Senkung der Emissionen pro Produktionseinheit gegeben ist.
3. Die Erhebung von Umweltabgaben und der Einsatz des Steueraufkommens zur Subvention von Entsorgung und Wiederverwertung, wie z.B. bei der Altölabgabe.

Die Idee der Zweckbindung von Steueraufkommen auf eine der beschriebenen Weisen ist unter dem Begriff der Ökosteuer bekannt geworden. Die Wirksamkeit dieser Form der Besteuerung gegenüber dem konventionellen Verursacherprinzip ist allerdings umstritten. Zweckbindung bzw. das Abrücken vom Prinzip der Nonaffektation werden als ineffizient betrachtet, da so die Einnahmen einem bestimmten Zweck unabhängig davon zufließen, ob hier der bestmögliche Nutzen aus den Ausgaben gezogen wird. Es ist zum Beispiel erwiesen, daß die Abwassergebühren in den Niederlanden ihren Zweck bereits übererfüllt haben, so daß die Zweckbindung der Einnahmen für den Kläranlagenbau zu einer Überkapazität in diesem Bereich geführt hat. In Großbritannien lehnt das Finanzministerium aus diesem Grunde das Abrücken vom Prinzip der Nonaffektation ab, andererseits wurde jedoch eine aufkommensneutrale Müllgebühr eingeführt, so daß diese Ablehnung auf keinen allzu tief verankerten Überzeugungen beruhen kann. Außerdem könnte eine Zweckbindung die politische Akzeptanz der Abgabe bei den Bürgern erhöhen, die so Einblick in die Verwendung ihrer Steuerpfennige haben.

Manche Steuern sind regressiv, wie z.B. die $CO_2$-Steuer, sie können aber auch progressiv sein, wie die Mineralölsteuer. Herausgefunden werden muß noch, wieviel Prozent ihres Einkommens Haushalte für verschiedene Brennstoffe ausgeben. Regressivität könnte durch Zahlung von Pauschalbeträgen an Einkommensschwache ausgeglichen werden oder durch Steuersenkungen in anderen Bereichen – z.B. durch eine verbilligte Grundstromversorgung für einkommensschwache Verbraucher.

Umweltzertifikate können nur dann zur Erhöhung der Staatsquote beitragen, wenn sie auch vom Staat verliehen werden. Im Zusammenhang mit dem US-amerikanischen *Clean Air Act* von 1990 sanken die Preise der Zertifikate von $1500 pro Tonne im Jahre 1993 auf $132 (1995) und $68 (1996). Dieser Preisverfall trat ein, obwohl das Angebot an Emissionsrechten mit der Zeit und mit immer strengeren Schadstoffkontrollen abnimmt. Die Nachfrage nach Emissionrechten sank also schneller als das Angebot, was den Schluß nahelegt, daß die Emittenten die Implementierung von Vermeidungsmaßnahmen dem Kauf von Rechten vorzogen. Die Tatsache, daß die $SO_2$-Emissionen 1995 schon bedeutend niedriger lagen als der von der *Environmental Protection Agency* (EPA) gesetzte Grenzwert, bestätigt diese Interpretation.

*Wie wirksam sind marktwirtschaftliche Instrumente?*

Die OECD hat den Vorgang der Bewertung der praktischen Wirksamkeit marktwirtschaftlicher Instrumente angestoßen (Smith, 1997). Die bisherigen Ergebnisse können nach den drei meist angeführten Vorteilen marktwirtschaftlicher Instrumente sortiert werden:

1. Marktwirtschaftliche Instrumente verbessern die Umweltqualität. Steuern und Abgaben haben gewiß hierzu beigetragen, d.h. die Verursacher haben sie nicht schlechterdings als Kosten absorbiert. Frühe Experimente mit Umweltzertifikaten schienen keine wesentlichen Verbesserungen der Umweltqualität zu versprechen, aber neuere Versuche zeitigten ernsthafte Vermeidungsbemühungen. Bei der Entwicklung von Maßnahmen zur Erfüllung des Kioto-Protokolls der Klimarahmenkonvention wird das Zertifikatsystem seine wohl härteste Bewährungsprobe bestehen müssen. Es ist offensichtlich, daß die im Protokoll geforderten Treibhausgasreduktionen nicht ohne eine wesentliche Vertiefung der bereits vorgenommenen Bemühungen um die gemeinsame Umsetzung von Verpflichtungen (*joint implementation*) erreicht werden können, auch wenn die Einführung eines umfassenden Zertifikatsystems unwahrscheinlich scheint. Nahezu unbegrenzter Raum steht auch für erstaunlich einfache Erweiterungen des *joint implementation*-Konzepts zur Verfügung, wie etwa den Vorschlag der Climate Action Network, einen Handel mit Treibhausgasen einzurichten, bei dem aus Verbrauchssteuern etwa auf Luftverkehr oder Mineralöl gesammeltes Kapital verwendet wird.
2. Marktwirtschaftliche Instrumente regen die Entwicklung umweltfreundlicher Vermeidungstechniken und ihre Verbreitung durch den ständigen Anreiz zur Schadstoffminderung und damit Abgabenvermeidung an. In diesem Zusammenhang hat der OECD-Bericht wenig Positives zu marktwirtschaftlichen Instrumenten zu sagen. Eine jüngere Studie von Kemp schließt daraus, daß bei der politischen Zielfindung zukünftig »Paketmaßnahmen« stärker einbezogen werden müssen (Kemp, 1997). Steuern und Abgaben seien oft ganz einfach deswegen wirkungslos geblieben, weil der politische Gegendruck ihre Festlegung zu einem ausreichend hohen Niveau verhindert habe.

3. Marktwirtschaftliche Instrumente erhöhen die Staatsquote. Die bisher eingeführten Zertifikatlösungen leisteten keinen Beitrag zum staatlichen Haushalt. Auch Steuern und Abgaben wurden absichtlich einkommensneutral gehalten, um die Akzeptanz der Steuermaßnahme zu gewinnen oder eine zweite Dividende zu erzeugen. Doppelte Dividenden sind natürlich einer erhöhten Staatsquote gleichwertig.

*Ein letztes Wort zu marktwirtschaftlichen Instrumenten: Apologie der Subventionen*
In der Literatur zu marktwirtschaftlichen Instrumenten wurde bislang den Vorteilen von Subventionen für die Entwicklung umweltfreundlicher Technologien wie z.B. erneuerbarer Energien wenig Aufmerksamkeit gezollt. Das mag daran liegen, daß Subventionen im allgemeinen als mit dem Verursacherprinzip unvereinbar betrachtet werden. Im Zusammenhang mit der aus erneuerbaren Quellen gespeisten Stromerzeugung soll diese Frage kurz erörtert werden.

*Argumente gegen Subventionen*
Eine Steuer auf Schadstoffemission würde
1. zur Verdrängung nichterneuerbarer durch erneuerbare Energien führen und könnte
2. insgesamt zur Erhöhung des Strompreises führen, wodurch der Markt für Strom schrumpfen würde.

Die zweite Auswirkung tritt ein, weil der Preis der erneuerbaren Energien zwar nicht von der Steuer betroffen wäre, jener der nichterneuerbaren aber schon. Im Durchschnitt würde also der Strompreis ansteigen. Warum diese Schlußfolgerung mit Vorsicht zu genießen ist, werde ich gleich noch erläutern.

Die Subventionierung erneuerbarer Energien würde
1. zur Verdrängung nichterneuerbarer durch erneuerbare Energien führen und könnte
2. insgesamt zur Senkung des Strompreises führen, wodurch der Markt für Strom expandieren würde.

Der Markt würde expandieren, weil die Subvention zwar keinen Einfluß auf den Preis der nichterneuerbaren Energie hat, aber zur Senkung jenes der erneuerbaren führen würde. Im Durchschnitt würde also der Strompreis sinken.

Steuern und Subventionen haben also eine Auswirkung gemeinsam – die Verdrängung – und unterscheiden sich durch eine weitere – ihren Einfluß auf die Größe des Marktes. Vom Standpunkt der Stromerzeuger aus wäre eine Subventionierung vorzuziehen. Aus Sicht der Bürger jedoch könnte zu befürchten stehen, daß der Schadstoffausstoß eher zu- denn abnehmen würde, da die Expansion des Marktes das Wachstum der Stromindustrie nach sich zöge. Obwohl dieses Wachstum dann erneuerbare Energien betrifft, sind Umweltschäden auch hier nicht auszuschließen. Demnach stehen den positiven Wirkungen, die sich aus der Verdrängung nichterneuerbarer Energien durch erneuerbare ergeben, die negativen Wirkungen der von einem größeren Markt verursachten Schäden entgegen. Das ließe sich aber empirisch feststellen. Mit höchster Wahrscheinlichkeit sind diese Bedenken von geringer Bedeutung, besonders wenn die erneuerbaren Brennstoffe wesentlich weniger schädlich sind als die konventionellen, erwiesenermaßen schädlichen Brennstoffe. Trotzdem darf man diese Argumente nicht einfach ignorieren.

Ein weiteres Argument gegen Subventionen ist uns allen vertraut: Wer soll das bezahlen? Werden sie direkt von der Regierung an Erzeuger erneuerbarer Energie ausgezahlt, muß entweder die Steuerlast oder die Staatsverschuldung angehoben werden. Entweder ergeben sich negative Auswirkungen auf das Wohlergehen der Steuerzahler, oder es entsteht ein vergrößerter Verschuldungsbedarf, der ungünstige makroökonomische Folgen wie Inflation, Verdrängung privater Investitionen usw., nach sich ziehen könnte. Die Argumente gegen Subventionen konzentrieren sich daher auf zwei Punkte:

1. inwieweit die Marktexpansion zur Zunahme von Emissionen führen könnte, welche die Senkung des Schadstoffausstoßes durch den Verdrängungseffekt ausgleicht;
2. die Frage der Finanzierung.

*Argumente für Subventionen*

Der Begriff »Subvention« ist im Zusammenhang mit sauberen Brennstoffen vielleicht zu emotionsbeladen. Eigentlich bezahlen hier der Staat bzw. die Steuerzahler für die Vermeidung externer Kosten aus anderen Quellen. So jedenfalls wird die Subventionierung der öffentlichen Verkehrsmittel gerechtfertigt. Im wirklichen politischen Leben weckt der Begriff der Subvention aber nach wie vor Assoziationen wie Ineffizienz, Gefälligkeitszahlungen und Gießkannenprinzip.

Einige kluge Argumente sprechen für Subventionen. Zunächst einmal lassen sich die Auswirkungen von Schadstoffausstoß nicht genau beziffern. Diese unsichere Ausgangsposition findet sich sowohl bei lokalen Umwelteinflüssen, z.B. bei der Bewertung der Auswirkung kleinster Teilchen auf die Gesundheit, als auch bei globalen Problemen wie dem durch $CO_2$-Ausstoß hervorgerufenen Treibhauseffekt. Die potentiell betroffenen Bürger sind im allgemeinen nicht besonders risikofreudig und verlangen nach Vorsorgemaßnahmen, was nahelegt, eine Art »Risikoprämie« zu Umweltsteuern hinzuzuaddieren, mit der dann entsprechende Studien bezahlt würden. Eine Befürwortung von Subventionen könnte also dadurch gerechtfertigt werden, daß es kaum möglich wäre, noch höhere Umweltsteuern, als bereits üblicherweise vorgeschlagen werden, ins Gespräch zu bringen.

Außerdem geht die oben erläuterte Gegenüberstellung von Marktexpansion und Verdrängungseffekt davon aus, daß der Preis der erneuerbaren Energiequellen von der Verdrängung der nichterneuerbaren unberührt bleibt. Wir wissen aber, daß erneuerbare Energiequellen »schrägen Kurven« unterworfen sind, d.h. die Erzeugungskosten nehmen mit der Zeit und mit der Verfeinerung und Verbreitung der erforderlichen Technologien ab. Die Zunahme der verfügbaren erneuerbaren Quellen dürfte also dazu beitragen, die Preise noch weiter zu senken. Wie bereits erwähnt, tragen Subventionen sowohl zur Marktexpansion wie auch zur Verdrängung konventioneller Energien bei; die Subventionierung einer Energiequelle, deren Preis ohnehin schon im Sinken begriffen ist, dürfte beide Effekte weiter verstärken. Im Lichte unseres ersten Arguments profitiert daraus die Umweltqualität um so mehr, je größer die Lücke zwischen der relativen Schadstoffintensität erneuerbarer und nichterneuerbarer Energien ist.

Ein drittes Argument zugunsten von Subventionen liegt darin, daß der prognostizierte Kostenrückgang nicht bedeutet, daß Investitionen in erneuerbare Energien nicht riskant sind. Die Geschwindigkeit des Kostenrückgangs kann nicht genau bestimmt werden, so daß Investoren hier beträchtliche Risiken in Kauf nehmen müssen. Subventionszahlungen könnten wesentlich dazu beitragen, diese Risiken zu verringern, damit die Erzeugung erneuerbarer Energien stimulieren und so die Umweltqualität verbessern. Es scheint auch offensichtlich (Anderson, 1997), daß Risikominimierung Investitionen verlangt, d.h. die einzige Möglichkeit, einen Kostenrückgang zu garantieren, besteht in einer stärkeren Investitionstätigkeit im Bereich der erneuerbaren Energien. Investitionsentscheidungen hängen sehr stark von Prognosen und Erwartungen ab; das erforderliche Anfangskapital spielt eine größere Rolle als die geschätzten Betriebskosten. Als Form der Subventionierung bieten sich daher beschleunigte Abschreibungszahlungen. Da es sich hier um direkte Vergünstigungen handelt, werden sie kaum politischen Launen und Reformansätzen unterworfen sein. Ein Argument gegen Umweltsteuern hingegen betont, daß diese wie alle Steuern allzuleicht den Notwendigkeiten des Haushaltsplans zum Opfer fallen. Direkte Zahlungen wirken als Subvention und stärken Unternehmen den Rücken angesichts der Unabwägbarkeiten zukünftiger Marktentwicklung.

*Steuern oder Subventionen?*

Das Standardrezept für eine Lage, in der einige Brennstoffe umweltschädlich wirken und andere nicht, empfiehlt die Besteuerung der schädlichen Brennstoffe. Die Schwierigkeiten bei der genauen Bezifferung dieser Umweltschäden sprechen außerdem für die zusätzliche Erhöhung dieser Abgaben durch die Einführung einer Vorsorge- oder Risikoprämie. Zieht man die politische Durchsetzbarkeit solcher Maßnahmen in Betracht, ist es vielleicht realistischer, die Steuern soweit wie möglich zu verhängen und sie mit einer Subventionierung der umweltfreundlicheren Energiequellen zu verbinden, um dem Risikofaktor Rechnung zu tragen.

Die Subventionierung sauberer Brennstoffe wird die Verdrängung emissionsintensiverer Brennstoffe begünstigen, könnte aber auch den Durchschnittsstrompreis senken und so den Markt ausbauen. Diese beiden Effekte könnten durch die Tatsache verstärkt werden, daß erneuerbare Energiequellen zumeist zu einem Kostenrückgang führen. Eine Zunahme des Schadstoffausstoßes im Zusammenhang mit dem Expansionseffekt ist höchst unwahrscheinlich; im Gegenteil ist eine Reduzierung der Emissionen zu erwarten.

Subventionen würden den Erzeugern erneuerbarer Energien angesichts der Investitionsrisiken den Rücken stärken. Einige Formen von Subventionen erscheinen besonders sinnvoll: Die Risiken können nur durch Kapitalinvestitionen gesenkt werden, was wiederum die Ausrichtung der Subventionierung auf die Kapitalkosten nahelegt, also durch beschleunigte Abschreibungsmöglichkeiten.

Die Debatte um die Vor- und Nachteile von Steuern und Subventionen ist also wesentlich vielschichtiger, als es zunächst scheinen mag. Viele Argumente sprechen für Umweltsteuern, aber die Vorteile von Subventionen sind zahlreicher als allgemein angenommen.

### *Fazit*

Wir sind zu dem Schluß gekommen, daß Ökoeffizienz den einzigen gangbaren Weg in die Zukunft weist. Eine Reihe von Anzeichen deutet darauf hin, daß sich Wirtschaftssysteme allein aufgrund der normalen Prozesse des Wirtschaftswachstums in Richtung Ökoeffizienz entwickeln werden. Aber es wäre ausgesprochen leichtsinnig, sich auf diesen »natürlichen« Prozeß zu verlassen, nicht zuletzt, weil sich die Lage schneller ändern kann, als die Gesellschaft zu reagieren fähig ist. Daraus ergibt sich die Notwendigkeit, die Entwicklung in Richtung Ökoeffizienz zu beschleunigen – und zwar schnell. Die verläßlichste Methode hierfür liegt im zielsicheren Einsatz marktwirtschaftlicher Instrumente, die ihre Funktionstüchtigkeit bereits bewiesen haben und für die zunächst Betroffenen einsichtig und akzeptabel gestaltet werden können. Vorurteile gegen die direkte Unterstützung umweltfreundlicher Technologien müssen abgebaut werden: Einiges spricht für die Subventionierung von Technologien, die hohe Einstiegskosten verursachen, sich aber auf lange Sicht rentieren. Wie sich bei dem Konzept einer klimaneutralen gemeinsamen Umsetzung (joint implementation) von Verpflichtungen auf der Verbraucherebene gezeigt hat, werden noch weitere marktwirtschaftliche Instrumente entwickelt. Das Handwerkszeug liegt schon bereit. Die Bereitschaft, es auch zu benutzen, ist derzeit noch gering, aber die Arbeitsmoral scheint sich langsam zu bessern.

## Literatur

Kemp, R. (1997): Technological Change and the Environment, Edward Elgar, Cheltenham.

Liesner, T. (1989): One Hundred Years of Economic Statistics, Economist Publications, London.

Neumayer, Eric (1998): Is Economic Growth the Environment's Best Friend?, in: Zeitschrift für Umweltpolitik und Umweltrecht, Nr. 2., S. 161-176.

OECD (1995): Environmental Taxes in OECD Countries, OECD, Paris.

Pearce, D.W.; Markandya, A.; Barbier, E. (1989): Blueprint for a Green Economy, Earthscan, London.

Pearce, D.W. (Hrsg.) (1991): Blueprint 2: Greening the World Economy, Earthscan, London.

Pearce, D.W., et. al. (1993): Blueprint 3: Measuring Sustainable Development, Earthscan, London.

Pearce, D.W. (1995): Blueprint 4: Capturing Global Environmental Value, Earthscan, London.

Rothmann, Dale S.; de Bruyn, Sander M. (1998): Probing into the environmental Kuznets curve hypothesis, in: Ecological Economics, Nr. 25, S. 143-145.

Russell, C. ; Powell, P. (1996): Choosing Environmental Policy Tools: Theoretical Cautions and Practical Considerations, Inter-American Development Bank, Washington, D.C.

Smith, S. (1997): Evaluating Economic Instruments for Environmental Policy, OECD, Paris.

Ulrich Niederer

# Erfolg von Umweltportfolios durch Ökoeffizienz

*Einleitung*

In letzter Zeit sind Ökofonds, also ökologisch ausgerichtete Anlagefonds, relativ häufig in der Presse mit Schlagzeilen wie:

- Mit »Öko« den Anleger becircen.
- Green Century Balanced Fund is Number 1 of all 367 Balanced Funds.
- Finanzmärkte und Ökologie: Ein Gegensatz?
- Social investing: Green funds yield mixed results.
- Saving Nature While Earning Money.
- Social Indexes Continue to beat S&P 500.

*Was ist davon zu halten?*

Es ist sicher als Erfolg zu werten, daß sozial, ethisch und ökologisch orientierte Anlagefonds in den letzten Jahren sehr hohe Zuwachsraten aufweisen, auch wenn sie als Gruppe immer noch nur einen kleinen Anteil aller Anlagen abdecken.

Der Erfolg für die Anleger zeigt sich allerdings allein in der Wertentwicklung der Fonds, die sie in ihren Depots halten. Und um diesen Erfolg zu beurteilen, braucht es geeignete Vergleichsmaßstäbe.

Die Resultate von 25 amerikanischen Aktienfonds, die in einem recht weit gefaßten Rahmen sozial und ökologisch verantwortungsvoll investieren und ein Anlagevolumen von 15,9 Milliarden US$ haben, weisen Erträge aus, die über die letzten drei Jahre zwischen 15 und 23 Prozent pro Jahr liegen. In absoluten Zahlen sind das ausgezeichnete Resultate, auch wenn sie im Durchschnitt in jedem einzelnen Jahr deutlich unter dem Standard & Poor 500-Index (S&P 500-Index) liegen. Positiv ist zudem zu vermerken, daß der Durchschnitt relativ nahe beim Durchschnitt aller US-Aktienfonds liegt. So ganz generell könnte man daraus schließen, daß ökologisch ausgerichtete Fonds durchaus etwa gleiche Resultate erzielen können wie ganz normale Aktienfonds. Der Investor wäre jedoch in allen drei Jahren mit einem Indexfonds, der einfach den repräsentativen S&P 500-Index nachbildet, besser gefahren.

Man sollte zudem nicht vergessen, daß wir hier Resultate vor uns haben, die sich auf drei außergewöhnlich gute Anlagejahre mit positiven Marktentwicklungen von jeweils deutlich mehr als 20% beziehen. Das ist nicht der Normalfall!

Auf Grund dieser Zahlen läßt sich sicher nicht »beweisen«, daß Umweltportfolios die üblichen Vergleichsgrößen, wie den S&P 500, regelmäßig übertreffen. Und ich wage die Behauptung, daß das auch nicht zu erwarten ist! Man kann hier schon vermuten, daß die von der Firma Lipper Analytics angewendeten Kriterien zur Klassifizierung als Umweltfonds nicht sehr restriktiv sind. Die Fonds müssen lediglich mehr als 65% ihres Vermögens in Unternehmen anlegen, die einen Beitrag zu einer »sauberen und gesünderen Umwelt« leisten. Man könnte daher aus den vorliegenden Zahlen den durchaus positiven Schluß ziehen: Solange keine zu strengen Auswahlkriterien angewendet werden, muß der Anleger praktisch keine Nachteile bei der Performance in Kauf nehmen.

Die Auswahlkriterien der einzelnen Fonds sind sehr unterschiedlich. Sie liegen zum großen Teil in ihrer eigenen Geschichte begründet. Ich gehe hier nur auf einige der größeren Fonds ein:

- Pioneer II Fund: Investiert nicht in »Sünden«-Unternehmen, der Gründer war sehr religiös. In den 80er Jahren spielte der Südafrika-Boykott die entscheidende Rolle. Der Fonds lag 1995 um mehr als 10% unter dem S&P 500-Index.
- Dreyfuss Third Century: War der erste *Social Screened Fund* eines traditionellen Money-Managers. Wichtigste Kriterien: Südafrika-Boykott, Gleichberechtigung, Sicherheit und Ökologie. Der Fonds zeigt gute Anlageergebnisse in allen drei Jahren. Er liegt nahe am Index. Es ist daher kaum möglich, daß sich die Kriterien sehr restriktiv auswirken.
- Calvert SIF Equity: Hier gilt ähnliches wie für den Dreyfuss Fonds, die Performance fällt aber schon etwas ab. 1995 15% unter dem Index. 1997 6% unter dem Index.
- Die Calvert Funds werden zum Teil sehr aktiv gehandhabt, und das ist, wie sich hier zeigt, relativ riskant. Der Anlagestil hat dann möglicherweise den größeren Einfluß auf das Resultat als die Auswahlkriterien.
- Domini Social Equity: Dieser Fonds ist zwar noch relativ klein, aber sehr erfolgreich. Er zeigt für alle drei Jahre eine gute Performance. Es ist bemerkenswert, daß sich dieser Fonds an einem eigens zu diesem Zweck entwickelten Index, dem »Domini 400 Social Index«, orientiert. Die Firma Kinder, Lydenberg, Domini (KLD), die diesen Index propagiert, unterstreicht gerne, daß dieser Index selbst den S&P 500 übertrifft. Das suggeriert natürlich, daß sozial verantwortungsvolles Investieren sogar zu überlegenen Anlageresultaten führt.

Solchen Aussagen gegenüber sollte man, aller Sympathie zum Trotz, kritisch bleiben. In vielen vergleichbaren Fällen findet man nämlich andere, einleuchtende, um nicht zu sagen triviale Erklärungen für solche auf den ersten Blick sehr willkommene Resultate.

Ich illustriere das hier mit einem dilettantischen Extremfall, dem »Schweizer Umwelt-Index« (SUMI) der Firma VTZ. Dieser Index besteht aus 18 Gesellschaften; aber was hier nicht ersichtlich ist, der Index ist kapitalisierungsgewichtet. Und das hat zur Folge, daß ABB, als die mit Abstand größte Gesellschaft im Index, einen Anteil von ca. 60% hat! Man mißt daher mit diesem Index vor allem die Entwicklung von ABB und nicht den Einfluß von irgendwelchen sozialen Faktoren.

Der S&P 500 und der Russell 1000-Index zeigen beinahe den gleichen Verlauf und auch das gleiche Endresultat. Der Domini 400 Social Index (DSI) entwickelte sich über den gleichen Zeitraum deutlich besser. Wie kommt dieses Resultat zustande? Ist das entscheidende dafür tatsächlich das »soziale Element« in der Auswahl?

Um mögliche Antworten zu finden, haben wir uns die Konstruktion dieses Indexes etwas genauer angeschaut. Das Auswahlverfahren beginnt mit dem S&P 500-Index, das heißt im wesentlichen mit den 500 größten amerikanischen Unternehmen.

Durch das *social screening* (Negativkriterien: Tabak, Glücksspiel, Rüstung, Atomenergie, Südafrika) fallen etwa 250 Gesellschaften weg.

Kinder, Lydenberg, Domini hat anschließend aus den großen Unternehmen, die nicht im S&P 500 vertreten waren, 100 ausgewählt, die eine relativ breite Auswahl an Industrien repräsentieren. Schließlich wurden zusätzlich noch 50 kleinere Firmen aufgenommen, die besonders positive soziale Charakteristika aufwiesen. Gegen dieses Verfahren ist überhaupt nichts einzuwenden. Es ist sicher alles verantwortungsvoll und gut gemacht. Und trotzdem hat es einen kleinen Haken.

Eine einfache statistische Analyse deckt auf, daß die beiden Indizes signifikant unterschiedliche Risikoeigenschaften haben. Der Gesamtertrag des Domini Social 400 war in der betrachteten Zeitperiode um 0,2% pro Monat besser als der S&P 500! Das Gesamtrisiko, ausgedrückt durch die Standardabweichung, war aber ebenfalls deutlich höher. Ebenso das systematische Risiko, ausgedrückt durch das Beta (Beta 1,10 statt 1,0). Dieses um ca. 10% höhere systematische Risiko verspricht langfristig einen höheren Ertrag. Allerdings muß man dafür auch mit größeren Wertschwankungen rechnen, was in einer Korrekturphase an den Finanzmärkten sehr unangenehm sein kann.

Diese Unterschiede in den statistischen Kennzahlen weisen darauf hin, daß die beiden Indizes nicht ohne weiteres vergleichbar sind. Der Domini 400 Social Index ist genau wie der S&P 500 ein sogenannter kapitalisierungsgewichteter Index. Auf Grund der beschriebenen Konstruktion geschieht wahrscheinlich das Folgende: Es werden 250 relativ große Firmen aus dem Index eliminiert und durch nur 150, im Durchschnitt bedeutend kleinere Firmen ersetzt. Dadurch steigt das relative Gewicht der verbleibenden großen Firmen im Index stark an.

Das bedeutet, daß die Performance des Index durch eine relativ kleine Gruppe von sehr großen Gesellschaften dominiert wird. In Jahren, in denen große Unternehmen als Gruppe sich besser entwickeln als die kleinen, und das war in den 90er Jahren fast die Regel, verwundert es nicht, daß der Domini 400 besser als der S&P 500 abschneidet. Der Grund dafür könnte also einfach der sogenannte *size effect* sein.

Ein wirklicher Test dafür, wie soziales, aber natürlich auch jedes andere *screening* die Performance beeinflußt, ist viel schwieriger durchzuführen.

Es erscheint daher eher angemessen, davon auszugehen, daß man nicht »beweisen« kann, daß irgendwelche einfachen Auswahlkriterien zu einem überdurchschnittlichen Anlageerfolg führen werden. Als Investor muß man quasi von der Idee, vom Konzept überzeugt sein. Die Auswahl, die der Domini Social 400 Index trifft, scheint mir persönlich durchaus sinnvoll zu sein. Auch die Umsetzung erfolgte offenbar sehr verantwortungsbewußt und mit einer gewissen Vorsicht. Fazit: Nichts gegen den Fonds, nichts gegen den Index, aber Vorsicht mit der »Beweisführung«.

Zur Illustration schauen wir uns die größten Titel an, die nicht im DSI enthalten sind. Die 26 größten der ausgeschlossenen Titel machen zusammen 24% der gesamten Börsenkapitalisierung des S&P 500 aus. Das hat einen erheblichen Einfluß auf die Branchen- und Sektorengewichtung und, in diesem Fall vermutlich noch wichtiger, auf die Gewichtung der im Index verbleibenden großen Titel.

Die 25 größten Titel machen mehr als 50% des DSI aus. Ihre Gewichte haben sich durch das Auswahlverfahren fast verdoppelt! Das ergibt eine große Konzentration in diesen wenigen großen Unternehmen. Dieselbe Konzentration auf wenige große Gesellschaften hätte resultiert, wenn man die ausgewählten Titel ausgeschlossen und die »Ausgeschlossenen« behalten hätte!

Sehr interessant und wünschenswert wäre eine Aufschlüsselung der Entwicklung der 50 kleineren Gesellschaften, die besonders auf Grund von sozialen Kriterien aufgenommen wurden. Das einzige, was man darüber sicher weiß, ist, daß es sich im Vergleich zu den ganz großen Firmen um relativ unbedeutende Positionen handelt und ihr Einfluß auf die Wertentwicklung darum eher klein ist.

Von Bedeutung ist auch die Auswirkung auf die Sektorengewichte. So ist der Energiesektor um 6,63% untergewichtet und, wahrscheinlich ein ziemlich wichtiger Faktor, der Dienstleistungssektor um beinahe 10% übergewichtet. Schaut man sich die dramatisch unterschiedliche Entwicklung der verschiedenen Branchen an, so wird offensichtlich, daß auch dadurch ein bedeutender Teil der Performanceunterschiede erklärt werden kann.

Ich möchte diesen ersten Teil meiner Ausführungen wie folgt zusammenfassen:

- Ökologisches oder soziales *screening* führt, wie jedes andere Screening auch, zu einer Veränderung der Branchen- und Sektorengewichte.

- Die so entstehenden Abweichungen erklären einen großen Teil der systematischen Performanceunterschiede.

Deshalb zum Schluß die vielleicht nicht sehr ermutigende, aber durchaus realistische These:

- In einigermaßen effizienten Märkten können wir nicht erwarten, allein durch ein einfaches *screening*-Verfahren überdurchschnittliche Erträge zu erzielen.

*Ökologie ist Ökonomie mit Zukunft*

Unter dem Motto »Ökologie ist Ökonomie mit Zukunft« möchte ich Ihnen unseren neuen Aktienfonds, den Eco Performance Portfolio, vorstellen, der, basierend auf der Idee der Ökoeffizienz und dem Konzept einer nachhaltigen Entwicklung, weltweit in Aktien von Unternehmen investiert, die in diesem Bereich zu den Besten ihrer Branche gehören.

Zum Einstieg will ich anhand zweier globaler Umweltprobleme kurz darlegen, warum wir davon überzeugt sind, daß ökologische Kriterien für die Bewertung von Unternehmen in naher Zukunft stark an Bedeutung gewinnen werden.

Da ist diese Aussage aus einer Untersuchung der UNO, daß im 21. Jahrhundert das Wasser knapper sein wird als Öl. Die Gründe für den Wassermangel sind die Verstädterung, die Verschmutzung der Gewässer und die ungenügende Infrastruktur für die Feinverteilung. Betroffen sind praktisch alle Ballungszentren in der Dritten Welt. Gefährdet sind aber auch Städte wie Los Angeles, Houston und Tel Aviv.

Mögliche Folgen sind Seuchengefahr, Verluste im Tourismus und der Fischerei und mit großer Sicherheit stark steigende Wasserpreise.

Das heißt, daß gerade auch in Ländern wie China und Indien schon bald Produktionsmethoden bevorzugt werden müssen, die möglichst wenig Wasser verbrauchen. Sobald die Wasserpreise steigen, werden solche Produktionsmethoden Wettbewerbsvorteile erzielen.

Die Statistik zeigt uns eine deutliche Zunahme der Sturmschäden über die vergangenen dreißig Jahre. Man glaubt heute zuverlässig zu wissen, daß mit der globalen Erwärmung die Häufigkeit von Wirbelstürmen zunimmt. Davon betroffen ist nicht nur die lokale Bevölkerung, sondern auch Versicherungsgesellschaften. So kann z.B. allein der Hurrikan *Andrew*, der im Jahre 1992 Schäden in der Höhe von 15 Mrd. Dollar verursacht hat, direkt mit dem Bankrott von sechs amerikanischen Versicherungsgesellschaften in Zusammenhang gebracht werden. Um die globale Erwärmung zu stoppen oder wenigstens zu verlangsamen, muß die Verbrennung von fossilen Brennstoffen drastisch reduziert werden.

Wir gehen davon aus, daß diese und andere kritische Entwicklungen im Umweltbereich eine stärkere Berücksichtigung von ökologischen Faktoren in unserer wirtschaftlichen Tätigkeit erzwingen werden.

Wir werden uns auf Veränderungen der politischen und gesellschaftlichen Rahmenbedingungen einstellen müssen, die in strengeren Umweltvorschriften und einer verschärften Umwelthaftpflicht zum Ausdruck kommen können.

Wir erwarten auch, daß sich z.B. durch Veränderungen im Steuersystem der Rationalisierungsdruck von der menschlichen Arbeitskraft auf die knappen Ressourcen verlagern wird. Dadurch werden Produktionsprozesse und Produkte, die mit unseren beschränkten Ressourcen besonders schonend umgehen, im Wettbewerb bevorteilt.

Es ist klar, daß in einem solchen Umfeld diejenigen Firmen vergleichsweise höhere Erträge erwirtschaften werden, die bereits heute eine proaktive Umweltstrategie verfolgen.

Was nachhaltige Strategien für Unternehmen bedeuten, möchte ich Ihnen an Überlegungen zeigen, die *The Performance Group*, eine Vereinigung sechs bedeutender Unternehmen: Monsanto, Unilever, Electrolux, Volvo, ICI und Deutsche Bank, angestellt hat. Danach verengt sich der operative Raum eines Unternehmens in Zukunft mehr und mehr durch »biophysikalische« Faktoren wie Wasserknappheit, Erosion und Klimaveränderungen. Als Reaktion auf die negativen Entwicklungen im Umweltbereich wird der Druck durch politische/ökonomische Faktoren, wie strengere Gesetze und veränderte Steuersysteme, ebenfalls stark zunehmen. Der beste Weg für ein Unternehmen, sich diesen Herausforderungen zu stellen, besteht darin, sich frühzeitig und vorausschauend auf diese Entwicklungen einzustellen und durch glaubwürdige und nachhaltige Strategien den operativen Raum für die Zukunft wieder auszuweiten.

Von derselben Gruppierung stammt die Aussage:

- Die Umweltproblematik ist die absolut größte Herausforderung für ein Unternehmen.
- Sie ist eine Frage des Überlebens, aber auch eine große Chance für die Zukunft, wenn wir erkennen, wie wir daraus Vorteile ziehen können.

Wir sind zudem der Meinung, daß nachhaltige Strategien nicht im Widerspruch zur Optimierung des *shareholder value* stehen. Ganz im Gegenteil. Es läßt sich einfach darlegen, daß viele Elemente der Ökoeffizienz, wie die Minimierung der Material- und Energieintensität, die Verlängerung der Lebensdauer von Produkten und die Verbesserung ihrer Rezyklierfähigkeit, ganz direkt zum *shareholder value* eines Unternehmens beitragen können. Allerdings müssen Investitionen in die nachhaltige Entwicklung denselben ökonomischen Kriterien genügen wie jede andere wirtschaftlich begründete Investition. Es ist darum sofort plausibel, daß Veränderungen der ökonomischen Anreize, z.B. durch eine ökologische Steuerreform, diese Entwicklung sehr direkt beeinflussen können.

Basierend auf dieser Überzeugung, haben wir einen weltweit investierenden Aktienfonds auf den Markt gebracht, der es auch dem kleineren Anleger ermöglichen soll, durch Investitionen in Unternehmen mit proaktiver Umweltstrategie auf verantwortungsvolle Weise langfristig einen überdurchschnittlichen Ertrag zu erwirtschaften. Zur Erreichung dieses Ziels investieren wir in zwei Gruppen von Unternehmen:

- in Öko-Leader und
- Öko-Innovatoren.

Öko-Leader sind ökologisch fortschrittliche Firmen. Sie gehören zu den Besten in ihrer Branche und verfolgen nachhaltige Strategien, die ihre ökologische und ökonomische Effizienz schrittweise verbessern. Sie bringen Anlagesicherheit und zuverlässiges Wachstum in unser Portfolio.

Öko-Innovatoren sind eher kleinere innovative Unternehmen, die sich auf Produkte oder Dienstleistungen mit hohem ökologischem und gesellschaftlichem Nutzen konzentrieren. Sie bringen sowohl hohes Innovations- als auch Wachstumspotential in unser Portfolio.

Die Diversifikation über alle wichtigen Branchen und Märkte ermöglicht uns die Bildung eines ausgewogenen Portfolios, das ähnliche Eigenschaften aufweist wie der bekannteste globale Aktienindex, der MSCI-World Index.

Die Titelauswahl basiert selbstverständlich auf der fundamentalen Unternehmensanalyse. Wir stützen uns da auf das weltweite *research* von UBS Brinson. Dazu kommt eine sehr detaillierte ökologische Unternehmensanalyse und eine umfassende Plausibilitätsprüfung. Die Aggregation all dieser Informationen bestimmt schließlich eine Menge von Unternehmen, aus denen der Portfoliomanager ein ausgewogenes Portfolio konstruieren kann.

Schon in einer ganz frühen Phase des Projektes haben wir uns dafür entschieden, mit externen Experten zusammenzuarbeiten. Wir sind stolz darauf, daß wir Ruth Kaufmann, Professorin für interdisziplinäre Ökologie an der Universität Bern, sowie Ernst Ulrich von Weizsäcker und Amory Lovins, die ja beide bestens bekannt sind, für unseren Expertenrat gewinnen konnten. Diese führenden Persönlichkeiten aus dem Bereich Ökologie beraten uns fachlich bei der Bewertungsmethodik, unterstützen uns bei der ökologischen Trendanalyse und vermitteln uns Informationen und Kontakte zu Unternehmen.

Seit dem Sommer 1996 arbeiten wir auch mit der Firma Ökomedia zusammen. Ökomedia hat ihr Domizil in Basel und hat sich schon 1987 auf die Beschaffung und Verarbeitung umweltrelevanter Informationen spezialisiert. Ökomedia konzentriert sich im Rahmen unseres gemeinsamen Projektes auf die Auswahl von Öko-Innovatoren und auf die Plausibilitätsprüfung.

Die ökologische Unternehmensanalyse will durch Anwendung qualitativer und quantitativer Kriterien die besten Firmen in allen wichtigen Branchen aufspüren.

Zu diesem Zweck arbeitet das Analyseteam sowohl direkt mit den Unternehmen als auch mit Wissenschaftlern zusammen. Im Kontakt mit dem Unternehmen stellt sich meist schnell heraus, ob das Management tatsächlich hinter der deklarierten Umweltstrategie des Unternehmens steht. Ohne dieses Engagement der Unternehmensführung kann man nicht viel erwarten.

Offensichtlich können nicht für alle Branchen einfach dieselben ökologischen Leistungsparameter abgefragt werden. So sind zum Beispiel im Automobilbau Strategien zur Reduktion des Flottenverbrauchs, Entwicklung von leichten Fahrzeugen und alternativen Antriebssystemen wichtig. In der Elektronik steht dagegen die Reduktion des Energieverbrauchs, die Erhöhung der Lebensdauer sowie die Entwicklung von Rücknahme- und Recyclingsystemen im Vordergrund.

Die Plausibilitätsprüfung dient vor allem der Qualitätssicherung. Sie überprüft die Resultate, die auf der direkten Befragung des Unternehmens beruhen. Dazu werden unterschiedliche, öffentlich zugängliche Quellen und spezialisierte Datenbanken verwendet. Auch das Internet spielt eine zunehmend wichtige Rolle bei der Informationsbeschaffung. In vielen Fällen wird zudem auf Informationen von Nichtregierungsorganisationen (NGOs) zurückgegriffen. Diese zusätzliche Prüfung dient dem frühzeitigen Erkennen von Risiken für den Anleger und das Unternehmen.

Wie schon erwähnt, investieren wir einen Teil unserer Mittel in kleinere innovative Firmen, die besonders ressourceneffiziente und umweltschonende Produkte und Dienstleistungen anbieten. Solche Öko-Innovatoren zeichnen sich oft dadurch aus, daß sie sich auf sehr kreative Art an den Kundenbedürfnissen ausrichten.

Statt eines Heizsystems könnten sie z.B. Wärmeversorgung oder gar »Behagliches Wohnen« als Dienstleistung anbieten. Statt Fahrzeuge zu verkaufen, bieten sie Mobilität als neue umfassende Dienstleistung an.

Im ersten Teil meiner Ausführungen habe ich mich eher vorsichtig und kritisch zu den vorliegenden Performancezahlen amerikanischer Fonds geäußert. Das soll selbstverständlich auch für unseren Fonds gelten. Trotzdem freue ich mich darüber, daß ich hier ein sehr gutes Resultat zeigen kann (s. Abb. Folgeseite).

Seit Juni 1997, also seit wir den Fonds aufgelegt haben, hat er bereits um 24% an Wert zugelegt und damit seinen Vergleichsmaßstab, den MSCI World Index, um ca. 4% hinter sich gelassen. Wie gesagt, es ist keinesfalls sicher, daß dies auch in Zukunft immer gelingen wird. Mit den vorliegenden Daten können wir aber bereits jetzt recht zuverlässig illustrieren, daß, basierend auf unserem Konzept

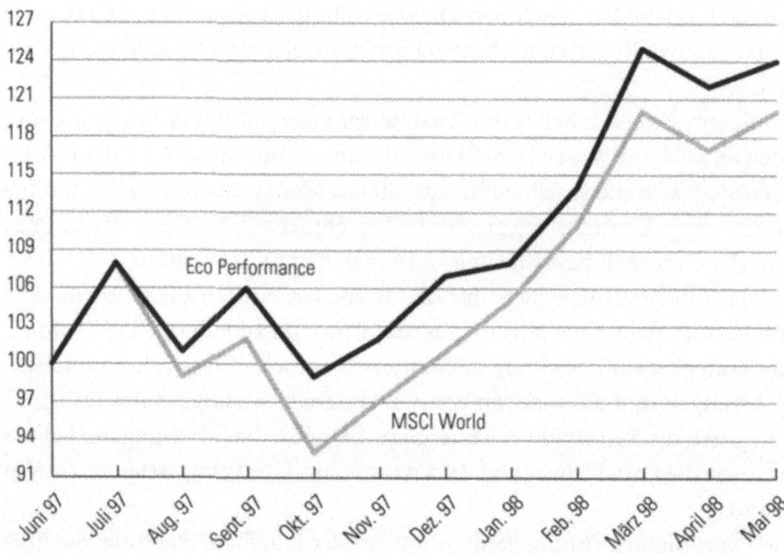


mit einer Auswahl von ca. 70 Öko-Leadern, ein Portfolio gebildet werden kann, das sich ganz grob so wie der Weltmarkt verhält. Langfristig wird sich hoffentlich zeigen, daß unser mehrstufiges Analyseverfahren tatsächlich Mehrwert für den Anleger schaffen kann.

Ich möchte Ihnen jetzt noch ganz kurz zeigen, in welche Titel wir investiert haben. Die zehn größten Positionen bestehen zum überwiegenden Teil aus bekannten Namen, u.a. 3M, Sony, ING, Johnson & Johnson. Aus Risikoüberlegungen werden wir auch in Zukunft höchstens 5 % in eine einzelne Firma investieren. Alle diese Unternehmen verfolgen seit Jahren die Art von nachhaltigen Strategien, wie sie für Öko-Leader charakteristisch ist:

- Johnson & Johnson ist führend im Verpackungsbereich und wurde mehrfach für Energiesparprogramme ausgezeichnet.
- Toyota konzentriert sich auf eine möglichst saubere Produktion und ist führend im Bereich Hybridfahrzeuge und alternative Antriebssysteme (Brennstoffzellen).
- Xerox ist vorbildlich in der Ressourceneffizienz und nimmt schon heute ca. 80 % aller verkauften Produkte zum Recycling zurück.
- BankAmerica unterstützt Strategien für ausgeglichenes Wirtschaftswachstum und Umweltschutz, betreibt engagiertes Ressourcenmanagement im Bereich Energie und Papier und gibt Spezialkredite für Umweltprojekte.

Die Öko-Innovatoren wie u.a BUS Berzelius, Ballard Power System, Jenbacher Werke machen zur Zeit erst 12,5 % des Portfolios aus. Wir haben weiter das Ziel, diesen Anteil auf 20% zu erhöhen. Da die spezifischen Risiken der Unternehmen in diesem Bereich bedeutend höher einzustufen sind, benötigen wir eine relativ große Anzahl Titel, um die notwendige Diversifikation zu erzielen.

Beispiele für Öko-Innovatoren sehen Sie hier:.

- Die Jenbacher Werke sind führend im Bau und Verkauf von Blockheizkraftwerken.
- Ballard Power Systems ist der führende Hersteller von Brennstoffzellen, die Wasserstoff direkt in Elektrizität umwandeln können, ohne daß dabei Abgase entstehen. Wenn sich diese Technologie durchsetzt, könnte sie den Automobilbau revolutionieren. Daimler und Ford halten bereits Beteiligungen an dieser Firma.
- BUS Berzelius hat sich auf das Recycling von Stahlwerkstaub spezialisiert und ist in der Sekundäraluminiumerzeugung tätig. Da die Gewinnung von Metallen oft mit großen Umweltbelastungen verbunden ist, brauchen wir Strategien, die immer größere Anteile dieser kostbaren Werkstoffe zurückgewinnen können.

Hier eröffnen sich faszinierende Möglichkeiten, die unsere ökonomische und ökologische Zukunft prägen werden. Wir brauchen diese neue Art des Denkens und Wirtschaftens, die ökonomische und ökologische Aspekte konstruktiv miteinander verbindet.

Darum haben wir unserer Arbeit das Motto vorangestellt: »Ökologie ist Ökonomie mit Zukunft«.

Ulrich Steger

# Umweltmanagement: Das Prinzip des geschlossenen Kreislaufs[3]

*Der Kontext: Wo stehen wir heute?*

Die »erste Umweltschutz-Welle« in den OECD-Staaten seit Beginn der 70er Jahre konzentrierte sich auf das »Sauber-Werden«, und das aus gutem Grunde. Der Erfolg kann als beträchtlich bezeichnet werden, aber aus heutiger Sicht stellen wir fest, daß dies nur der erste Schritt auf dem Weg zur Nachhaltigkeit war. Die neuen ökologischen Herausforderungen stellen völlig neue Anforderungen dar: Sie sind unsicher und wissenschaftlich umstritten, langfristig und unsichtbar. Politische Unterstützung zu gewinnen und die Aufmerksamkeit von Unternehmen auf den Umweltschutz zu lenken, ist anscheinend ein zunehmend schwieriges Unterfangen. Aber es gibt keinen Zweifel, daß – vor allem in den reichen Ländern – der Ressourcenverbrauch zu hoch ist und die Akkumulation eines breiten Spektrums an Emissionen das langfristige ökologische Gleichgewicht gefährden kann.

*Die Auswirkungen der Globalisierung*

Viele der neuen Umweltprobleme gehen über Staatsgrenzen hinaus oder sind von globaler Natur. Hinzu kommt, daß die wirtschaftliche Globalisierung den Umweltschutz in ambivalenter Weise beeinflußt:

- Die schnelle Industrialisierung von Schwellenländern trägt zur Umweltbelastung bei (in diesen Ländern liegt die Betonung mehr auf »Entwicklung« als auf »Nachhaltigkeit«),
- der schärfere wirtschaftliche Wettbewerb, hohe Arbeitslosenquoten und die Dominanz finanzieller Ziele verstärken potentielle Konflikte zwischen (eher kurzfristiger) Wettbewerbsfähigkeit auf der einen Seite und (eher langfristiger) Nachhaltigkeit auf der anderen Seite, sowohl auf nationaler als auch auf Unternehmensebene,

doch auf der anderen Seite

- verstärkt die Globalisierung die Kommunikation, den »Eine-Welt«-Gedanken und die Zusammenarbeit zwischen Regierungen oder Umweltschutz-NGOs. Multinationale Unternehmen agieren unter der Transparenz eines »Glashauses«, in dem sogar entfernt stattfindende Transaktionen sichtbar sind, was zu weltweit einheitlichen Standards des betrieblichen Umweltschutzes führt.

- Daneben zwingt der Wettbewerbsdruck zu einer effizienten Nutzung aller Ressourcen (was am besten funktionieren würde, wenn man die »wahren« Preise natürlicher Ressourcen und ihrer Nutzung kennen würde. Aber was ist die Wahrheit?).

*Vorbedingungen*

*Reform der gesetzlichen ökologischen Rahmenbedingungen.* In den meisten Industriestaaten haben gesetzliche Umweltvorschriften schnell zugenommen, wobei die Umweltregulierung viele Detailfragen abdeckt. Sie besteht aber nicht aus einem einheitlichen Guß, was zu viel bürokratischem »Papierkram« führt. Effektivität war gegeben, solange Emissionen aus einzelnen, stark verschmutzenden Quellen das größte Problem darstellten. Aber es gab keinen Ansporn zu ökologischen Innovationen, zur Suche nach neuen Lösungen, die über die Erfüllung gesetzlicher Auflagen hinausgehen. Solange diese Umweltregulierung nicht durch einen stärker marktorientierten Ansatz ersetzt wird, gibt es für die meisten Unternehmen nur schwache Anreize, ökoeffizient zu werden.

*Gemeinsame Verantwortlichkeit.* Die meisten der heutigen Umweltprobleme können nicht effektiv innerhalb des Unternehmens gelöst werden, der gesamte Lebenszyklus eines Produkts und die gesamte Wertschöpfungskette müssen berücksichtigt werden. Daher müssen Regierung, Industrie und Konsumenten die Verantwortung gemeinsam übernehmen. Die Verantwortung der Regierung beschränkt sich dabei nicht auf eine Änderung der Vorschriften, sondern schließt auch Orientierungshilfen in Form von Informationsversorgung und Infrastrukturbereitstellung ein. In einer Marktwirtschaft ist jedoch ein ökologisch aufgeklärtes Konsumentenverhalten von überragender Bedeutung (und dies steht vermutlich derzeit der Nachhaltigkeit am stärksten im Wege).

*Erfordernisse für ein lebenszyklusbezogenes Umweltmanagement*

*Integration.* Je mehr ein Unternehmen sich von nachsorgenden *end-of-pipe* hin zu ökoeffizienten Lösungen bewegt, desto mehr wird ein integrierter Ansatz notwendig. Umweltaspekte werden dabei in allen betrieblichen Funktionen und auf allen Stufen der betrieblichen Wertkette integrale Bestandteile des Entscheidungsfindungsprozesses. Das ist leichter gesagt als getan, denn oft erhöht dies die Komplexität des Entscheidungsprozesses, wirft schwierige Zielkonflikte auf und erfordert, höhere Risiken einzugehen. Der Grad an Professionalität im Management muß daher höher liegen, und auch Funktionen wie *Human Resources* oder Finanzen werden anspruchsvoller. Natürlich gibt es ein Potential für *win-win*-Situationen, in denen sowohl in ökologischer als auch in ökonomischer Hinsicht positive Resultate erzielt werden können. Realistischerweise muß aber davon ausgegangen werden, daß dies nur begrenzt der Fall sein dürfte, vor allem wenn es sich um Unternehmen handelt, die bereits die leicht realisierbaren Möglichkeiten ausgeschöpft haben.

*Innovation.* Bedeutende Fortschritte in der Umweltleistung können in zunehmendem Maße nur noch durch Innovation erzielt werden, d.h. durch grundsätzliche Änderungen bei den Produktionsprozessen und beim Produktdesign. Dies ist aber wiederum keine leichte Aufgabe, wie das Scheitern vieler »grüner Technologien« demonstriert. Märkte und Kundenakzeptanz sind ungewiß, Qualität und Investitionserträge schwieriger zu erreichen, die Konkurrenz durch die bewährte Technologie hart, und die gesetzlichen Rahmenbedingungen bieten oft keine Unterstützung. Unternehmen bevorzugen daher, in Nischenmärkten zu beginnen und nur Schritt für Schritt in Massenmärkte vorzudringen. Um Umwelterfolge verbuchen zu können, ist daher oft auch eine langfristig ausgerichtete Perspektive erforderlich.

*Lebenszyklusbezug.* Um den Lebenszyklus eines Produktes einzubeziehen, ist eine Optimierung entlang der gesamten Wertschöpfungskette erforderlich. Dies umfaßt oft die Notwendigkeit, in Zulieferer- und Kundenbeziehungen mehr zu investieren. Zusätzliche Informationen werden benötigt, die aber oft unsicher und widersprüchlich sein können. Insbesondere wenn die Konkurrenz nicht nachzieht, kann der Fall eintreten, daß jemand, der ökologische Innovationen einführt, zusätzliche Verantwortung auf sich nimmt, ohne daß sich dies entsprechend bezahlt macht.

*Öko-Controlling.* Um mit dem zusätzlichen Risiko durch ökologische Innovationen fachmännisch umgehen und den Nutzen aus Ökoeffizienz messen zu können, ist ein ausgefeiltes Öko-Controlling-System erforderlich. Dieses erweitert das »normale« Berichts- und Überwachungssystem neben zusätzlichen Instrumenten zur Risikoabschätzung um eine ergänzende ökologische Buchführung, die auf Materialströme und vielfältige Daten zu Umweltwirkungen zurückgreift. Nur mit Hilfe von hochentwickelter Software und einer ausgeprägten Fähigkeit, Zahlen entscheidungsorientiert zu verarbeiten, können derartige Rechnungen durchgeführt werden. Standardisierungen für die Berücksichtigung von Umweltwirkungen können die zusätzliche Arbeitsbelastung erleichtern.

*Partnerschaften für geschlossene Kreislaufsysteme.* Um Kreisläufe schließen zu können, sind oft gänzlich neue Geschäftsstrukturen erforderlich, die neue

Dienstleistungen, neue logistische Strukturen und den Aufbau neuer Märkte umfassen. Ein spezielles Problem kann allerdings oft sogar wirtschaftlich rentablen Lösungen im Wege stehen, nämlich wenn Kosten und Nutzen ungleich zwischen den Partnern entlang des Kreislaufs verteilt sind. Um diese Hemmnisse zu überwinden und eine Beteiligung für alle betroffenen Unternehmen attraktiv zu machen, müssen besondere (finanzielle) Abmachungen getroffen werden, die auf Vertrauen und langfristigen Bindungen basieren.

*Dialog mit Anspruchsgruppen.* Eine letzte Vorbedingung, um den Nutzen, der aus einem »cradle-to-cradle«-Ansatz gezogen werden kann, zu kommunizieren und die nötige Unterstützung zu gewinnen, ist ein umfassender Dialog mit Anspruchsgruppen. Aber nicht alle Anspruchsgruppen haben daran Interesse (was schmerzhaft ist, wenn es sich um Kunden oder Ordnungsbehörden handelt), manche stehen dem sogar feindselig gegenüber oder verfolgen schlicht ihr Eigeninteresse. Die Medien können die Situation verschärfen, da sie generell eher an Konflikten und Fehlschlägen interessiert sind.

### *Fazit*

*Perspektiven für Ökoeffizienz.* Der oben erklärte Kontext und die sechs dargestellten Anforderungen an einen lebenszyklusbezogenen Ansatz im Umweltmanagement zeigen, warum nur sehr wenige *best-practice*-Unternehmen bislang den Weg zur Ökoeffizienz beschritten haben. Das *Environmental Management and Audit Scheme* (EMAS) ist ein anderes Beispiel für einen Fall, in dem der erzielte Nutzen oft nicht die hohen Kosten rechtfertigen kann. Um die Anreize oder den Druck zu erhöhen, müssen Kunden und Behörden ihre Anstrengungen verstärken und das unternehmerische Potential um einen eigenen Beitrag ergänzen, damit Ökoeffizienz an die erste Stelle der Tagesordnung von Unternehmen rückt.

## Literatur

Steger, Ulrich (1998): The strategic dimensions of environmental management: sustaining the corporation during the age of ecological discovery, unter Mitarbeit von Ralph Meima, Basingstoke: Macmillan.

Steger, Ulrich (1996): Globalisierung der Wirtschaft: Konsequenzen für Arbeit, Technik und Umwelt, Springer: Berlin.

Steger, Ulrich (1993): Umwelt-Management: Erfahrungen und Instrumente einer umweltorientierten Unternehmensstrategie, 2. Aufl., Gabler: Wiesbaden.

Claude Fussler

# Neue Wege zur Ökoeffizienz

*Der Ökokompaß gibt die Richtung vor*

Die heutigen Handelsbedingungen scheinen zu verlangen, daß viele Markt- und Produktentwicklungsfachleute sich beinahe ausschließlich auf kurzfristige Ziele konzentrieren. Es kann nicht schaden, die Aufmerksamkeit auf das jeweils nächste Vierteljahr zu richten, aber es wäre unverzeihlich, darüber das nächste Vierteljahrhundert zu vergessen.

Langfristiger geschäftlicher Erfolg wird auf hellsichtigen und kreativen Herangehensweisen an den sich bereits abzeichnenden tiefgreifenden Wandel der gesellschaftlichen Werte und menschlichen Bedürfnisse beruhen. Die Demographie erklärt uns, daß wir in nicht allzu ferner Zukunft eine beispiellose Bevölkerungsexplosion erleben werden. Wir sehen die Bevölkerung der westlichen Welt überaltern. Meinungsumfragen weisen darauf hin, daß die Welt ihre Umweltprobleme mit wachsender Sorge betrachtet.

Unternehmen ist es durchaus möglich, kurzfristigen Erfolg anzustreben und gleichzeitig eine gute Ausgangsposition zu finden, von der aus sie auf die Marktchancen reagieren können, welche aus jenem tiefgreifenden Wandel entstehen.

*Ökoeffizienz*

Der *World Business Council for Sustainable Development* (WBCSD) hat den Begriff »Ökoeffizienz« geprägt, um eine neue Herangehensweise an Produktentwicklung und -verbesserung zu bezeichnen. Ökoeffizienz kann als weitgefaßter Leistungsmaßstab definiert werden, mit dessen Hilfe Unternehmen ihre Rolle in der Gesellschaft bestimmen können. Er mißt ihre Bemühungen zur Minimierung der Umweltbelastung bei gleichzeitiger Maximierung des Profits im Rahmen dessen, was sie sich zu produzieren und was ihre Kunden sich zu kaufen leisten können.

Ökoeffizienz ist kein festumrissenes Ziel. Das Konzept wird sich als eine Funktion von Größen wie Innovation, Wertvorstellungen der Kunden und Wirtschaftspolitikmaßnahmen weiter entwickeln. Sie stellt die Richtung der Bemühungen dar. Der WBCSD hat folgende Definition vorgeschlagen:

Ökoeffizienz bedeutet die Beschaffung wettbewerbsfähiger Güter und Dienstleistungen, die menschliche Bedürfnisse befriedigen und die Lebensqualität erhöhen. Gleichzeitig sind während ihres gesamten Lebenszyklus die ökologischen Auswirkungen und die Ressourcenintensität der Produkte soweit verringert, daß eine Mindestübereinstimmung besteht mit der geschätzten Belastbarkeit der Erde (Fussler 1999, 125).

Bei DOW haben wir uns auf die Arbeiten des WBCSD gestützt und ein Instrument entwickelt, das uns helfen soll, ein ökoeffizienteres Unternehmen zu werden – um uns so in die Lage zu versetzen, auf die gesellschaftlichen und demographischen Entwicklungen der nächsten 25 Jahre angemessen zu reagieren. Wir nennen es den Ökokompaß.

*Sechs Dimensionen ...*

Der Horizont von DOWs Kompaß umfaßt sechs »Pole« oder Dimensionen, die alle wesentlichen ökologischen Fragen umfassen sollen. Ökologisch im engeren Sinne sind

1. Gesundheits- und Umweltrisiken (G&U)
2. Ressourcenschonung

Vier weitere Punkte sind von ökonomischer und ökologischer Bedeutung:

1. Energieintensität
2. Materialintensität
3. Wiederverwertung (Wiedergewinnung, Weiterverarbeitung)
4. Erweiterung der Dienstleistung

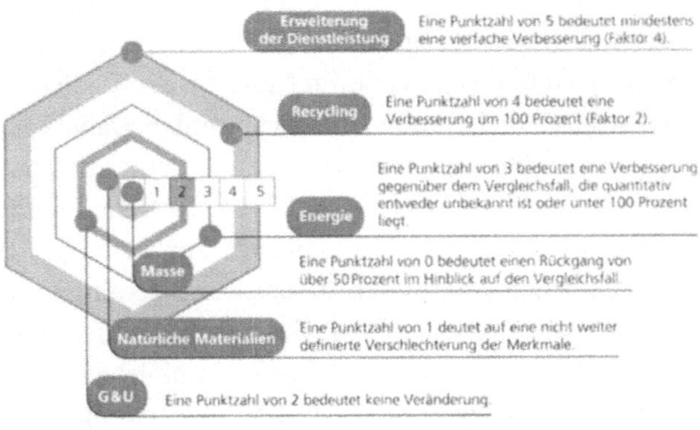


Abb. aus Claude Fussler (1999): *Die Öko-Innovation: Wie Unternehmen profitabel und umweltfreundlich sein können*, Stuttgart/Leipzig: Hirzel.

*... für die wesentlichen ökologischen Problemgebiete*
Die sechs Dimensionen entsprechen jenen ökologischen Bereichen, die führende Theoretiker der Umweltdebatte für wesentlich halten. Die Umweltbewegung zum Beispiel betont besonders Gesundheits- und Umweltrisiken, Ressourcenschonung und auf Wiederverwertung beruhende Stoffkreisläufe. Keine dieser Dimensionen ist von den anderen unabhängig. Sie überschneiden sich. Energieintensität korreliert häufig mit Materialintensität. Wiederverwertung kann diese beiden Größen oft verringern.

*Ein vergleichendes Instrument*
Der Ökokompaß dient der Orientierung in einem Wald von Möglichkeiten. Er hilft beim Vergleich verschiedener vorhandener Produkte oder gängiger Produkte mit neuen Entwicklungsmöglichkeiten. Unser Ziel liegt darin, das Produkt mit dem optimalen Profil auf dem Ökokompaß zu entwickeln. Dabei maximieren wir das wirtschaftliche Potential des Produktes und minimieren gleichzeitig seine Auswirkungen auf die Umwelt.

Bevor es ein Produkt überhaupt bewerten kann, muß ein Unternehmen zuerst seinen Standpunkt ändern und über die Endnutzung des Produktes hinausblicken. Es muß den gesamten Entwurf-Herstellung-Lieferung-Gebrauch-Ablauf, den gesamten Lebenszyklus des Produkts berücksichtigen, von den primären Rohstoffen bis hin zu den nach der Nutzung entstehenden Abfallstoffen. Das bedeutet, daß eher die Leistung, die das Produkt im Gebrauch erfüllen soll, betrachtet werden muß, als das Produkt als solches.

*Den Kompaß lesen*

*Materialintensität.* Die erste Dimension auf unserem Kompaß betrifft Materialintensität und verlagerte Massen. Dieser Begriff umfaßt die Summe aller Rohstoffe, Brennstoffe, Ausrüstungen und Geräte, die im Laufe des Produktlebens für die Bereitstellung der gewünschten Leistung verbraucht werden. Dabei können riesige Materialmengen leicht übersehen werden, wie z.B. der im Bergbau anfallende Abraum oder das translozierte Wasser und Salz bei der Verarbeitung und Kühlung vieler Gebrauchschemikalien. Möglichkeiten zur wesentlichen Verringerung der verlagerten Massen und zur dematerialisierten Bereitstellung von Lebensqualität und Leistungen bieten sich allenthalben. Beispiele für Unternehmen, die die Verringerung der Materialintensität zu einer üblichen – und rentablen – Standardprozedur gemacht haben, sind nicht weniger häufig. Procter & Gamble mit seinen Kompaktreinigern und Sony mit dem »grünen Fernseher« sind nur zwei davon.

*Energieintensität.* Die zweite Dimension auf unserem Kompaß ist Energie. Dabei setzen wir uns nicht nur mit der Energie auseinander, die bei der Beschaffung und Verarbeitung der Rohstoffe eingesetzt wird, sondern auch mit der, die während der Nutzung und Entsorgung des Produkts verbraucht oder eingespart werden kann. Effizienzsteigerungen ergeben sich aus der Feststellung besonders energieintensiver Abläufe in der Herstellung und im gesamten Lebenszyklus als Ausgangspunkt für Neuerungen im Entwurf des Produkts oder seiner Nutzung, die deutliche Energieeinsparungen nach sich ziehen.

*Gesundheits- und Umweltrisiken.* Die dritte Dimension betrifft alle Aspekte von Gesundheits- und Umweltrisiken. In der Natur geht nichts verloren; innerhalb eines Systems bleibt Masse erhalten, Element für Element. Wenn Kohlenstoff, Schwefel, Chlor oder irgendein anderes Element in ein System eingebracht werden, bleiben sie auch darin, obwohl sie verschiedene Formen und Zustände annehmen können. Gesundheitsgefährdungen drohen dort, wo sie sich anreichern und einen für ein Glied der Nahrungskette kritischen Wert überschreiten. Ein gutes Beispiel für ein Unternehmen, das aus der sorgfältigen Einbeziehung dieses Aspekts profitiert hat, ist DOWs landwirtschaftliches *Joint Venture*, DowElanco. Dieses Unternehmen hat ein Termitenbekämpfungsmittel entwickelt, das ungefähr ein Zehntausendstel der Chemikalien verwendet, die sich in den Produkten der Konkurrenz finden.

*Wiederverwertung.* Die Materialverwertung wird durch Wiederverwendung in demselben oder einem anderen System verbessert. Dabei muß sich schon der erste Entwurf auf Wiederverwertbarkeit hin orientieren, aber effektive und effiziente Wiederverwertung ist noch wichtiger. Eine weitere Möglichkeit besteht darin, das System als Teil eines größeren, natürlichen Kreislaufs zu konzipieren. Stoffe werden aus der Natur entliehen und wieder zurückgegeben, ohne das natürliche Gleichgewicht zu stören. Pflanzen sind besonders tüchtig bei der Umwandlung von Sonnenenergie, Stickstoff und Wasser in eine Reihe von chemischen Zwischenstoffen und zusammengesetzten Stoffen. Beispiele für Unternehmen, die sich in diese Richtung gewandt haben, gibt es in großer Zahl: Xerox z.B. hat sich in den großen und lebhaften Markt für »wiederverwertete« Kopiermaschinen eingeklinkt (siehe Artikel von Hiroaki Koshibu).

*Ressourcenschonung.* Ressourcenschonung ist die fünfte Dimension unseres Kompasses. Die Herkunft des bei der Herstellung verwendeten Materials und die Quelle der verbrauchten Energie sind natürlich wichtige Größen bei der Steigerung der Ökoeffizienz eines Produkts oder einer Dienstleistung. Hier stellen wir Fragen, die auf das Wesen und die Erneuerbarkeit der für das Produkt benötigten Energie und Stoffe abzielen: Können bei der Produktion natürliche

Rohstoffe verwendet werden? Wir sind auf eine Reihe von Unternehmen gestoßen, die sich dafür entschieden haben, natürliche Rohstoffe einzusetzen – mit einer Produktpalette, die vom Spülmittel bis hin zu Bohrflüssigkeit reicht.

*Ausweitung der Dienstleistung.* Die letzte Dimension auf unserem Kompaß weist uns schließlich in die Richtung der Verlängerung der Lebensdauer und höheren Funktionalität der Produkte. Die Verbesserung auch nur eines Teils eines Systems, besonders was den Nutzungszeitraum betrifft, kann die Ökoeffizienz steigern. Können wir ein Auto entwickeln, das eine Reichweite von 200 000 Meilen oder mehr hat? Multifunktionalität bedeutet auch: gesteigerte Ökoeffizienz. Die besten Ideen stammen hier von Unternehmen, die die Nachrüstung und Reparatur ihrer Produkte erleichtern oder einfach sehr viel haltbarere Produkte herstellen.

Ökoeffizienz anstreben bedeutet, ein System aus jedem nur möglichen Blickwinkel neu zu entwerfen. Dabei müssen Material- und Energieverbrauch gesenkt und toxische Stoffe seltener eingesetzt, Verbesserungsmöglichkeiten bei der Wiederverwertung und erneuerbare Energiequellen gefunden, multifunktionale und langlebigere Innovationen entdeckt werden. Die sechs Dimensionen oder »Pole« unseres Kompasses weisen keine getrennten Wege. Sie überschneiden und ergänzen sich in wesentlichen Bereichen.

Wir sind überzeugt, daß dieser Kompaß uns den Weg zu Ökoinnovation weisen kann und Unternehmen helfen wird, eine aktiv gestaltende Rolle in der Nachhaltigkeitsrevolution zu spielen.

## Literatur

Fussler, Claude (1999): Die Öko-Innovation: Wie Unternehmen profitabel und umweltfreundlich sein können, unter Mitarbeit von Peter James, Hirzel: Stuttgart/Leipzig.

Fussler, Claude; Peter, James (1996): Driving Eco Innovation, Pitman Publishing: London.

Hubert P. Johann

# Ziel des Öko-Audits: Ökoeffizienz

*Einleitung*

Ich spreche zum Thema »Ökoeffizienz, Ziel des Öko-Audits« aus Sicht der gewerblichen Wirtschaft und tue dies als Ingenieur der betrieblichen Praxis. Damit habe ich den Rahmen gekennzeichnet, den ich für meine Ausführungen vorgesehen habe. Er wird beschrieben durch die eingesetzten Technologien und die damit verbundenen Konsequenzen für Ökonomie und Ökologie sowie durch die aus diesen beiden Faktoren resultierenden sozialen Auswirkungen, vor allem die betrieblichen Arbeitsplätze.

Ich stelle meinen Ausführungen eine These voran: In einer immer enger werdenden Welt mit immer knapper werdenden Ressourcen wird sich diejenige Volkswirtschaft durchsetzen, die mit den geringsten Ressourcen die ökonomisch günstigsten Produkte herstellen kann. Wir geben diesem Gesellschaftssystem das Prädikat zukunftsfähig im Sinne von *sustainability.* Wenn wir das auf die Ebene des betrieblichen Handelns projizieren, bedeutet dies, daß derjenige Betrieb die höchste Wettbewerbsfähigkeit besitzt, der mit seinem Produkt dem Kunden den Vorteil einer herausragenden Wettbewerbsfähigkeit weitergibt und damit neben ökonomischen Vorteilen auch den ökologisch kontrollierten Ressourceneinsatz und bestmögliche Schonung der Umwelt bei der Herstellung, beim Ge- und Verbrauch sowie beim Recyclingprozeß garantiert.

*Umweltfragen in der betrieblichen Praxis*

Wer sich in der betrieblichen Praxis mit Umweltfragen befaßt, weiß, daß die Aufgaben des betrieblichen Umweltschutzes in der Bundesrepublik Deutschland durch ein Umweltrecht von kaum zu übertreffender Differenziertheit und Strenge bestimmt werden. Neue Ziele und Grundsätze der Umweltpolitik, wie sie im Kreislaufwirtschafts- und Abfallgesetz sowie in den in naher Zukunft ins Bundesrecht aufzunehmenden IVU-Richtlinien der Europäischen Union (EU) (Integrierte Vermeidung und Verminderung der Umweltverschmutzung) vorgegeben werden, werden immer stärker von der Verantwortung des Unternehmers für das von ihm hergestellte Produkt sowie für die Inanspruchnahme der Umwelt geprägt.

Betriebs- und Unternehmsführung erfordern heute ein besonderes Maß an Verantwortung und Qualifikation für die Durchführung und die Kontrolle der

Umweltschutzaufgaben im Unternehmen. Sie verteilen sich letztlich – wie die Erfahrung zeigt – arbeitsspezifisch auf jeden einzelnen Mitarbeiter im Betrieb, wo auch immer er tätig ist. Parallel zur steigenden Bedeutung des Umweltschutzgedankens im Bewußtsein der Öffentlichkeit wachsen somit auch stetig die Ansprüche an die Aufgaben der betrieblichen Praxis. Diese Entwicklung führt immer mehr in die Richtung, daß zukünftig die Qualität und Marktfähigkeit eines Produktes gleichrangig auch an seiner umweltschonenden Produktionsweise, an seinem umweltbelastenden Ge- und Verbrauch sowie an seiner Recyclingfreundlichkeit gemessen wird. Dies sind zugleich die vorrangigen Merkmale einer kundenorientierten Fertigung. »Produktintegrierter« Umweltschutz (Pius) ist die Beziehung dieser vorsorgenden Umweltstrategie, wenn sie auf das Produkt fokussiert ist (Gebrauch, Verbrauch, Recyclingfreundlichkeit). Auf den Produktionsprozeß bezogen, sprechen wir vom produktionsintegrierten Umweltschutz (Entwicklung, Konstruktion, Herstellverfahren und Verteilung des Produktes).

*Rahmenbedingungen*

Für die Industrie geht es dabei um entsprechende Rahmenbedingungen für die Produktion, die vom Staat durch Vorgabe erstrebenswerter ökologischer Güteziele zu leisten sind. Kernstück dieser Rahmenbedingungen muß die wirklichkeitsnahe ökonomische Bewertung für die erfaßbare Inanspruchnahme der Ökologie durch die Produktion sein. Diese Bewertung setzt voraus, daß zunächst einmal der produkt- und produktionsbedingte Werteverzehr der Umwelt erfaßt wird. Das Ziel dieses ökologischen Bewertungsprozesses ist darin zu sehen, Verfahren und Produkte von der Entstehung bis zur Entsorgung nach ökologischen Kriterien zu erfassen, dann zu bewerten und mit entsprechenden Kosten zu belasten. Hiermit wäre der erste Schritt in Richtung ökonomische Wahrheit mittels ökologischer Kriterien getan. Diese ganzheitliche Betrachtung eines Produktes nach letztlich ökonomischen Maßstäben, denen sich oft heute schon kein Produzent, der im Wettbewerb steht, entziehen kann, wird zwangsläufig die Gestaltung zukünftiger Produktionsverfahren und -abläufe verändern. Material- und Energieeinsatz unterwerfen sich somit einer Analyse ihres Einsatzes und ihres Lebenszyklus. Letztlich wird dieser Ansatz dazu führen, daß am Markt bevorzugt Produkte mit erkennbar realistischen, umweltbelastungskonformen Preisen angeboten werden. Um die Vergleichbarkeit der Produkte mittels ihrer Stoff- und Energiebilanz zu gewährleisten, muß jedoch auch eine Standardisierung der methodischen Ausgestaltung dieser Bilanzierung erarbeitet werden. Dies geschieht zur Zeit in den internationalen Gremien, die in der ISO 14040ff Rahmenbedingungen und Richtlinien zur Ermittlung entsprechender Daten aufstellen, die eine überbetriebliche und internationale Vergleichbarkeit erlauben. Hierzu sind jedoch vorab im Betrieb umfangreiche organisatorische Vorarbeiten zu leisten, die in der Verordnung EWG NR. 1836/1993 über die freiwillige Beteiligung gewerblicher Unternehmen an einem Gemeinschaftssystem für das Umweltmanagement und die Umweltbetriebsprüfung europaweit und – fast gleichwertig, dafür aber weltweit – in der ISO-Norm 14001ff. beschrieben werden.

*Stoffmanagement im Betrieb*

Ausgangspunkt eines realistischen betriebsnahen Erfassungskonzeptes ist der Stoff, der im Betrieb in Umformprozessen sowie in Be- und Verarbeitungsvorgängen zum Produkt geformt wird.

Im Betrieb zählen diese Steuerungsaktivitäten ganz allgemein zum Stoffstrommanagement. Hier wird auch die Grundlage eines umweltorientierten betrieblichen Abfallwirtschaftskonzeptes gestaltet.

Der strategische Handlungsansatz für ein betriebliches Stoffstrommanagement im Sinne des integrierten Umweltschutzes folgt den Grundsätzen der in der Agenda 21 beschriebenen Wirtschaftsweise (UN, 1992).

Diese als dauerhaft umweltgerechte Entwicklung bezeichnete Wirtschaftsweise, wie sie auch durch das Kreislaufwirtschafts- und Abfallgesetz flankiert wird, ist dadurch gekennzeichnet, daß

- der Einsatz und der Verbrauch erneuerbarer Ressourcen an der Regenerationsfähigkeit ausgerichtet sind,
- nicht erneuerbare Ressourcen sparsam eingesetzt und verbraucht werden; nach wohl überwiegender Auffassung höchstens in dem Umfang, in dem durch Substitution und Innovation ein gleichwertiger Ersatz geschaffen wird,
- Stoffeinträge in die Umwelt sich an der Aufnahmefähigkeit und Belastbarkeit der Umweltmedien Luft, Wasser, Boden orientieren und daß
- Gefahren und nicht vertretbare Risiken für die Gesundheit und das Wohlbefinden des Menschen vermieden werden.

Diese Paradigmen zeigen deutlich den konstituierenden Bestandteil des Audit-Zieles, die Ökoeffizienz.

Bei der Festlegung der besten verfügbaren Techniken, wie sie in Art. 2 Nr. 11 definiert sind, ist unter Berücksichtigung der sich aus einer bestimmten Maßnahme ergebenden Kosten und ihres Nutzens sowie des Grundsatzes der Vorsorge und der Vorbeugung im allgemeinen wie auch im Einzelfall folgendes zu berücksichtigen:

- Einsatz abfallarmer Technologie;
- Einsatz weniger gefährlicher Stoffe;
- Förderung der Rückgewinnung und Wiederverwertung der bei den einzelnen Verfahren erzeugten und verwendeten Stoffe und gegebenenfalls der Abfälle;

- vergleichbare Verfahren, Vorrichtungen und Betriebsmethoden, die mit Erfolg im industriellen Maßstab erprobt wurden;
- Fortschritte in der Technologie und in den wissenschaftlichen Erkenntnissen;
- Art, Auswirkungen und Menge der jeweiligen Emissionen;
- Zeitpunkte der Inbetriebnahme der neuen oder der bestehenden Anlagen;
- für die Einführung einer besseren verfügbaren Technik erforderliche Zeit;
- Verbrauch an Rohstoffen und Art der bei den einzelnen Verfahren verwendeten Rohstoffe (einschließlich Wasser) sowie Energieeffizienz;
- die Notwendigkeit, die Gesamtwirkung der Emissionen und die Gefahren für die Umwelt soweit wie möglich zu vermeiden oder zu verringern;
- die Notwendigkeit, Unfällen vorzubeugen und deren Folgen für die Umwelt zu verringern;
- die von der Kommission gemäß Art. 16 Abs. 2 oder von internationalen Organisationen veröffentlichten Informationen.

Die Doppelstrategie, umweltorientiertes Management als Unternehmensleitbild sowie umwelt- und ressourcenschonende Produktgestaltung – beides durch externe Gutachter – international nach ISO 14001ff. oder in Europa nach *Environmental Management and Audit Scheme* (EMAS) zertifiziert – ergibt eine unschlagbare Wettbewerbsposition des so agierenden Unternehmens am Markt und zugleich eine flankierende Absicherung der Marketingstrategie für das Produkt. Diese Aktivitäten führen auch zur Verbesserung des Firmenimages in der Gesellschaft und zur entsprechenden Bewertung am Kapitalmarkt. Es ist schon bemerkenswert, daß sich auch Großbanken zunehmend mit ökologischen Themen der Industrie auseinandersetzen und für die Einbindung von Firmen in einen Umweltfonds die Umweltpolitik und -strategie, die Umweltkommunikation, die Einkaufsrichtlinien, das Auditing und viele andere umweltbezogene Fragen in ihre Firmenbewertung einfließen lassen.

*Human Resources*

Dies alles ist jedoch nur erreichbar, wenn konsequent ein betriebliches Umweltmanagementkonzept realisiert wird. Dazu hat die Stoff- und Energiewirtschaft im Zusammenhang mit der Produkt- und Verfahrensinnovation eine ebenso große Bedeutung wie die Qualifikation und Motivation der Mitarbeiter (Personalmanagement). Dies muß bei der Umsetzung der Leitvorstellungen des Umweltmanagementkonzeptes in betrieblich umsetzbare, operative Handlungsanweisungen beachtet werden. Lebenslange Schulung ist angesagt.

*Lebenszyklus*

Durch den operativen Produktionsprozeß entstehen im Zusammenwirken von Rohstoffen, Energie und Personaleinsatz Produkte als Prozeßergebnis. Als unerwünschte, aber in Kauf zu nehmende Nebenwirkung entstehen Emissionen, z.B. in Form von Abfällen, Abwasser und Abwärme, die auf die natürlichen Faktoren unserer Umwelt – wie Luft, Wasser und Boden – einwirken und daher direkt oder indirekt für Leben und Gesundheit des Menschen ein potentielles Risiko sein können. Dies trifft übrigens auch zu für den Gebrauch oder Verbrauch des hergestellten Produktes. Der gesamte Lebenszyklus eines Produktes, das in der Regel in einer Vielzahl von Produktionsvorgängen hergestellt wird, ist für eine möglichst vollständige Erfassung, Analyse und Bewertung der produktionsbedingten Emissionen von Interesse. Dabei geht es vorrangig um eine Stoff- und Energiebilanz des Produktes. Eine darauf aufbauende Wirkungsbilanz ist problematisch, wenn letztlich daraus eine staatlich verfügte Stoff- oder Produktlenkung als ordnungspolitisches Instrument abgeleitet werden soll. Die Erarbeitung gemeinschafts- oder besser noch weltweiter Normen für Fertigungsverfahren und Produkte soll letztlich zur verbesserten Ressourcenbewirtschaftung durch den oben beschriebenen neuen Handlungsansatz für betriebliche Entscheidungen führen. Das angestrebte Kriterium der Nachhaltigkeit wird erst erfüllt, wenn dabei ökonomische, ökologische und zugleich auch soziale Interessen einer Volkswirtschaft berücksichtigt werden. Die betriebliche Ökoeffizienz hat das Ziel, diese Triade zu optimieren.

Ein Betrieb kann jedoch in der Regel immer nur einen Teil der Werte einer Produkt-Lebenskette von der Rohstoffgewinnung bis zur Wiedereinbringung des Stoffes in den Kreislauf nach Ge- oder Verbrauch bestimmen. Dies verdeutlicht die Schwierigkeiten bei der Ermittlung belastbarer Daten und unterstreicht die Notwendigkeit international verabredeter Normen.

In der dargestellten Systematik werden zunächst an den gekennzeichneten Input- bzw. Output-Stationen des betrieblichen Fertigungsablaufs die eingebrachten jeweiligen Stoff- bzw. Energiemengen erfaßt, bewertet und dem Produkt als Verursacher zugeordnet. Eine entsprechende Erfassung erfolgt auch für den anfallenden Abfall getrennt nach den Bewertungskriterien des Kreislaufwirtschafts- und Abfallgesetzes. Die so für den jeweiligen Fertigungsvorgang ermittelten Kennzahlen für den Werteverzehr bzw. für den Stoff- und Energieeinsatz sowie für den Abfall stellen nur einen Baustein dar auf dem oft langen Weg vom Rohstoff zum Produkt.

Der Bedarf an Stoff- und Energiebilanzen wird in der Entwicklung der betrieblichen Umweltpolitik eine immer wichtigere Rolle spielen, vor allem bei der Marketingstrategie des Unternehmens und der heute damit gebotenen Kundenorientierung. Die Methodik der Erfassung und Bewertung bedarf jedoch dringend der nationalen und internationalen Normung zur Festlegung einheitlicher »Spielregeln« und der erst damit möglichen realen Vergleichbarkeit einer Produktbewertung hinsichtlich des Ressourceneinsatzes.

Die Umsetzung des Leitgedankens »umweltorientierte Stoffwirtschaft«

erfolgt im Rahmen des betrieblichen Umweltmanagements, das als Teil der Unternehmenskultur anzusehen ist. Die damit verbundenen Aufgaben und Entscheidungsprozesse muß jedes Unternehmen in Eigenverantwortung je nach den durch Produkt, Standort und Management vorgegebenen Bedingungen ausarbeiten und gestalten.

Die hier dargestellten Leistungsfelder des Umweltmanagements im Sinne der nachhaltigen zukunftsfähigen Entwicklung sind in der Hauptsache fokussiert in der Produktentwicklung, im Produktionsverfahren sowie auf die beide Felder betreffende Aufgabe, den Einsatz von schadstoffbefrachteten Roh-, Hilfs- und Betriebsstoffen wegen der daraus resultierenden Umwelt- und Kostenbelastung bei der Bearbeitung und Entsorgung zu vermeiden und durch umweltschonende Alternativen zu ersetzen. Der neue, favorisierte Weg, Umweltbeeinträchtigungen zu vermeiden oder zumindest zu verringern sowie Ressourcen zu schonen, ist der integrierte Umweltschutz, wie er in der IVU-Richtlinie, die wir alsbald in Deutschland umzusetzen haben, vorgegeben wird. Durch gezielte, medienübergreifende Maßnahmen soll erreicht werden, möglichst geringe Umweltbelastungen für Luft, Wasser, Boden (Abfall) und für den Energieeinsatz während der industriellen Produktion sowie der nachgelagerten Produktionsphasen entstehen zu lassen.

*Produktintegrierter Umweltschutz*

Ansatzmöglichkeiten für diese auf die Umweltverträglichkeit des Produktes und damit auf die Ökoeffizienz gerichtete Entwicklung ergeben sich schon in der Entwicklungsphase des Produktes sowie bei der Konzeption eines umweltschonenden Produktionsverfahrens. Produkt- und produktionsintegrierter Umweltschutz beeinflussen sich gegenseitig, da einerseits Änderungen an einem Produkt häufig mit erheblichen Änderungen in der Produktion verbunden sind und andererseits Umstellungen in der Produktion mit Auswirkungen auf das Produkt verbunden sein können. Der produktintegrierte Umweltschutz zielt also darauf ab, schon in der Produktplanung, Entwicklung und Konstruktion umweltrelevante Aspekte des Lebenszyklus eines Produktes zu berücksichtigen. In diesen vorgeschalteten Etappen der Produktion – Produktionsplanung, Konstruktion, Arbeitsplanung – wird über Formgebung und Werkstoffauswahl entschieden, werden Fertigungstechnologien sowie die Höhe des Energieeinsatzes mehr oder weniger festgelegt. Auch Art und Menge der Produktionsabfälle werden schon in diesem Stadium vom Konstrukteur bestimmt und im Regelfall auch die Wiederverwendung bzw. Wiederverwertung der eingesetzten Stoffe nach Ge- und Verbrauch des Produktes. Dies verdeutlicht die Bedeutung der Rolle des Konstrukteurs bei der Umsetzung ökologischer Ziele des betrieblichen Umweltschutzes.

Neben der Herstellung abfall- und schadstoffarmer sowie verbrauchsgünstiger Produkte ist auch die recyclinggerechte Werkstoffauswahl und Konstruktion Bestandteil des produktintegrierten Umweltschutzes. »Recyclinggerecht« bedeutet dabei die umwelt- und kostengünstige Möglichkeit des Produktrecyclings. Eine »umweltgerechte« Gestaltung der Produkte trägt also in entscheidendem Maße zur »umweltgerechten« Produktion bei. Dies schafft einen komparativen Konkurrenzvorteil auf den Märkten und bindet wegen dieses Vorteils der Kundenorientierung den Kunden an das Unternehmen.

Der Produkt- und produktionsintegrierte Umweltschutz ist das zukunftsfähige Konzept, um Umweltbelastungen sowohl bei der Produktion, bei der Produkt- und Produktionsplanung bereits im voraus zu erkennen und zu vermeiden oder zumindest zu minimieren, als auch die Lebensetappen des Produktes bei Ge- bzw. Verbrauch und Wiederverwendung so zu gestalten, daß die oben erwähnten Kriterien der Ressourcenschonung und Belastung der Umweltmedien im integrierten Sinn ganzheitlich und optimal berücksichtigt werden. Dies bedeutet Ökoeffizienz im besten Sinnes des Audit-Ziels.

*Die Kosten eines ökoeffizienten Produktes ...*

Die im Kreislaufwirtschaftsgesetz formulierte Verantwortung des Produzenten für das von ihm hergestellte Produkt reicht bis zur Wiedereinbindung der für die Produktherstellung eingesetzten Stoffe nach dessen Gebrauch oder Verbrauch in den Stoffkreislauf. Neben der ökologischen Forderung hat der erforderliche Recyclingprozeß auch eine ökonomische Komponente mit erheblicher volkswirtschaftlicher Bedeutung. Der Grund dafür ist im Kreislaufwirtschafts- und Abfallgesetz zu finden. Ökoeffizienz ist also auf der ganzen Linie angesagt.

Es ist davon auszugehen, daß der Hersteller die Rücknahmepflicht erfüllt bzw. die dafür anfallenden Kosten übernimmt. Diese müssen – um den betriebswirtschaftlichen Belangen des Betriebes gerecht zu werden – in den Marktpreis des Produktes eingebunden werden (s. Abb. Folgeseite).

*... können durch Ressourceneffizienz reduziert werden*

Der Hersteller hat aus Wettbewerbsgründen ein großes Interesse daran, diese Kostenart möglichst kleinzuhalten, vielleicht sogar durch entsprechenden Materialeinsatz so zu gestalten, daß bei der Entsorgung ein positives Ergebnis erzielt werden kann. Wenn dies erfolgreich konzipiert worden ist, ist im Idealfall der Nutzer oder Verbraucher am Lebensende des Produktlebenszyklus nicht »Abfallbesitzer«, sondern er kann bei der Entsorgung des genutzten Produktes einen geldwerten Vorteil erzielen. Dies kann für den Hersteller des Produktes wiederum einen konkreten komparativen Konkurrenzvorteil am Markt bedeuten. Es lohnt sich also, die Planungs- und Konstruktionsphase nicht nur sorg-

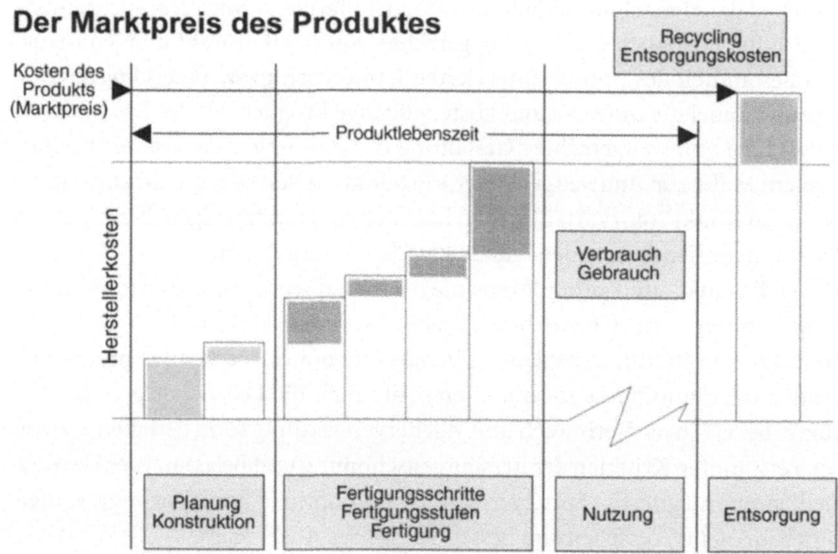


Marktpreis des ökoeffizienten Produktes

fältig auf optimale Nutzung des Produktes bei Gebrauch oder Verbrauch zu gestalten, sondern diese sorgfältige Gestaltung auch auf den letzten Abschnitt des Produktlebenszyklus auszudehnen und so insgesamt eine positive ökonomische und ökologische Produktbilanz zu erzielen.

Das Stoffstrommanagement, das schon in der Konzept- und Konstruktionsphase des Produktes mitgestaltet wird, hat somit auch eine beachtliche Schlüsselfunktion für die Wettbewerbsfähigkeit des erzeugten Produktes und ist eine unentbehrliche Stütze für erfolgreiche Marketingaktivitäten.

Die Verwirklichung der Ziele des produktintegrierten Umweltschutzes auf der Grundlage des Kreislaufwirtschafts- und Abfallgesetzes gibt dem Produzenten die Möglichkeit, den Kunden dann fester und auch in Zukunft sicherer an sich zu binden, wenn produktorientierte Stoff- und Energiebilanzen mitgeliefert werden und zur positiven Auftragserteilung führen. Der Produzent erreicht dadurch in der Regel einen komparativen Wettbewerbsvorteil vor seinen Konkurrenten. In dieser Doppelstrategie einer zukunftsfähigen Betriebsführung sind umweltorientiertes Management als am Markt und gesellschaftlich akzeptiertes Unternehmensleitbild vereint mit den kostensenkenden Effekten einer ressourcenschonenden Produktgestaltung. Das bedeutet flankierende Absicherung der Marktstrategie und zugleich eine Steigerung der Wettbewerbsfähigkeit.

*Die Unternehmenspolitik von Mannesmann*
Stellvertretend für zahlreiche Unternehmen, die diese Unternehmensstrategie erfolgreich realisiert haben, stelle ich Ihnen die Leitsätze der Unternehmenspolitik des Mannesmann-Konzerns vor, die wir seit 25 Jahren in den Gesellschaften unseres Hauses Schritt für Schritt eingeführt und – wie die Aktienkurse zeigen – auch erfolgreich durchgeführt haben.

Wer im Betrieb das Sagen hat, muß auch etwas vom Umweltschutz verstehen. Denn nur wer etwas vom Umweltschutz versteht,

- kann Belastungen der Umwelt durch Produkte und Produktionsverfahren erkennen und bewerten,
- kennt Vermeidungs- und Minderungsmaßnahmen,
- hält die einschlägigen Umweltvorschriften ein.

Umweltschutz ist integrierter Bestandteil aller Entscheidungen im Unternehmen. Das gilt für folgende Aufgabengebiete:

1. *Entwicklung von Produktentwicklung, Umwelttechnologien und Dienstleistungen:* Bei der Produktentwicklung ist zu berücksichtigen, daß die Produkte umweltverträglich hergestellt, verwendet, verwertet und entsorgt werden können. Neue Umwelttechnologien sollen den Stand der Technik weiterführen. Dienstleistungen sind fachgerecht und unter Berücksichtigung des vorbeugenden Umweltschutzes durchzuführen.
2. *Produktionsverfahren:* Produktionsverfahren sind anzustreben, die energie- und rohstoffoptimiert durchgeführt werden können und zugleich eine Wiederverwendung ermöglichen.
3. *Stoffsubstitution:* Schadstoffbefrachtete Roh-, Hilfs- und Betriebsstoffe sollen möglichst durch umweltverträgliche Alternativen ersetzt werden.
4. *Kompetenz der Mitarbeiter:* Die Mitarbeiter sind zu qualifizieren und zu motivieren, damit sie im Bewußtsein für eine Umwelt kompetent und verantwortungsvoll handeln und den betrieblichen Umweltschutz mitgestaltend kontinuierlich verbessern.

*Fazit*
Ökoeffizienz gilt als Paradigma zukünftiger industrieller und gewerblicher Tätigkeit. Diese Erkenntnis spiegelt sich auch wider in dem jüngst der Bundesumweltministerin vorgelegten Entwurf eines Umweltgesetzbuches (BMU, 1998). Darin ist die Neugestaltung des betrieblichen Umweltmanagements von dem Leitgedanken getragen, praxiskonforme Instrumente zu schaffen, die einen nachhaltigen Erfolg des betrieblichen Umweltschutzes aus ökologischer wie ökonomischer Sicht gewährleisten, ohne zugleich die daraus resultierenden Konsequenzen im sozialen Bereich (Arbeitsplätze) aus den Augen zu lassen. So

betont der Entwurf die Verantwortung des Unternehmens für die Einhaltung umweltrechtlicher Vorschriften sowie für eine stetige Verbesserung der betrieblichen Umweltarbeit, wie sie insbesondere durch die Auditierungsverfahren nach EMAS und ISO 14001ff. herausgearbeitet werden. Die so gestaltete Organisation des betrieblichen Umweltschutzes (Umweltmanagement und Qualifikation des Personals) ist die beste Grundlage eines sicheren Weges für die betriebliche Zukunft.

## Literatur

United Nations (Hrsg.) (1992): Agenda 21. Report on the United Nations Conference on Environment and Development, Rio de Janerio, 3-14 Juni 1992, A/CONF. 151/26 (Vol. 1), 12 August 1992.

Bundesministerium für Umwelt, Naturschutz und Reaktorsicherheit (BMU) (Hrsg.) (1998): Umweltgesetzbuch, Kommentar der unabhängigen Kommission beim BMU, Berlin.

Mannesmann AG (Hrsg.): 25 Jahre Umweltorientierte Unternehmensführung, Düsseldorf, http://www.mannesmann.de/blick/umwelt/25jahr.htm.

# ÖKOEFFIZIENZ WELTWEIT

Lee Eng Lock

# Energieeffizienz in Asien

*Einleitung*

Vor nicht allzulanger Zeit wäre ich als Vertreter der Wirtschaftstiger Asiens vor mein geschätztes Publikum getreten. Heute kann ich nur sagen, daß die Wirtschaftstiger nun auch auf die Liste bedrohter, von der Menschheit bis zum Aussterben gejagter und vergifteter Tierarten gesetzt werden müssen. Im Falle Asiens haben Selbstverstümmelungen schwere Schäden angerichtet, vor allem unter der stattlichen Population der Arbeiter, die die schweigende Mehrheit bilden. Zu einer Zeit der steigenden Arbeitslosenzahlen, in manchen Ländern sogar der Versorgungsengpässe, des Mangels an harter Währung und des Zusammenbruchs von Banken erscheint es nur logisch, klügere und billigere Vorgehensweisen, die mehr mit weniger erreichen, zu einem wesentlichen Teil jedes umfassenden Lösungsansatzes zu machen. Wenn sie ordentlich angewandt wird, kann Energieeffizienz in Asien jedes Jahrzehnt Trillionen Dollar sparen, sowohl bei verschwendungssüchtigen Kraftwerken als auch im Bereich von Infrastruktur, Gas, Öl, Wasser- und Kernkraft.

Zahlreiche Parallelen bestehen zwischen den Problemen, die Asien nun in Angriff nehmen muß, und denen, die die Verfechter der Energieeffizienz beschäftigen. Der gesunde Menschenverstand rät uns, klüger zu arbeiten, da die fehlgeschlagenen Lösungsversuche auch beim zweiten Mal nicht erfolgreich sein werden – trotzdem stehen dem gesunden Menschenverstand schier unüberwindbare Hindernisse im Weg. In meinem Vortrag möchte ich einige dieser Hindernisse hervorheben und mögliche Lösungen betrachten.

*Mythos Wirtschaftswachstum*

Alle Regierungen Asiens haben sich dem Wirtschaftswachstum mit Leib und Seele verschrieben. Seit Generationen trichtern herausragende Wirtschaftsfachleute unserer »jungen Elite«, wie sich Bürokratie und Politiker gerne nennen, erfolgreich ein, daß Bruttoinlandsprodukt bzw. Bruttosozialprodukt all das messen, was für die Erfüllung der Bedürfnisse und Sehnsüchte ihres Volkes unabdingbar ist. Grandiose Projekte für den Bau milliardenverschlingender Kraftwerke, Wolkenkratzer und spitzentechnologischer Halbleiterdioden beherrschen die Wirtschaftsplanung; man ist wild entschlossen, die Nachbarn nachzuäffen und den Ratschlägen der Leuchten der Weltbank, des Internationalen Währungsfonds und der OECD zu folgen.

Eine angemessene Technik, die Energieeffizienz möglich macht, ist weder glanzvoll, noch verschluckt sie Kapital in Milliardenhöhe, noch schüttet sie einen noch größeren Misthaufen auf, von dem die Regierungs- und Industriebosse herunterkrähen können. Sie bietet gewissen Personen wenig Möglichkeiten, sich und ihre Gesinnungsgenossen zu bereichern. Die Wirtschaft melken und einen stärkeren, wenn auch kürzeren Geldfluß zu gewinnen, scheint jedoch die Hauptsorge zu sein. Wir können aus diesem teuflischen Kreislauf nur entkommen, wenn wir uns vernünftigeren, ehrlicheren Methoden zur Messung von Wohlstand, Glück und ökonomischer und ökologischer Nachhaltigkeit für die Bürger zuwenden. Das moralische und ethische Urteilsvermögen muß ausgeübt werden, um den Wert jeden Dollars zu bestimmten, der ausgegeben oder eingespart wird – eine Milliarde Dollar, die in den Bau einer Atombombe investiert wird, ist etwas ganz anderes als eine Milliarde Dollar, die in die Gründung einer Universität wie Oxford oder Cambridge investiert wird.

*Korrelation ist nicht Kausalität*

Angehörige jeder Stufe der »Elite« Asiens verwechseln Korrelation und kausalen Zusammenhang. Ein Land mit einem höheren Pro-Kopf-Bruttoinlandsprodukt kann einen höheren Energieverbrauch aufweisen – oder auch nicht. Energieverbrauch ist eine Nebenwirkung oder eine Folge des Wirtschaftswachstums, kein erstrebenswertes Ziel an sich. In Asien jedoch glauben die Wirtschaftsplaner, daß ein gesteigerter Energieverbrauch automatisch zu einem höheren BIP führt. Ein bekannter Premierminister, der die internationalen Finanziers nicht besonders liebt, hat öffentlich sein Ziel kundgetan, in seinem Land denselben Pro-Kopf-Stromverbrauch zu erreichen wie in den USA. Ein weiterer ehrgeiziger Bürokrat hat mir erklärt, daß eine Korrelation zwischen Stromnutzung und Kilowattstundenverbrauch besteht, und daß deswegen das Land auf den glücklichen Tag hinarbeiten muß, wenn diese Tigerwirtschaft die USA einholt – er wird mit dem Einschalten von Milliarden-Dollar-Kraftwerken gefeiert werden. Jegliche Investition in Energieeffizienz ist zu vermeiden, da sich das Land sonst womöglich an der Korrelationskurve der USA vorbeientwickelt. Vielleicht kann ja mein geschätztes Publikum seine jeweiligen Gefolgschaften dazu animieren, Autoaufkleber mit dem Slogan »Korrelation≠Kausalität« zu produzieren oder der asiatischen Elite Doktorwürden für die Beschäftigung mit diesem Thema zu verleihen.

*Vetternwirtschaft: siehe Korruption*

In besseren Zeiten war es noch bequem und möglich, die unübersehbare Vetternwirtschaft und Korruption in asiatischen Ländern mit solchen Euphemismen wie »Asiatische Werte«, »der ASEAN-Weg« oder »Konfuzianismus« zu verdecken. Um Mao Tse Tung leicht abgeändert zu zitieren: Es ist immer leichter, die Realität der Macht zu akzeptieren, wenn sie aus einem Flintenlauf herauswächst. Riesige und überflüssige Kraftwerksprojekte haben viele Milliarden US-Dollar in private Taschen und auf Schweizer Nummernkonten umgeleitet, so daß für die unprätentiösen, aber viel produktiveren Bemühungen um Energieeffizienz nicht viel übrigblieb. Leider ist »Asiatische Werte« ein vielseitig verwendbarer Begriff, mit dem sich Nichtstun, wenig tun oder das Nächstdümmste tun rechtfertigen lassen. Von der nationalen Ebene bis hinunter zum kleinsten Privathaus ist es eine traurige Tatsache, daß die Auftragsvergabe sich daran orientiert, wen man kennt, nicht was man weiß. Die Chinesen nennen das *guanxi*. Selbst riesige multinationale Konzerne aus den Vereinigten Staaten sind sich dieses Problems bewußt und unternehmen alles mögliche, um das Ausmaß der Korruption in ihren eigenen Betrieben geringzuhalten – aber die einheimischen Spezialisten sind sehr geschickt, und die meisten asiatischen Unternehmen legen gegenüber Bestechung eine »Leben-und-leben-lassen«-Haltung an den Tag. Sie werden kaum an dem Ast sägen, auf dem sie sitzen.

*Gesichtsverlust*

In Asien gibt man Fehler nicht zu. Fehler werden kaum toleriert, und in den meisten Unternehmen ist es unweigerlich Selbstmord, Fehler überhaupt einzugestehen. Auf allen Stufen der asiatischen Gesellschaft gibt man sich größte Mühe, seine Fehler zu leugnen – wie können wir uns also weiterentwickeln? Berater und Ingenieure sind davon nicht ausgenommen; viele sogenannte berühmte und erfahrene Berater entwerfen Gebäude und Fabriken über den Daumen gepeilt nach veralteten Regeln, die sie aus fünfzig Jahre alten Handbüchern haben, z.B. 23 Quadratmeter = 1 Tonne Kühlkapazität. Kürzlich bei einem Projekt für eine bekannte Firma, die sich um die ISO 14000-Zertifizierung bemüht, erhielten wir eine Berechnung der Heizlast, bei der offensichtlich gemogelt worden war – die Berechnung ging vom Ergebnis aus, mit absurden Angaben wie 80 Watt pro m$^2$ für die Beleuchtung in Fluren und Vorräumen, um zu der »korrekten« Zahl, nämlich 23 m$^2$ pro Tonne, zu gelangen. Der ISO 14000-Berater zog es vor, unsere ziemlich direkten Bemerkungen zum HVAC-Design, also der Dimensionierung der Heizung, der Lüftung und der Klimaanlagen, ein wenig abzuschwächen, um es sich mit seinen Kunden nicht zu verderben und weiterhin Geld für ihre Art der »Fassadenbegrünung« zu bekommen.

*Konfuzius ist gesund und munter*

»Status quo« ist die in ganz Asien vorherrschende traurige Lebensbedingung. Wenn jemand älter, reicher oder »besser ausgebildet« oder »erfahrener« ist, wird die Kritikfähigkeit abgeschaltet. Schließlich hat Konfuzius gesagt, daß man die Ranghöheren, die Regierung, die Dozenten und überhaupt Autorität mit Respekt behandeln soll – also jeden, der dem wißbegierigen Wahrheitssucher schaden kann. Daher findet sich in den Bereichen der Architektur und der Technik viel schlechte Planung, besonders bei Gebäuden, die dem internationalen Wettbewerb nicht so stark ausgesetzt sind wie Autos, Fernseher und andere Konsumgüter. Von den großen Unternehmen mit guten Verbindungen nimmt man an, daß sie gute Arbeit leisten – sonst wären sie doch sicher schon bloßgestellt worden? Am Schluß stehen wir dann mit solchen Fällen da wie dem der Hochschule, die Heizstrahler aufstellen muß, damit die Dozenten nicht erfrieren. Eine andere Möglichkeit gibt es nicht; die Beraterfirma behauptet, daß der Thermostat sich nur in 5°C-Schritten einstellen läßt – also frieren oder schmoren.

*Westexperten gesucht*

Eine große Bank auf den Philippinen wollte einen riesigen neuen Bürokomplex bauen mit einer Bodenfläche von 160000 m². Für diesen Komplex war eine Stromkapazität von beinahe 45 MV pro Jahr eingeplant – um es anders auszudrücken, eine Kleinstadt in Singapur mit 200000 Einwohnern verbraucht nur 30 MV im Jahr! In einem anderen Fall wurden mehrere Hochhäuser mit einer riesigen Kühlkapazität ausgestattet, aber jüngste Berichte besagen, daß sie nur zu 20% ausgelastet ist. Zur Zeit wird ein weiterer Gebäudekomplex in noch einem anderen Land gebaut, der über 100000 m² und 52 Stockwerke umfaßt, mit der magischen Zahl 23 m²/Tonne als Planungsgrundlage. Der Vorstandsvorsitzende der Bank kennt mich gut, und als ich ihn darauf hinwies, daß dieses angeblich intelligente Gebäude über denselben Daumen gepeilt war wie 99% aller Bürogebäude Asiens, antwortete er mir nur mit einem betäubenden Schweigen.

Halbleiterbauelemente stellen heute einen Gipfel der Technik und der Finanzinvestition dar. Die Bauelemente verbrauchen eine Unmenge an Energie, Wasser, Chemikalien, Gasen und anderen Materialien, und unterwegs hat sich eine gewisse Aura des Mysteriösen oder Numinosen ausgebildet. Ein Ingenieur eines weltweit führenden Halbleiterherstellers vertraute mir an, daß seine Firma lieber nach ihren alten Plänen mit all ihren bekannten Schwächen und Fehlern arbeitet – auf diese Weise wissen sie wenigstens, wo die Probleme liegen. Anscheinend werden keine ernsten Bemühungen um Energieeffizienz unternommen – die wichtigsten internationalen Industriekonzerne betreiben nur ein wenig »Fassadenbegrünung«, um ihr Ansehen in der heute umweltbewußteren Öffentlichkeit zu verbessern.

*Intelligente Gebäude – dumme Architekten und Auftraggeber*

Viel Aufhebens wird regelmäßig um neue Projekte gemacht. Das ähnelt dann immer der Art und Weise, wie der Rinderwahnsinn sich in Großbritannien ausbreitete. Die Öffentlichkeit kann sich nicht vorstellen, daß »Experten« die Bevölkerung absichtlich in die Irre führen, und die Experten können die Industrie nicht über gigantische Fehlschläge und die Verschwendung von Geld und Mühe informieren. In einem groß angekündigten Projekt war der Chefbauingenieur ein fröhlicher, praktischer Ire, der sagte, seiner Meinung nach sei nichts oder fast nichts dadurch zu erreichen, nur einen Kilowattzähler für das ganze Gebäude zu verwenden und dann den Energieverbrauch mit Hilfe komplizierter Gleichungen, Prozessoren, Rückkoppelungs- und Vorwärtsschleifen »intelligent zu optimieren«. Man zeigte mir einen leeren, dunklen Raum, wo ein teurer Computer in der Ecke stand – ohne an irgend etwas angeschlossen zu sein. Der interessanteste Gegenstand in diesem Raum war eine lebensgroße Pappfigur des Ersten Offiziers William Ryker von der Enterprise aus der berühmten Fernsehserie – ein höchst angemessener Hinweis darauf, daß solche grandiosen und kostspieligen Vorhaben in der Phantasie und in der Zukunft leicht zu verwirklichen sind, aber in heutigen Gebäuden so schlecht funktionieren, als wären sie aus Pappe. In den meisten Gebäuden, die ich untersucht oder besucht habe, stimmt man darin überein, daß diese monströsen, überteuerten und kaum zu wartenden Systeme eigentlich nur als bunte, spitzentechnologische Zeitschaltuhren funktionieren.

*Quacksalber*

Dummheit und Glück gehen eben doch nicht Hand in Hand. Im Bau- und Fabriksektor suchen viele geistig träge Menschen nach dem Zaubermittel, das ihre Probleme mit minimalem Aufwand lösen wird. Im Laufe von beinahe zwei Jahrzehnten habe ich eine schier unendliche Zahl trickreicher Erfindungen kommen und gehen sehen, die sich diese Ahnungslosen andrehen ließen. Vom erfahrenen Berater bis zum frisch graduierten Techniker, von Regierungsämtern bis zu riesigen multinationalen Konzernen, internationalen Hotelketten und kleinen Bürogebäuden, wo der hauseigene Spezialist auch Klempner und Nachtwächter ist, ist noch jeder auf »Schlangenöl« hereingefallen. Der jüngste Modewahn, der Asien heimsucht, ist eine schwarze Zauberkiste, die hinter dem Transformator eingebaut wird und dort angeblich Belastungs-Unsymmetrien zwischen den Strängen ausgleicht, Oberschwingungen reduziert, die Leistung verbessert und den Stromverbrauch um 30% bis 5% verringert. Trotz der gerichtlichen Schritte, die seitens einiger unglücklicher Opfer eingeleitet wurden, bekräftigt ein Institut für Normierung nach wie vor, daß damit Energie einspart werden kann. Sie hat in der Tat dieselbe Wirkung wie ein Baum, den man als Sonnenschutz vor einen Büroturm pflanzt.

Leider verhalten sich die Opfer dieser Quacksalber ähnlich wie Nötigungsopfer – die wenigsten erstatten Anzeige. Ein einziges Unternehmen kann daher gleich mehrmals über den Tisch gezogen werden, indem das gleiche Zaubermittel nacheinander den verschiedenen Abteilungen angeboten wird; die

»Schlangenölhändler« können sich darauf verlassen, daß man sich in Asien um den Gesichtsverlust viel stärker sorgt als um das Leid des nächsten Opfers.

*Die Zentrale hat immer recht*

Viele multinationale Konzerne siedeln aus wirtschaftlichen und regulierenden Gründen Produktionsstätten in Asien an. Die Planung von Fabrikanlagen geht zumeist von der Firmenzentrale in Japan oder im Westen aus. Hier besteht die natürliche Neigung, die Zweigstellen als sehr junge Juniorpartner zu behandeln, die kaum trocken hinter den Ohren sind und erst einmal Lesen und Schreiben lernen müssen. Bedauerlicherweise werden viele unangemessene Gewohnheiten und Praktiken en gros übertragen, ohne die besonderen klimatischen Bedingungen oder die technischen Voraussetzungen in Betracht zu ziehen. Kalte Länder z.B. werden mit Hilfe von Heizkesseln mit harten Wintern fertig; diese Kessel können auch zu geringen Zusatzkosten Druck für Absorptions- Kältemaschinen erzeugen. Das trifft für viele Teile Asiens nicht zu, wo überhaupt keine Heizkessel nötig sind. Die dortigen Fabriken sitzen dann auf riesigen Heizkesseln mit der falschen Funktion, weil die Hauptlast in Kühlung besteht und die Heizlast das ganze Jahr über Null beträgt.

Die Zentralen in den kälteren Zonen entscheiden sich im allgemeinen auch für Luftkühlungsanlagen, was natürlich sehr sinnvoll ist, wenn man im Winter eingefrorene Leitungen und selbstgemachten Schnee auf den Kühltürmen zu befürchten hat – in tropischen Ländern ist dieses System aber eine finanzielle Katastrophe; wassergekühlte Anlagen wären sachgerecht.

In manchen Fällen verübelt die Zentrale ihren »Töchtern« Innovations- oder Verbesserungsvorschläge. Ein deutscher Anlagenleiter mit Doktortitel erklärte unseren Partnern in Zürich: »Natürlich kann Supersymmetrie die Ventilatorenkilowatt nicht um einen Faktor drei reduzieren, da eine bestimmte Ventilatorengröße eben eine bestimmte Motorengröße verlangt.« Natürlich hat dieser kluge Mensch noch nie von Effizienz gehört, wo man mehr für weniger bekommt.

*Die Lösung für Energieeffizienz in Asien?*

Ich habe Ihnen kein hübsches Bild gezeichnet: Viele Billionen Dollar an Kapital und Betriebskosten wurden in den vergangenen Jahrzehnten verschleudert. Es scheint keine schnelle oder einfache Lösung zu geben. Ein guter Hebelpunkt liegt in der Bildung, deren Wirkung sich aber erst in einer oder zwei Generationen zeigen wird. In ganz Asien stimmen Eltern darin überein, daß ihre Kinder eine gute Bildung brauchen, um im Leben vorwärtszukommen. Asien ist auch eine sehr hierarchische Gesellschaft, so daß es am wirkungsvollsten sein wird, sich auf die heranwachsende Elite zu konzentrieren. Vielleicht möchte mein geschätztes Publikum Asien zu dieser Zeit der Not mit Hilfeleistungen wie den folgenden beistehen:

1. Fortbildungen für die politisch Verantwortlichen, ähnlich den prestigeträchtigen Harvard-Kurzseminaren; so könnte z.B. das Welthandelsforum (World Economic Forum) die vielfältigen Wirkungen von Energieeffizienz erklären;
2. Bereitstellung von Stipendien für die nächste Generation der Büro- und Technokraten für die Beschäftigung mit nachhaltiger Entwicklung, dem Unterschied zwischen Kausalität und Korrelation und ähnlichem;
3. Einrichtung von Messungs- und Instrumentationszentren in Asien zur Überprüfung von Gebäudeperformanz, Entsorgung des magischen Schlangenöls und Korrektur des Mythos vom intelligenten Gebäude;
4. Finanzierung »grüner« Anschauungsobjekte in Gebäuden und Fabriken, um zu zeigen, was erreicht werden kann; Verbreitung der Ergebnisse im Internet;
5. großzügige Anerkennung von Energieeffizienzprojekten durch Rückkauf von Emissionsrechten, Steuervergünstigungen, günstige Kredite und andere finanzpolitische Maßnahmen.

*Fazit*

Eine internationale Agentur bat mich vor ein paar Jahren, eine Vorlaufstudie über »das Potential für Energieeffizienz in Bürogebäuden in einem Entwicklungsland« anzufertigen. Meine Antwort lautete: »Über 50%, wann können wir anfangen?« Anscheinend war das die falsche Antwort, und sie beauftragten ein großes US-amerikanisches Unternehmen, nach Sri Lanka zu fliegen und die Bedingungen der Bank zu erfüllen – nicht etwa die Bedürfnisse des Landes. Wir brauchen nicht noch genauer ausgearbeitete Studien, Analysen, Forschung und Entwicklung, Agenturen und Bürokratien, um mit der wirklich bedeutungsvollen Arbeit zu beginnen. Zu viel Arbeitszeit und transatlantische Flüge und Bäume wurden in den vergangenen Jahrzehnten schon für nutzlose Abhandlungen geopfert. Ich möchte die hochgeschätzten Delegierten dazu drängen, für Asien sinnvoll zu handeln und damit der Welt, sich selbst und ihren Familien einen unschätzbaren Dienst zu erweisen.

Tieyong Zuo und Duan Weng

# Ressourceneffizienz in China

*Einleitung*

Mineralische Ressourcen sind nicht nur eine der Schlüsselbedingungen für Fortschritt und Entwicklung der Menschheit, sondern auch eine wichtige Grundlage der menschlichen Umwelt. Bevölkerungswachstum und Industrialisierung verursachen jedoch Ressourcenverbrauch und Umweltverschmutzung, was wiederum zu einer Verringerung der Lebensqualität der Menschen führt (Zuo, 1996).

Der Erdball ist die einzige Heimat der Menschen. Weltweit eint uns die gemeinsame Aufgabe, die Umwelt aktiv zu schützen. Um eine nachhaltige Entwicklung der Wirtschaft und Gesellschaft zu verwirklichen, streben wir die effektive Nutzung der Ressourcen an. In diesem Vortrag werden die Vorkommen und verschiedenen Arten der chinesischen mineralischen Rohstoffe kurz vorgestellt, die Ressourceneffizienz der industriellen Produktion bewertet und praktische Maßnahmen zur Verbesserung der Ressourcenproduktivität und -effizienz diskutiert.

*Natürliche Rohstoffe in China*

Ganz allgemein umfaßt der Begriff der natürlichen Rohstoffe die Bedingungen für menschliches Leben wie Luft, Wasser, organische Stoffe und andere. Sie spielen bei der Entwicklung eines Landes eine wichtige Rolle. China z.B. verfügt über eine Bodenfläche von über 9,6 Millionen Quadratkilometern und eine Küstenlänge von über 18 000 Kilometern, mehr als 6 500 Inseln eingeschlossen. China ist reich an natürlichen Rohstoffen. Wegen seiner riesigen Bevölkerungszahl beträgt die Menge verfügbarer Rohstoffe pro Kopf in China nur die Hälfte des weltweiten Durchschnitts. Tabelle 1 zeigt die Vorkommen natürlicher Rohstoffe pro Person und die Vergleichsgröße im Weltdurchschnitt. In China stammen 95% der Energie und 80% der in der Industrie verwendeten Rohstoffe aus mineralischen Ressourcen; über $5x10^9$ Tonnen werden in der nationalen Produktion eingesetzt.

**Tabelle 1: Anteil Chinas an den natürlichen Rohstoffen und Stellung im Vergleich zum weltweiten Durchschnitt**

| | Gesamt | pro Person / Weltdurchschnitt | Stellung weltweit |
|---|---|---|---|
| Fläche ($km^2$) | $9{,}60 \times 10^6$ | ⅓ | 3 |
| bebaute Fläche (ha) | $1{,}23 \times 10^8$ | ⅖ | 4 |
| Forstgebiete (ha) | $1{,}25 \times 10^8$ | ⅐ | 5 |
| Wiesen (ha) | $4{,}00 \times 10^8$ | ½ | 2 |
| Süßwasser ($m^3$) | $2{,}81 \times 10^{12}$ | ¼ | 6 |
| Minerale (Arten) | 168 | kleiner ½ | 3 |
| Kohle (Tonnen) | $9{,}72 \times 10^{11}$ | 70% | 3 |
| Rohöl (Tonnen) | – | ⅛ | 16 |
| Erdgas ($m^3$) | $33{,}00 \times 10^{13}$ | ⅒ | 9 |
| Wasserkraft (kW) | $6{,}76 \times 10^8$ | 63% | 1 |

*Mineralvorkommen*

Bis Ende 1995 wurden 168 verschiedene Minerale in China gefunden. Darin enthalten sind 151 sichere Reserven. Bis jetzt werden 132 Lagerstätten ausgebeutet und für industrielle Zwecke genutzt.

China gehört zu den Ländern mit immensen und sehr vielfältigen Rohstoffvorkommen. Die sicheren Reserven Chinas machen etwa 12% der weltweit vorhandenen Rohstoffe aus, womit China in einer »Rangliste« gleich nach den Vereinigten Staaten und Rußland steht, also an dritter Stelle weltweit. Zu den Ressourcen, wo China unter den ersten drei vorkommenstärksten Ländern zu finden ist, gehören vor allem Kohle, Seltene Erden, Erzminerale wie Wolfram, Antimon, Zinn, Titan, Molybdän und Quecksilber und Nichterze wie Graphit, Baryt (Schwerspat), Magnesit, Phosphor oder Fluorit (Flußspat).

*Mineralindustrie*

Auf der Grundlage seiner reichen Vorkommen hat China seit 1949 eine vielseitige Mineralindustrie aufgebaut. So erreichte z.B. 1995 die Gewinnung von festen Rohstoffen landesweit bis zu $5{,}12 \times 10^9$ Tonnen. Unterstützt von der Mineralindustrie konnten sich in China Rohstoffindustrien für Kohle und Koks, Eisen und Stahl, Baustoffe, Chemie und Petrochemie schnell entwickeln. Tabelle 2 gibt die Mengen der Rohstoffgewinnung im Jahre 1996 an. Es ist deutlich zu sehen, daß China bei der Gewinnung der wichtigsten Materialien wie Eisen und Stahl, Nichteisenmetall, Zement, Chemikalien und verwandten Erzeugnissen weltweit in Führung liegt (CSY, 1994, 1995, 1996).

**Tabelle 2: Gewinnung wichtiger Rohstoffe in China 1996**

| Produkt | Produktion 1994 | Rang weltweit |
|---|---|---|
| Kohle (in Tonnen) | $1{,}40x10^9$ | 1 |
| Gußeisen (in Tonnen) | $1{,}07x10^8$ | 1 |
| Stahl (in Tonnen) | $1{,}01x10^8$ | 1 |
| Zement (in Tonnen) | $4{,}90x10^8$ | 1 |
| Glas (in Kisten) | $1{,}61x10^8$ | 1 |
| Nichteisenmetalle (in Tonnen) | $5{,}23x10^6$ | 3 |

Der Export und Import von Mineralprodukten nimmt im chinesischen Außenhandel eine wichtige Stellung ein. Laut Handelsstatistiken betrugen 1994 die Exporteinkünfte aus dem Handel mit Mineralprodukten ca. $1{,}52x10^{10}$ US$. Chinesische Minerale spielen also auch eine wesentliche Rolle in der Entwicklung der Weltwirtschaft.

*Ressourcenknappheit und Umweltverschmutzung*

Obwohl China im Vergleich zu anderen Ländern über reiche Ressourcen verfügt, leidet es relativ gesehen trotzdem an Rohstoffmangel, da der Ressourcenverbrauch deutlich über dem weltweiten Verbrauch liegt (Tabelle 3). Wegen seiner riesigen Bevölkerung – beinahe $1{,}22x10^9$ – beträgt die Menge an mineralischen Rohstoffen pro Kopf nur die Hälfte des Durchschnitts weltweit. Die Kluft zwischen Bevölkerungszahl und verfügbaren Ressourcen wird von Tag zu Tag größer. Die Geschwindigkeit des Wirtschaftswachstums wird in manchen Gegenden in gewissem Ausmaß durch die Erschöpfung der Rohstoffe gebremst. Der *Club of Rome* hat 1974 (Meadows et al. 1972) die Erschöpfung vieler Rohstoffe für die Zeit von 1990 – 2000 vorausgesagt; was die Deckung des chinesischen Bedarfs an Mineralen betrifft, werden die nächsten 30 bis 50 Jahre entscheidend sein. Nur bei ungefähr 20 Mineralen wird das Aufspüren von Neufunden kein Problem darstellen; ansonsten wird die chinesische Industrie unter Verknappung und bei bestimmten Bergbausparten sogar unter ernsthaften Versorgungsengpässen zu leiden haben.

**Tabelle 3: Vergleich des Ressourcenverbrauchs von China und weltweit**

| | Energie | Stahl | Kupfer | Aluminium | Blei | Zink |
|---|---|---|---|---|---|---|
| Durchschnitt weltweit | 1 | 1 | 1 | 1 | 1 | 1 |
| Durchschnitt China | 7,0 | 3,6 | 3,7 | 2,4 | 2,7 | 2,2 |

**Tabelle 4: Energieverbrauch des chinesischen Rohstoffindustrie 1995**

| Industriezweig | Energieverbrauch (in Tonnen Kohle) | Prozentsatz des gesamten industriellen Verbrauchs |
|---|---|---|
| Eisenmetallabbau | $2{,}68 \times 10^6$ | 0,28 % |
| Nichteisenmetallabbau | $5{,}57 \times 10^6$ | 0,58 % |
| Abbau von Nichterzen | $5{,}53 \times 10^6$ | 0,57 % |
| andere Bergbausparten | $3{,}03 \times 10^5$ | 0,03 % |
| Kunstfaserherstellung | $1{,}28 \times 10^7$ | 1,33 % |
| Gummiherstellung | $6{,}44 \times 10^6$ | 0,67 % |
| Kunststofferzeugung | $5{,}42 \times 10^6$ | 0,56 % |
| Nichterzprodukte | $1{,}31 \times 10^8$ | 13,57 % |
| Eisenmetallurgie | 1,85 x 10 | 19,27 % |
| Nichteisenmetallurgie | 2,84 x 10 | 2,95 % |
| Metallprodukte | 9,94 x 10 | 1,03 % |
| Gesamt | 3,93 x 10 | 40,86 % |

Der Energieverbrauch betrug 1995 insgesamt $9{,}619 \times 10^8$ Tonnen Kohle.

Ein hoher Energieverbrauch und geringe Produktionseffizienz stellen die Probleme der Ressourcennutzung dar. Der Ressourcenverbrauch pro Einheit des Bruttosozialprodukts in China ist sehr viel höher als im weltweiten Durchschnitt. Damit liegt also die Ressourceneffizienz der meisten chinesischen Produkte unter dem weltweiten Durchschnittsniveau (Tabelle 4).

Aufgrund relativ rückständiger Technologien und wenig innovativer Unternehmensleitungen liegt der Verbrauch an Energie und Ressourcen in der Rohstoffindustrie in China höher als in den Industriestaaten. So machte der Energieverbrauch der chinesischen Rohstoffindustrie 1995 über 40 % des gesamten industriellen Energieverbrauchs aus, und der Prozentsatz der Metallindustrie erreicht allein schon 20 %.

Hoher Ressourcenverbrauch wirkt sich negativ auf Umwelt und Ökosystem aus (Tabelle 5). In anderen Worten: Die wenig effiziente Gewinnung mineralischer Vorkommen, also Abbau, Ausscheidung, Anreicherung und Aufbereitung, verursacht riesige Mengen Abgase, Abwasser und Abraum, welche zu einer schwerwiegenden Minderung der Umweltqualität führen. Der Prozentanteil der Rohstoffindustrien am gesamten Schadstoffausstoß bewegt sich zwischen minimal 28,8 % und maximal 66,7 %, was noch einmal verdeutlicht, daß Mineralverarbeitung und Rohstoffindustrie in China zu den ressourcen-, energie- und abfallintensivsten Sektoren gehören (SCR, 1996).

**Tabelle 5: Schadstoffausstoß der chinesischen Rohstoffindustrie 1996**

| Industriezweig | Abwasser (in Tonnen) | Abgase (in Kubikmeter) | Abraum (in Tonnen) |
|---|---|---|---|
| Bergbau | $1{,}23 \times 10^{9}$ | $3{,}54 \times 10^{10}$ | $2{,}61 \times 10^{8}$ |
| Kunstfaserherstellung | $5{,}23 \times 10^{8}$ | $2{,}54 \times 10^{10}$ | $2{,}91 \times 10^{6}$ |
| Gummiherstellung | $1{,}10 \times 10^{8}$ | $5{,}35 \times 10^{9}$ | $9{,}10 \times 10^{5}$ |
| Kunststofferzeugung | $3{,}33 \times 10^{7}$ | $1{,}70 \times 10^{9}$ | $2{,}40 \times 10^{5}$ |
| Baumaterial | $4{,}70 \times 10^{8}$ | $1{,}40 \times 10^{11}$ | $9{,}46 \times 10^{6}$ |
| Zement | $2{,}43 \times 10^{8}$ | $1{,}11 \times 10^{11}$ | $3{,}80 \times 10^{6}$ |
| Eisenmetallurgie | $2{,}74 \times 10^{9}$ | $1{,}70 \times 10^{11}$ | $1{,}09 \times 10^{8}$ |
| Nichteisenmetallurgie | $4{,}96 \times 10^{8}$ | $7{,}18 \times 10^{10}$ | $2{,}11 \times 10^{7}$ |
| Metallprodukte | $7{,}11 \times 10^{7}$ | $2{,}02 \times 10^{9}$ | $6{,}90 \times 10^{5}$ |
| Gesamt | $5{,}80 \times 10^{9}$ | $5{,}63 \times 10^{11}$ | $4{,}09 \times 10^{8}$ |
| Prozentanteil am gesamten Schadstoffausstoß in China | 28,18% | 50,58% | 62,10% |

*Ressourcenproduktivität in China*

Angesichts des zunehmenden Drucks durch Bevölkerungswachstum, Abnahme der Umweltgüter, Ressourcen- und Energieverknappung konzentriert sich die chinesische Regierung stark auf Ressourcenproduktivität und Ressourceneffizienz, um eine nachhaltige Entwicklung von Gesellschaft und Wirtschaft zu verwirklichen. Aktive Schritte schließen die Rückführung von Abfällen als Sekundärrohstoffe, die Verringerung des Ressourcenverbrauchs und die Lenkung der wirtschaftlichen Entwicklung in Richtung Ressourcenproduktivität, die Eindämmung der Umweltverschmutzung und Steigerung wirtschaftlicher Wertschöpfung pro Energieeinheit und Rohstoffeinsatz ein.

*Umfassende Nutzung mineralischer Rohstoffe*

Eine der Schlüsselstrategien für die Steigerung der Ressourcenproduktivität ist die umfassende Nutzung der Ressourcen. Von den sicheren Reserven Chinas weisen ungefähr 80% starke Verwachsungen auf. In jüngeren Jahren wurden in China bei der extensiven Nutzung der Paragenese und von Verdrängungserzen große Fortschritte erzielt. So wurden z.B. 79% der Verwachsungen und Verdrängungserze abgeschieden und in der Nichteisenmetallproduktion weiterverwendet. Mehr als 40 Elemente konnten gewonnen werden, die zusammen über 15% der gesamten Nichteisenmetallproduktion ausmachen. Ebenso konnte sich in der metallurgischen Industrie, wo die Nutzungsrate für mineralische Rohstoffe ca. 70% beträgt, eine neue Gewinnungsmethode für Verwachsungen und Verdrängungserze durchsetzen. Besonders Schwefel und Metalle wie Gold, Silber und die Elemente der Platingruppe werden hauptsächlich aus Abraum gewonnen.

Um die umfassende Nutzung der Paragenese weiter zu verbessern, führt die chinesische Regierung verschiedene Maßnahmen durch. Eine Reihe nationaler Gesetze wie das »Umfassende Ressourcennutzungsgesetz«, das »Nutzungsgesetz für Verwachsungen und Verdrängungserze als mineralische Ressource«, das »Umfassende Industrieabfallnutzungsgesetz« und das »Rückführungsgesetz für wiederverwertbare Ressourcen« werden entworfen, um die extensive Aufbereitung und Nutzung einer großen Zahl paragenetischer Minerale und des Abraums zu fördern.

Hinsichtlich der Organisation und Leitung ist eine Reform der Führungspraxis der verschiedenen Bergbausparten im Gange. Mehrere koordinierte Organisationen und umfangreiche Genossenschaften werden von der Regierung eingesetzt, so z.B. die Nationale Geologische Explorationsgenossenschaft, die Nationale Abbau- und Anreicherungsgruppe, die Nationale Metall- und Metallurgievereinigung oder die Nationale Mineralgesellschaft. Auf diese Weise konnten effektive Produktionsmethoden wie umfassende Planung, Normierung, gemeinsamer Abbau und Handel in der Mineralnutzung verwirklicht werden, um die Ressourceneffizienz positiv zu beeinflussen. Gleichzeitig spielen Forschung und Technologie bei der Steigerung der Ressourcenproduktivität eine wichtige Rolle. Neue Methoden und Aufbereitungsmöglichkeiten werden entwickelt und bei der Rohstoffgewinnung eingesetzt, besonders bei Abbau, Ausscheidung und metallurgischer Weiterverarbeitung (Zhang, 1997).

Obwohl mineralische Rohstoffe bereits sinnvoll genutzt werden, reicht das heutige Niveau der chinesischen Ressourceneffizienz noch nicht aus. Insgesamt werden noch zu viele Rohstoffe verschwendet, und der Umfang der Nutzung liegt noch unter dem der Industriestaaten. Im Detail ist der Prozentsatz der Unternehmen, die die Paragenese und Verdrängungserze nutzen, noch nicht sehr hoch. Die Gewinnung der Rohstoffe aus Verwachsungen beläuft sich auf nur 10–20%, liegt also weit niedriger als die 30–40% in Industriestaaten. Bis jetzt gibt es nur wenige Produkte mit hohem wirtschaftlichem Wert. Das Ausmaß der Rückführung sekundärer Rohstoffe ist noch gering. Die meisten mineralischen Produkte sind primäre Rohstoffe, die noch weiterverarbeitet werden müssen. Die Bemühungen um gesteigerte Ressourceneffizienz zeigen bei ihrem heutigen Stand also nur eingeschränkt Wirkung.

*Wiederverwertung und Nutzung von Erzabfällen*

Ein weiteres typisches Merkmal der chinesischen Reserven ist der hohe Prozentanteil minderwertiger, schlecht abscheidender Minerale an den Mineralvorkommen. Für Eisenerz finden sich zu 47,6% Lagerstätten mit armen Erzen, darunter ein Drittel schwer anzureichernder feinschuppiger Hämatit und ein weiteres Drittel Paragenese verschiedener Metalle. Höchst komplexe Verarbeitungsmethoden sind für die Ausscheidung der minderwertigen Erze nötig. Hohe Gewinnungsraten lassen sich kaum erzielen.

Die umfassende Nutzung von Abraum und Erzabfällen ist für die mineralischen Ressourcen Chinas von großer Bedeutung. In diesem Bereich muß noch viel getan werden. Die Rückführungsrate für Abfälle von Nichteisenmetallen beträgt ca. 27,7%, bei Eisen und Stahl ca. 42,0%. In den entwickelten Industriestaaten hingegen werden Raten von 35,2% und 60% bis 70% respektive erreicht. Bei der Schwefelsäureproduktion liegt die durchschnittliche Wiedergewinnungsrate für schwefelreiche Lagerstätten bei nur 65%. Kaolinit, schwefelhaltiges Eisenerz, Dehnungserden und andere wertvolle Minerale werden bei dem mit Kohle zusammenhängenden Bergbau nicht umfassend genutzt. Die Erzeugung von taubem Gestein beim Kohlebergbau beläuft sich auf beinahe 1,5 bis $1{,}8 \times 10^8$ Tonnen im Jahr und könnte auf $3{,}3 \times 10^8$ Tonnen im Jahr 2000 anwachsen. Bis 1995 produzierte der Bergbau in China insgesamt $5{,}38 \times 10^9$ Tonnen Erzabfälle jährlich; im Jahr 2000 dürften $6{,}0 \times 10^9$ Tonnen anfallen. Zur Zeit liegt die Nutzungsrate der Abfälle unter 10%. Um einen Beitrag zur Ressourcenproduktivität und zum Umweltschutz zu leisten, fördert eines der Ziele der chinesischen Regierung eine effektive Entwicklung und Nutzung der wiedergewonnenen Rohstoffe und Abfälle. Der Einsatz sekundärer Rohstoffe und die Rückführung von Abfällen soll in den nächsten zehn bis 15 Jahren um zehn bis 20% gesteigert werden.

*Fazit*

Bevölkerung, Ressourcen und Umwelt sind weltweit aktuelle Themen. Ressourcenschonung, besonders der primären mineralischen Rohstoffe, nimmt heute eine Schlüsselposition ein. Das Bevölkerungswachstum und die wirtschaftliche Entwicklung steigern unweigerlich den Rohstoffbedarf. Die ineffiziente Nutzung der Rohstoffe aber verursacht ernste Umweltschäden. Daher hat die chinesische Regierung den Weg der nachhaltigen Entwicklung statt den des hohen Ressourcenverbrauchs und des nur quantitativen industriellen Wachstums gewählt. Mit dem Ziel, die globale Umwelt und das Ökosystem zu schützen und den Ressourcenverbrauch zu reduzieren, will China eine hohe wirtschaftliche Produktionsrate pro eingesetzter Einheit erreichen und strebt eine ganzheitliche Entwicklung an, die Ressourcen, Umwelt, Wirtschaft und Gesellschaft mit einbezieht.

Angesichts des doppelten Drucks durch eine schnelle wirtschaftliche Entwicklung einerseits und das Bevölkerungswachstum andererseits ist China nicht eigentlich ein rohstoffreiches Land. Um eine ausreichende Versorgung der Industrieproduktion mit mineralischen Ressourcen gewährleisten zu können, müssen verschiedene wirksame Maßnahmen wie die Einführung von Gesetzen und Richtlinien, die Entwicklung neuer Technologien, die erweiterte Nutzung der Lagerstätten, Energie- und Ressourceneinsparungen durchgesetzt werden. Mit der Verringerung des Energieverbrauchs pro BIP-Einheit und der Verbesserung der Ressourcenproduktivität gehen wir diese Probleme energisch an. Die Worte eines der führenden Köpfe der chinesischen Regierung sollen diesen Vortrag abschließen: »Wir müssen effektiv unsere Ressourcen schonen und praktisch die Umwelt schützen, die Verschwendung von Ressourcen vermeiden und nicht erst verschmutzen, um die Verschmutzung dann einzudämmen. Wir dürfen uns nicht nur um aktuelle Entwicklungen kümmern, sondern müssen auch an die Zukunft denken. Es geht einfach nicht an, die Früchte der Vorfahren so unklug zu ernten, daß wir dadurch die Ernten unserer Nachkommen zerstören.«

## Literatur

Meadows, D., et al. (1972): Die Grenzen des Wachstums, Stuttgart.
Chinese Statistics Yearbook (1994, 1995, 1996), Beijing, China.
State Council Report (1996): Environmental Protection in China.
Tieyong Zuo (1996): Proc. IUPAC CHERAWN IX, Seoul, Korea, p. 71.
Wule Zhang (1997): Proc. Strategy Forum on Comprehensive Utilization of Chinese Resources, Beijing, China, S. 1.

Andrzej Kassenberg

# Faktor Vier in Mittel- und Osteuropa: Fallbeispiel Polen

*Einleitung: Umweltschutz und Politik*

Seit den 1970er und 80er Jahren machten unabhängige Experten und einige Umweltgruppen wie z.B. der *Polski Klub Ekologiczny* (Ökologischer Club Polens) auf die in Polen heranwachsende Umweltkrise aufmerksam. Ihr Hinweis war deutlich genug, um sowohl die Opposition wie auch die kommunistische Regierung dazu zu bewegen, auch Umweltfragen in ihrem Machtkampf einzusetzen. Erstere erläuterte, daß es die Kommunisten seien, die das Land vergifteten, die natürlichen Ressourcen verschwendeten und die Umwelt zerstörten. Die Kommunisten wiederum betonten ihre ökologischen Erfolge, so z.B. die Vielzahl neu eingerichteter Nationalparks, Naturschutzgebiete und Landschaftsparks und neu unterschriebener internationaler Erklärungen und Übereinkommen. Umweltschutz war daher eines von elf Themen, die während der Gespräche am Runden Tisch[4] diskutiert wurden, am sogenannten ökologischen Nebentisch. Der hohe politische Stellenwert des Umweltschutzes brachte den Nationalen Umweltplan hervor, der 1991 vom polnischen Parlament *Sejm* verabschiedet wurde. Dieser Plan war fest in der Philosophie der nachhaltigen Entwicklung verankert. Allerdings stellte er mehr einen Ausdruck politischen Willens als ein Aktionsprogramm dar.

Die Radikalität des Umbruchs, die Wirtschaftskrise und der schnelle Rückgang der Lebensqualität lenkten Politiker wie Öffentlichkeit nur zu bald von der politischen Gewichtigkeit des Umweltschutzes ab. Keine der größeren Parteien noch ihre Vertreter setzten für eine der Wahlen zwischen 1991 und 1995 Umweltschutz auf ihr Programm. Das Thema war einfach kein Stimmenfang mehr. Angesichts dieser besorgniserregenden Entwicklung entschlossen sich einige führende Umweltschützer, bei den Parlamentswahlen 1997 gemeinsam eine einzige Partei zu unterstützen, die Freiheitsunion, um so eine politische Vertretung zu bekommen. Das erwünschte Ergebnis blieb jedoch aus.

Der politische Stellenwert von Umweltschutz wird voraussichtlich wieder zunehmen, je weiter die Gespräche über den Beitritt zur EU fortschreiten. Trotzdem ist nicht sicher, ob der Beitritt im Umweltbereich mehr nach sich ziehen wird als die bloße Anpassung unserer Gesetzgebung an die der EU, ob weitere Perspektiven auf die ökologische Bedeutung von Landwirtschafts-, Verkehrs-, Energie- und Freihandelspolitiken geöffnet werden.

*Wachgeküßt*

Paradoxerweise sehnte sich das totalitäre Regierungssystem nach westlicher Lebensqualität, und das gilt für die Führungselite ebenso wie für die Massen. Wie aus einem Dornröschenschlaf erwachte eine Konsumgesellschaft, die nur so darauf brannte, Besitz anzuhäufen. Der Umbruch trat hier trügerisch als erlösender Prinz auf. Binnen kürzester Zeit hatten sich die Geschäfte mit Waren gefüllt, und die einzige Herausforderung lag darin, genug Geld zu verdienen, um alle wirklichen oder eingebildeten Bedürfnisse zu erfüllen.

Eine wichtige Rolle spielen hier die westlichen Länder, denen sich plötzlich ein neuer und unglaublich großer Markt öffnete. Insgesamt leben 350 Millionen Menschen in Mittel- und Osteuropa inklusive ehemalige Sowjetunion. Zählt man hier noch 1,3 Milliarden Chinesen hinzu, tut sich ein wahres El Dorado auf. Tatsächlich haben westliche Volkswirtschaften Absatzmärkte für ihre eigenen, oft umweltschädlichen Produkte entwickelt, indem sie Staaten im Umbruch diverse Hilfsprogramme anboten – so auch den ehemals kommunistischen Ländern. Diese Strategie führt zu einer Art Konsumfieber, das besonders deswegen gefährlich ist, weil die aktuellen Preise externe Kosten ignorieren, die zukünftige Generationen zu tragen haben werden. Aggressive Werbung ermutigt zu hohem Verbrauch, wobei ausgerechnet Bilder der intakten Natur eingesetzt werden, die die beworbenen Produkte zerstören. Zusammenfassend läßt sich also feststellen, daß wir bisher an einer Gesellschaft gebaut haben, die sich stark an wirtschaftlichen und sehr viel weniger an menschlichen Werten orientiert.

*Anfangserfolge und Rückschläge*

Die frühen 1990er Jahre waren von einer schweren Wirtschaftskrise gekennzeichnet, von der Durchsetzung freier Marktmechanismen und einer guten Entwicklung und Finanzierung umweltschonender – vor allem *end-of-pipe* – Maßnahmen. Infolgedessen nahmen umweltschädigende Faktoren deutlich ab.

| Faktoren | 1990 | 1996 | Abnahme in % |
|---|---|---|---|
| $SO_2$-Emissionen(Mio. t) | 3,2 | 2,3 | 28 |
| $NO_x$-Emissionen (Mio. t) | 1,3 | 1,2 | 8 |
| $CO_2$-Emissionen (Mio. t) | 407 | 355[5)] | 17 |
| Partikelemissionen (Mio. t) | 2,0 | 1,2 | 40 |
| Abwasserausstoß (Mrd. $m^3$) | 4,1 | 2,9 | 29 |
| nicht aufbereitete Abwässer (Mrd. $m^3$) | 1,3 | 0,6 | 54 |
| Industriemüll (Mio. t) | 144 | 124 | 14 |
| Industriemüll auf Deponien (Mio. t) | 67 | 55 | 18 |

Quelle: Umwelt 1997, Zentralamt für Statistik, Warschau.

- Trotz dieser unbestreitbar beeindruckenden Umweltdaten lassen sich insgesamt keine bedeutenden Verbesserungen erkennen. Die enormen Anstrengungen, die über sieben Jahre in den Bau von beinahe 2500 Kläranlagen[6] gesteckt wurden, haben keine spürbare Wirkung gezeigt. Die Wasserqualität polnischer Flüsse und Seen ist nach wie vor katastrophal, und den Wäldern geht es nicht besser. Besorgniserregend ist auch die Lage in den Städten, wo der rasant gewachsene Individualverkehr heute dieselbe Schadstofflast erzeugt, die vormals die Industrie verursachte. Die erreichte Abnahme umweltschädigender Faktoren ist nicht so bedeutend, daß auf ihrer Grundlage behauptet werden könnte, Polen gehöre nicht mehr zu den Ländern mit der höchsten Luftverschmutzung. 1995 übertrafen die Vereinigten Staaten, Kanada und Deutschland als einzige OECD-Mitgliedsstaaten den $SO_2$-Ausstoß von Polen. Dabei liegt der $SO_2$-Ausstoß pro Tausend Dollar Bruttoinlandsprodukt bei uns sechsmal höher als im OECD-Durchschnitt.[7] Eine Erneuerung der Anstrengungen um die Verbesserung der Umweltqualität stellt eine große Herausforderung dar: Eingeschränkte Möglichkeiten und der Mangel an öffentlicher und politischer Unterstützung für eine umfangreiche und umfassende Neustrukturierung der Wirtschaft in Richtung auf Nachhaltigkeit werden diesen Vorgang erheblich behindern.

*Polen am Scheideweg: Der übliche Holzweg oder Nachhaltigkeit?*

Die frühen Jahre des Umbruchs wurden von einer Wirtschaftskrise geschüttelt, die dank der Behandlung per »Schocktherapie« nicht lange anhielt. Tatsächlich setzte die Konjunktur bereits 1992 ein und erreicht in jüngerer Zeit eine Wachstumsrate von 7% im Jahr, womit Polen europaweit in Führung liegt. Das Wachstum des Volkseinkommens ging Hand in Hand mit einer gesteigerten industriellen Produktion von über 10% im Jahr. Die fortschreitende Privatisierung und die Entstehung kleiner und mittelständischer Betriebe haben die Bedeutung der Privatwirtschaft merklich gestärkt; sie schafft heute Stellen für 60% der arbeitenden Bevölkerung. Eine wichtige Veränderung bestand in der Einführung des freien Marktes, der verlangt, daß verarbeitende und Dienstleistungsunternehmen ihre realen Ausgaben kalkulieren und alle erdenklichen Sparmöglichkeiten ausschöpfen. Exportziele wurden überprüft. Nach dem Zusammenbruch der Märkte im Osten mußten sich die Unternehmen dem harten Wettkampf im Westen aussetzen, aus dem sie häufig als Sieger hervorgehen konnten. Rezession, Marktmechanismen, Überlebenskampf auf dem westlichen Markt und in geringem Ausmaß auch Privatisierung sind die wesentlichen Gründe für den Rückgang des Verbrauchs der natürlichen Ressourcen und die Reduktion des Schadstoffausstoßes pro Produktions- oder Dienstleistungseinheit. So stieg z.B. der primäre Energieverbrauch zwischen 1990 und 1996 um 8%, die Stromerzeugung zwischen 1993 und 1996 um 7% an, das heißt die

Zunahme entsprach der des Bruttoinlandsprodukts im Jahr 1995 allein. Gleichzeitig ging der Umfang der Emissionen verschiedener Schadstoffe um 20% bis 40% zurück (vgl. Tabelle 1, S. 143). Der Wasserverbrauch ist heute doppelt so effizient wie in den frühen Jahren des Umbruchs, aber noch immer dreimal so hoch wie in Deutschland.[8]

Dieses relativ gute umweltpolitische Führungszeugnis stellt für die Zukunft neue Herausforderungen. Wir befinden uns heute in derselben Lage, in der die Industriestaaten 1960 waren. Sollen wir den üblichen Weg des Wachstums mit einem eingeschränkten Blickwinkel auf Schadstoffminimierung einschlagen, ohne die begrenzten natürlichen Ressourcen und die eingeschränkte Belastbarkeit der Umwelt zu berücksichtigen? Oder folgen wir lieber dem Zeichen »Faktor Vier« und kümmern uns ernsthaft um die Umstrukturierung der Wirtschaft in Richtung Nachhaltigkeit, während wir die eigenen und weltweit erstrebenswerten Umweltauflagen erfüllen? Wir befinden uns am Scheideweg.

Der eine Weg wird zunächst zu etwas ökologischem Gewinn führen, aber mit steigendem konventionellem Wachstum und Konsum werden auch Umweltverschmutzung und Ausbeutung der natürlichen Ressourcen rapide zunehmen. Einige Prognosen[9] gehen davon aus, daß

1. der Umfang der $SO_2$-Emissionen 2010 auch bei Weiterführung heute eingesetzter Kontrollmaßnahmen drei Millionen Tonnen im Jahr betragen wird, also 23% mehr. Der Nationale Umweltplan verlangt die Senkung der Emissionen unter zwei Millionen Tonnen; aus der Zustimmung zum 2. Schwefelprotokoll ergibt sich die Verpflichtung, den Ausstoß auf weniger als 1,4 Millionen Tonnen zu senken;
2. der Umfang der $NO_2$-Emissionen 2010 bei zwei Millionen Tonnen im Jahr liegen wird, also über 40% mehr als heute. Der Nationale Umweltplan verlangt die Senkung der Emissionen unter 0,3 Millionen Tonnen;
3. der Umfang der $CO_2$-Emissionen 2010 bis zu 450 Millionen Tonnen im Jahr erreicht, also 28% mehr als heute – die AOSIS-Staaten schlagen 325 Millionen Tonnen vor.

Betrachten wir als Beispiel den Verkehrssektor genauer, können wir uns am »Verkehrsplan« orientieren, den die Regierung in Auftrag gegeben und als Handlungsvorgabe verabschiedet hat. Der Plan geht von einer Verdopplung der Anzahl von PKW innerhalb der nächsten 20 Jahre und der Verdrängung des Güterverkehrs auf dem Gleis durch die Straße aus. Eine größere Rolle des öffentlichen Nah- und Fernverkehrs wird nicht angenommen, und Fahrrad oder Füße werden nicht als Verkehrsmittel betrachtet. Autobahnen werden ebenso wie die Intercity-Verbindungen der Bahn eine beherrschende Rolle in der Entwicklung der Verkehrswege spielen, während die Bedeutung regionaler Verbindungen und Transportwege weiter zurückgeschraubt werden soll. Wir müssen uns vor

Augen halten, daß die Durchführung eines solchen Plans vor allem folgendes bewirken würde:

- Eine neunfache Überschreitung der ökologisch kritischen Grenze für Stickoxide, also fünfmal mehr, als in dem vom Parlament im Mai 1995 verabschiedeten Nationalen Umweltplan vorgesehen, was eine grobe Mißachtung des Parlaments durch die Regierung darstellt.
- Eine fast vierfache Überschreitung der für eine nachhaltige Entwicklung kritischen Grenze für Kohlendioxid, so daß Polen unfähig sein wird, die gegenwärtig sich entwickelnden internationalen Standards zu erfüllen.
- Ungefähr 2,5fache Überschreitung des aus nachhaltiger Sicht tragbaren Energieverbrauchs im Verkehrssektor.
- Wesentliche Ausweitung der von Verkehrswegen in Anspruch genommenen Flächen, da PKW zehnmal soviel Infrastruktur benötigen wie der öffentliche Personenverkehr.

Die Ausführung dieses Verkehrsplans wird zerstörerisch auf Artenvielfalt und öffentliche Gesundheit besonders in städtischen Gebieten wirken; sie steht der staatlichen Umweltpolitik diametral entgegen, die darauf abzielt, geschützte Flächen auszuweiten, ökologische Nischen in ihrer Bedeutung anzuerkennen, die Artenvielfalt zu erhalten, Gesundheitsrisiken vorzubeugen und das Wohlergehen der Bevölkerung zu gewährleisten.

Polen könnte also den gegenwärtigen Stand der Industriestaaten in 20 bis 30 Jahren erreichen. Sollen wir uns erst dann Gedanken darüber machen, ob unsere Entwicklung nicht nachhaltiger hätte gestaltet werden können? Das hieße viel Zeit verlieren und wesentlich höhere Umstrukturierungskosten auf sich nehmen. Als Mitglied der OECD und zukünftiges Mitglied der EU ist Polen bereits Teil des »Nordens« und muß entsprechend lernen, Verantwortung für den Erhalt des Lebens auf der Erde und für den Abbau von Spannungen zwischen Norden und Süden zu tragen.

Der andere Weg – der Weg der Nachhaltigkeit – führt in Richtung

- hohe Ressourcen- und Produktionseffizienz, die nicht nur den Verbrauch natürlicher Rohstoffe zurückschrauben, sondern auch den Schadstoffausstoß und die Produktionskosten senken wird;
- leichtere ökologische Rucksäcke;
- Orientierung an der Zufriedenheit der Kunden mit dem gekauften Produkt, nicht nur an der Verkaufszahlen;
- Förderung nachhaltiger Verhaltensweisen.

Diese vier Punkte sind die Schlüsselelemente des Faktor-Vier-Konzepts, das vom Wuppertal Institut mit Ernst U. von Weizsäcker ausgearbeitet wurde (von Weizsäcker; Lovins; Lovins, 1997/ Schmidt-Bleek 1994/ ZD, 1995).

*Nachhaltigkeit: Energie und Verkehr*

Eine genaue Betrachtung der Möglichkeiten, Nachhaltigkeit in Polen zum Durchbruch zu verhelfen, muß sich vor allem auf die Bereiche Energie und Verkehr konzentrieren.

Für Energieeffizienz besteht in Polen ein hohes Potential: eine vom Endverbraucher eingesparte Kilowattstunde erzeugt letztlich eine Gesamteinsparung von fünf Kilowattstunden. Folgende Möglichkeiten bieten sich in diesem Bereich:[10]

- Die Einführung flexiblerer Heizsysteme und Ermutigung angemessenen Verbraucherverhaltens kann den Heizenergiebedarf um 20 bis 40 % senken.
- Die umfassende Isolierung von Gebäuden und Rückgewinnung der Energie aus verbrauchter Luft für die Erwärmung zugeführter Frischluft senken den Energiebedarf pro Quadratmeter auf ein Zehntel des gegenwärtigen Werts.
- Funktionelle Beleuchtung, die wirklich nur dort Licht hinwirft, wo es auch gebraucht wird, kann 30 bis 40 % der derzeit für Beleuchtung verwendeten Energie einsparen.
- Der verringerte Energiebedarf für Beleuchtung mittels moderner Beleuchtungstechnik wird auf 70–80 % geschätzt.
- Verluste durch defekte oder ineffiziente Rohrleitungen für Erdgas lassen sich um ein bis drei Prozent reduzieren, durch ineffiziente Stromleitungen um zwei bis vier Prozent und um fünf bis zehn Prozent im Heizsystem.
- Die Einführung einer neuen Generation von Umspannstationen kann die Effizienz der Energieversorgung um 25–30 % steigern.

Die Durchführung effizienzsteigernder Maßnahmen könnte dazu beitragen, die Energieeffizienz im Verhältnis zum BIP um das Sechs- bis Achtfache zu steigern. Noch liegt das Effizienzniveau Polens mindestens zwei- bis viermal niedriger als das der Industriestaaten.

Das Institut für nachhaltige Entwicklung setzt sich seit 1995 für eine alternative, auf nachhaltige Kriterien gestützte Verkehrspolitik für Polen ein.[11] Folgende vier mögliche Verkehrspläne stehen sich gegenüber:

1. Das Regierungsprogramm: Bau von ca. 2600 km Autobahn, Schließung unrentabler Eisenbahnstrecken, freie Fahrt für PKW in den Städten, wenig attraktiver öffentlicher Nahverkehr, keine Berücksichtigung von Radfahrern und Fußgängern.
2. Das modifizierte Regierungsprogramm: ähnlich 1., aber mit begrenztem Bau von Autobahnen, einigen Einschränkungen für Autofahrer in Stadtzentren und attraktiveren Angeboten im öffentlichen Nahverkehr.
3. Das Umweltprogramm: Aufgabe des Autobahnprojekts, Förderung des Schienenverkehrs, starke Einschränkung des Autoverkehrs in Stadtzentren

und Ausbau des öffentlichen Nahverkehrs, Berücksichtigung von Fahrradfahrern und Fußgängern.

4. Das nachhaltige Programm: Aufgabe des Autobahnprojekts, nachdrückliche Förderung des Schienenverkehrs, starke Einschränkungen für PKW im Stadtverkehr zugunsten des öffentlichen Nahverkehrs, Ausbau der Verkehrswege für Fahrradfahrer und Fußgänger.

Diese Programme stellen jeweils einen möglichen Zustand des polnischen Verkehrswesens im Jahre 2010 dar, wobei die gegenwärtige Lage als Grundlage der Bewertung dient. Die verschiedenen Programme wurden ausgewertet und hinsichtlich folgender Kostenfaktoren verglichen: Kapitaleinsatz, Wartung, Energieverbrauch, Zeitfaktor (z.B. Dauer einer Bahnfahrt), indirekte wirtschaftliche Auswirkungen und Veränderung der Landschaft, Auswirkung auf Mobilität und Wahl des Fortbewegungsmittels. Wichtigster Faktor ist jedoch der Einfluß auf die Umwelt. Das nachhaltige Programm schnitt bei diesem Vergleich am besten ab: Der Transportaufwand wäre hier z.B. um 45–50 % geringer als beim Regierungsprogramm, der Verkehr insgesamt wäre billiger und die Auswirkungen auf die Umwelt minimal.

Allerdings ist das nachhaltige Programm gegenwärtig politisch nicht durchzusetzen, da es die Aufgabe des Autobahnprojekts voraussetzt und die Vorteile des Autobesitzes in der Stadt stark einschränkt. Es steht nicht nur den Motorisierungswünschen eines Großteils unserer Bevölkerung im Weg, sondern verlangt auch hohe Investitionen in den Ausbau des Schienennetzes. Die Programme 3 und 4 erscheinen geradezu unrealistisch angesichts der neu entdeckten Vorliebe der Polen für Autokauf und Individualverkehr. Nachhaltigkeit läßt sich eben nicht von heute auf morgen verwirklichen; nachhaltige Entwicklung beruht auf einem Bewußtseinswandel in Gesellschaft und Politik und den sich daraus ergebenden neuen Lebensstilen und Haltungen, die sich unter Umständen erst bei der nächsten Generation einstellen.

*Nachhaltigkeit: Steine auf dem Weg*

Der Durchsetzung von Nachhaltigkeit in Polen stehen grundsätzlich drei Hindernisse im Weg: eine Bewußtseinssperre, politische Hindernisse und eine technische Barriere.[12]

Seit nun beinahe 45 Jahren träumt die Bevölkerung Polens vom süßen Leben, wie es die Menschen der westlichen Welt leben. Der ständige Mangel an Waren und Dienstleistungen, die mindere Qualität der erhältlichen Güter verschärften das Gefühl der Frustration, und so wuchs eine potentiell stark verbrauchsorientierte Gesellschaft heran. Die Mehrheit der Bevölkerung betrachtet Umweltverschmutzung mehr unter politischen denn ökologischen Gesichtspunkten. Die öffentliche Meinung lautete, daß die Kommunisten die Umwelt leichtsinnig und ohne einen Gedanken an die Folgen vergifteten, drückte damit aber eher den Widerstand gegen die Staatsmacht aus als ein Umweltbewußtsein. Der 1989 in Polen einsetzende Umbruch brachte mit der Marktwirtschaft grundlegende Änderungen. Scheinbar aus dem Nichts fand sich ein Überfluß an Waren und Dienstleistungen ein; jetzt galt es nur noch, genug Geld verdienen, um sie auch besitzen zu können. Die Konsumgesellschaft gilt als erstrebenswertes Vorbild. Das Bewußtsein um die mit übersteigertem Konsum verbundenen Umweltrisiken ist sehr wenig ausgeprägt. Um diese Bewußtseinssperre zu durchbrechen, bedarf es intensiver Bildungsmaßnahmen, besonders für die jüngere Generation.

Das wesentliche politische Hindernis ist ein Nebenprodukt des mangelnden Umweltbewußtseins. In Polen gibt es keine entschlossene grüne Interessengruppe, die nachhaltige Ideen verbreitet. Die Mehrheit der Parteien sieht keine Notwendigkeit, in ihre Wahlprogramme mehr ökologische Inhalte als die üblichen Schlagworte zum Wert einer sauberen Umwelt aufzunehmen. Darin spiegelt sich eine pragmatische Haltung: Eine an ökologischen Fragen interessierte Wählerschaft ist einfach nicht auszumachen. Obwohl die Zahl der ökologischen Nichtregierungsorganisationen merklich angestiegen ist und diese ihr Wirkungsfeld erheblich erweitert haben, ist es ihnen bisher nicht gelungen, eine grüne Front mit entstehenden umweltfreundlichen Betrieben, interessierten Parlamentsabgeordneten oder der Umweltbehörde zu bilden. Infolgedessen wird trotz seiner Verabschiedung durch den *Sejm* im Mai 1991 der Nationale Umweltplan, was z.B. Verkehr, Industrie und Landwirtschaft angeht, nur sehr begrenzt umgesetzt. Selbst das Dokument »Strategie für Polen« wurde seiner nachhaltigen Inhalte beraubt; es befürwortet in seiner jetzigen Fassung eine konventionelle Wachstumspolitik. Diese Haltung spiegelt sich auch in den Beziehungen zur Europäischen Union und anderen westlichen Ländern: Die Durchsetzung einer nachhaltigen Entwicklung gehört nicht zu den Voraussetzungen zum EU-Beitritt.

Als mit der Einführung der freien Marktwirtschaft in Polen begonnen wurde, verfügte unsere Volkswirtschaft über eine vorwiegend altmodische und äußerst ineffiziente technische Ausstattung. Man begegnete auf Schritt und Tritt Verschwendung und Ineffizienz. Ein grundlegender Wandel hat in kleinen und mittelständischen Betrieben stattgefunden. Zahlreiche Privatbetriebe entstanden, die sich in Übereinstimmung mit den Regeln des Marktes einer effizienteren Nutzung der vorhandenen Ressourcen zuwandten. Andere Betriebe gingen pleite. Eine Vielzahl der typischen staatlichen Dinosaurier überlebt noch, doch diese Konzerne verdanken ihre Existenz zumeist diversen staatlichen Subventionen. Sie verbrauchen Unmengen natürlicher Rohstoffe und emittieren ebenso große Mengen an Schadstoffen. Aufgrund der Macht der Gewerkschaften stellen solche Werke ein ernstes politisches Problem dar: Polens Kapitalmarkt ist noch nicht imstande, derart umfangreiche Umstrukturierungen zu finanzieren. In jüngerer Zeit zeichnet sich zwar mit der steigenden Konjunktur auch eine zunehmende Investitionstätigkeit ab, aber diese konzentriert sich vor allem auf konventionelle Ansätze, die, wenn sie auch jenen der kommunistischen Ära vorzuziehen sind, immer noch zu große ökologische Rucksäcke mit sich herumtragen. Hinsichtlich seiner Strukturen, des Kapitals und der personellen Ausstattung ist Polen noch nicht bereit, die im Westen als umweltfreundlich betrachteten Ansätze zu verwirklichen. Das noch zur Ära der Kommunisten ausgebildete technische Personal verfügt nicht über die visionäre Kraft, revolutionäre Ansätze zu verfolgen. Spürbare Erfolge bei der Verringerung der Schadstoffbelastung wurden zwar erzielt, aber von einem bewußten Einsatz von Instrumenten läßt sich kaum sprechen, da sie vor allem auf der Wirtschaftskrise und der Einführung von Marktmechanismen beruhen und nur in geringem Maße auf die Tätigkeit der Umweltbehörden zurückzuführen sind. Polen sieht sich heute durch neue Probleme bedroht, die mit der massenhaften Motorisierung und dem Hausmüllberg zusammenhängen.

*Fazit*

Wir laufen Gefahr, eine einzigartige Gelegenheit ungenutzt verstreichen zu lassen: die Möglichkeit, in einer Situation der wirtschaftlichen Unterentwicklung nachhaltige Lösungsansätze in unser Wirtschaftssystem einzubauen, ohne die Erfahrungen und Fehler des Westens wiederholen zu müssen.

Um die Gelegenheit zu ergreifen, müssen wir

1. einen Bewußtseinswandel besonders bei der jüngeren Generation herbeiführen – »grüne« Verbraucher heranziehen;
2. eine breite Basis für eine starke grüne Interessenvertretung gewinnen, indem wir uns über alle Unterschiede hinweg auf unser gemeinsames Interesse berufen – den politischen Stellenwert von nachhaltiger Entwicklung verbessern;
3. marktwirtschaftliche Instrumente einsetzen, die Nachhaltigkeit und Dematerialisierung von Wirtschaft und Verbrauch fördern – ökologische Steuerreform, grüner Arbeitsmarkt, ökologische Konzernidentität, grüne Fonds, Umweltversicherungen, Öko-Audits.

## Literatur

BUND; Misereor (1996): Zukunftsfähiges Deutschland (ZD), Ein Beitrag zu einer global nachhaltigen Entwicklung. Studie des Wuppertal Instituts für Klima, Umwelt, Energie, Birkhäuser Verlag: Berlin, Basel, Boston.

Schmidt-Bleek, Friedrich (1994): Wieviel Umwelt braucht der Mensch? MIPS – Das Maß für ökologisches Wirtschaften; Birkhäuser Verlag: Berlin, Basel, Boston.

von Weizsäcker, Ernst U.; Lovins, Amory B.; Lovins, L. Hunter (1997): Faktor Vier – Doppelter Wohlstand – halbierter Ressourcenverbrauch. Der neue Bericht an den Club of Rome, Taschenbuchausgabe, Droemer Knaur: München.

Peter Hennicke

# Energieeffizienz als Brücke für weltweite Zukunftsfähigkeit

*Einleitung*

Ein zukunftsfähiges und klimaverträgliches Weltenergiesystem ist ein Globalziel mit noch vielen unscharfen Konturen. Viele Fragen der inter- und intragenerationellen Gerechtigkeit sowie der Verbindung von technischer Effizienz und neuen Wohlstandsmodellen (Suffizienz) sind ungelöst. Die Bewertung von Kernenergie- oder Klimarisiken ist teilweise umstritten. Übereinstimmung dürfte dennoch darin bestehen, daß die mit nuklearen und fossilen Energieträgern verbundenen potentiellen Megarisiken vorsorgend vermieden werden sollten, wenn und insoweit dies technisch und wirtschaftlich möglich ist. Trotz Zukunftsungewißheit und verbleibender Unsicherheiten lassen sich daher die zukünftigen Herausforderungen in zwei grundlegenden Statements zusammenfassen: Erstens ist die Fortschreibung heute vorherrschender Trends und einer Energiepolitik des »Business-as-usual« in jedem Fall nicht zukunftsfähig. Zweitens ist eine vorsorgende weltweite Klimaschutzpolitik nur eine notwendige Voraussetzung für Zukunftsfähigkeit, in sozialer und ökonomischer Hinsicht aber noch nicht hinreichend. Die Wahrnehmung der industriepolitischen Chancen und die Überwindung der Hemmnisse gegenüber einer aktiven Klimaschutzpolitik bilden quasi die Teststrecke und erste Etappe, um dem weiterreichenden und langfristigen Ziel der Zukunftsfähigkeit näher zu kommen. Auf dem Hintergrund der globalen Nord-Süd-Problematik lassen sich hieraus die folgenden Eckpunkte für die Weltenergiepolitik ableiten:

- Industrieländer (IL) müssen den nicht erneuerbaren Energieeinsatz langfristig absolut senken, d.h. pro Kopf mindestens halbieren; die $CO_2$-Emissionen müssen im nächsten Jahrhundert in den IL um bis zu 80% und weltweit um etwa 50% reduziert werden;
- Entwicklungsländer (EL) müssen den Zuwachs des Energieverbrauchs und der $CO_2$-Emissionen erheblich dämpfen; gleichzeitig muß der Lebensstandard in den EL weit schneller als heute, aber erheblich weniger ressourcenintensiv als in der Industrialisierungsphase der IL wachsen.

Die technologische Umsetzung dieser Eckpunkte in Weltenergieszenarien zeigt: Ein Übergang zu mehr Zukunftsfähigkeit und Risikominimierung kann stattfinden, wenn – bei stagnierendem oder nur noch gering steigendem Primärenergieeinsatz – weltweit das Niveau an Energiedienstleistungen (EDL) erheblich wächst, nukleare und fossile Risikomärkte gleichzeitig strategisch schrumpfen und die Markteinführung der rationellen Energienutzung (REN), der Kraft-Wärme/Kälte-Kopplung (KW/KK) sowie der regenerativen Energien (REG) forciert wird. Ein rasch wachsendes Niveau an Energiedienstleistungen kann und muß dabei mit erheblich weniger nichterneuerbaren und weit mehr erneuerbaren Energien bereitgestellt werden. Mit anderen Worten: Die Energie- und Ressourcenproduktivität muß dramatisch gesteigert werden. Weltenergieszenarien zeigen, daß ein weltweiter Abbau von Risiken und ein zukunftsfähiges Energiesystem technisch möglich sind.

*Die Szenarien des World Energy Council*

Auf der Konferenz in Tokio, 1995, beschäftigte sich der *World Energy Council* (WEC) erstmalig mit der Frage, ob eine risikominimierende Langfriststrategie bis 2050 bzw. 2100 möglich ist (WEC/IIASA, 1995). Die Ergebnisse des sogenannten C1-Szenarios waren sensationell: Im 21. Jahrhundert können anspruchsvolle Ziele einer Klimaschutzpolitik ($CO_2$-Reduktion um 50%) erreicht und gleichzeitig weltweit der Ausstieg aus der Atomenergie verwirklicht werden. Allerdings wird die notwendige $CO_2$-Reduktion um 50% erst gegen Ende des 21. Jahrhunderts erreicht. Weiterhin ist nicht plausibel, daß die Atomenergie – ausgerechnet in Entwicklungsländern – bis 2020 zunächst ausgebaut und bis 2100 wieder auf Null zurückgefahren werden soll. Dennoch hebt sich das C1-Szenario in Methodik und Konsistenz vorteilhaft von der Vielzahl typischer angebotsorientierter Welt-Energieszenarien ab, die ausnahmslos risikokumulierende Effekte aufweisen. Es trägt damit zu einer heute kaum noch zu bestreitenden Erkenntnis bei: Strategien, die die Welt-Energieprobleme nur durch ein steigendes fossiles bzw. nukleares Energieangebot und immer aufwendigere Diversifizierung des Angebotsmix – quasi aus der Verkäuferperspektive – zu lösen versuchen, sind mit den Zielen einer Klimastabilisierung- und Risikominimierung nicht vereinbar.

Wichtige neue Erkenntnisse der WEC-Szenarien ergaben sich darüber hinaus bei der Bewertung der Investitionskosten und Realisierungschancen der insgesamt sechs vorgelegten Szenarien: Die Investitionskosten des C1-Szenarios liegen bis zum Jahr 2050 um rd. 40–50% unter den entsprechenden Investitionskosten von vier risikokumulierenden WEC-Szenarien (A1, A2, B1, B2). Die Investitionen auf der Verbrauchsseite für REN wurden allerdings bei keinem Szenario explizit beziffert. Berücksichtigt man einerseits die höheren vermiedenen Energiekosten durch REN und rechnet andererseits mit doppelt so hohen Effizienz-investitionen im ökologischen Szenario C1, so bleibt das risikominimierende C1-Szenario auch in wirtschaftlicher Hinsicht das vorteilhaftere. Hinsichtlich der Realisierbarkeit betonen die WEC-Autoren: »Alle werden für durchführbar gehalten. Aber keines geht davon aus, daß die Entwicklungen selbstverständlich eintreten werden« (WEC/IIASA, 1995, 2).

*Ein weltweites Faktor-Vier-Szenario*

Das noch unzulängliche WEC-C1-Szenario wurde am Wuppertal Institut zu einem weltweiten Faktor-Vier-Szenario (Lovins; Hennicke, 1999) weiterentwickelt. Zentrale Fragestellung dabei war, ob eine weltweite $CO_2$-Reduktion um 50% und ein Ausstieg aus der Atomenergie bis Mitte des nächsten Jahrhunderts, mit einem angemessen steigenden Lebensstandard für 12 Mrd. Menschen und Wirtschaftswachstum verbunden werden können. Um die Vergleichbarkeit mit dem WEC-C1-Szenario zu sichern, wurden dessen Basisannahmen (z.B. Bevölkerungs- und Wirtschaftswachstum) übernommen, aber weltweit eine forcierte Vorrangpolitik für die Markteinführung von REN, KW/KK und REG-Technologien im Faktor-Vier-Szenario simuliert. Die energiepolitische Botschaft des WEC-C1- und Faktor-Vier-Szenarios ist daher so klar wie aufregend: Eine weltweite Strategie der Risikominimierung ist nicht nur technisch möglich, sondern prinzipiell auch finanzierbar, nur: Energiemanager, Politiker und wir alle müßten uns bald gegen die derzeitigen Trends und für ein zukunftsfähigeres Energiesystem entscheiden.

**Entwicklung des Primärverbrauchs im Faktor-Vier-Szenario**

| Primär Energie in Gtoe | 1995 | 2020 | 2050 |
|---|---|---|---|
| Kohle | 2,5 | 2,3 | 2,5 |
| Öl | 3,0 | 3,0 | 2,5 |
| Gas | 1,7 | 1,8 | 1,2 |
| Erneuerbare Energien | 1,8 | 2,6 | 6,3 |
| Kernernergie | 0,5 | 0,2 | 0,0 |
| **weltweit** | **9,5** | **9,9** | **10,3** |

*Die technisch-wirtschaftliche Machbarkeit einer Effizienzrevolution*

Szenarien z.B. der Klima-Enquête-Kommission (EK 1995) für die Bundesrepublik zeigen, daß beim Stand der Technik die Steigerungsrate der Energieeffizienz bis 2020 von bisher etwa 1,7% p.a. auf bis zu 3,4% p.a. angehoben und bis zum Jahr 2050 etwa um den Faktor Vier (Nitsch et al., 1997) gesteigert werden kann. Die forcierte Markteinführung von REN und KW/KK schafft dabei die technischen und wirtschaftlichen Voraussetzungen, um den Marktanteil von REG im notwendigen Umfang anheben zu können. Das kostengünstigere Energiesparen (REN) erweitert in betriebs- und volkswirtschaftlicher Hinsicht die Finanzierungsspielräume für die noch teuren REG.

Szenarien für Europa und die Bundesrepublik, die das wirtschaftliche Potential von REN, KW/KK und REG voll ausnutzen, zeichnen daher auch ein optimistisches Bild: Klimaschutzpolitik und der Verzicht auf Atomenergie sind unter dieser Voraussetzung nicht nur vereinbar, sondern – wegen der alternativen Verwendung staatlicher F+E-Mittel und der induzierten Innovations- und Investitionsdynamik für REN, KW/KK und REG – auch gegenüber *business-as-usual* mit volkswirtschaftlichen Gewinnen verbunden (Krause, 1995; Enquete-Kommission, 1995). So kommt z.B. die Studie von Krause et al. zu dem Ergebnis, daß eine $CO_2$-Reduktion von 40% in den fünf größten europäischen Ländern und ein Ausstieg aus der Atomenergie bis zum Jahr 2020 mit volkswirtschaftlichen Nettogewinnen verbunden sind. Nach den Klima-Enquête-Szenarien für die Bundesrepublik kostet es zwischen 20 und 130 DM Pro-Kopf und Jahr mehr, wenn bis zum Jahr 2020 aus der Atomenergie ausgestiegen und gleichzeitig die $CO_2$-Emissionen um 45% reduziert werden (EK, 1995).

Diese Szenarien zeigen also: Risikominimierung, der Ausstieg aus der Atomenergie und ausreichender Klimaschutz sind nicht nur technisch machbar, sondern auch finanzierbar und in volkswirtschaftlicher Hinsicht zumindest nicht mit gravierenden Nachteilen verbunden.

Daher sprechen wir am Wuppertal Institut von der Notwendigkeit und der gesellschaftspolitischen Wünschbarkeit einer »Effizienzrevolution«: Aus jeder Kilowattstunde Strom oder Wärme kann durch innovative Technik und überlegtes Verhalten ein weit höherer Nutzen – eine Wohlstandssteigerung um den »Faktor Vier« (von Weizsäcker; Lovins; Lovins, 1997) – abgeleitet werden. Es ist in arbeitsmarktpolitischer Hinsicht »klüger Kilowattstunden statt Beschäftigung abzubauen« (E. v. Weizsäcker). Und oft können auch betriebliche Kosten dramatisch eingespart werden. Heute gibt es »Passiv-Reihenhäuser«, die nur noch wenig mehr kosten als Niedrigenergie-Häuser und eine um den Faktor zehn geringere Energierechnung als Normalgebäude verursachen. Hocheffiziente Beleuchtung senkt den privaten Lichtstromverbrauch und die Rechnung um den Faktor vier, im gewerblichen Bereich mindestens um den Faktor zwei – bei kurzen Amortisationszeiten und gleicher Energiedienstleistung (Leuchtstärke).

Fast 50% des Energieverbrauchs können in Deutschland mit heute bekannter modernster Technik eingespart werden. Dadurch könnten bei derzeitigem Energiepreisniveau etwa 100 Mrd. DM der volkswirtschaftlichen Energiekosten pro Jahr vermieden werden. Eine halbe Million Dauerarbeitsplätze könnten netto (nach Abzug der Verluste im traditionellen Energieangebotssektor) durch Erschließung dieses Einsparpotentials geschaffen werden.

Daß diese volkswirtschaftlich positiven Modellergebnisse plausibel sind, zeigt ein Blick in die deutsche Statistik: Seit 10 Jahren liegen die Zuwachsraten bei der Produktion von REN und REG-Produkten etwa doppelt so hoch wie beim verarbeitenden Gewerbe. Auf 420 Mrd. DM schätzt das Umweltbundesamt (UBA) die von 1975-91 getätigten allgemeinen Ausgaben für den Umweltschutz. Die durch Umweltschutz Beschäftigten werden auf 680.000 (1990) beziffert, und das UBA hält eine Steigerung auf 1,1 Millionen bis zum Jahr 2000 für möglich. »Hohe Umweltschutzstandards sind die Standortvorteile von morgen«, urteilt das UBA zu Recht. Ohne vorsorgende umweltpolitische Eingriffe in die Märkte wären diese Wachstumsmärkte nicht entstanden, und Deutschland wäre mit einem Weltmarktanteil von 21% (1990) nicht das größte Exportland für umweltschutzrelevante Güter.

Dennoch handelt es sich bei den etwa 44 Mrd. DM jährlichen Umweltschutzausgaben (1993) in Deutschland noch weitgehend um *end-of-pipe*-Technologien, die zwar für die Hersteller neue Märkte und Renditen, für die Anwender aber im Regelfall Zusatzkosten bedeuten (z.B. Rauchgasreinigungsanlagen bei Kraftwerken). Eine moderne »Ökonomie des Vermeidens« setzt jedoch vorrangig auf produktions- und produktintegrierten Umweltschutz, also auf technische Innovationen, die Prozesse und Produkte so dimensionieren und steuern, daß gerade auch für den Anwender Stoff-, Material-, Energie- sowie generell Kosteneinsparungen entstehen und damit eine verbesserte Wettbewerbsposition ermöglicht werden kann. Die Unternehmensberatungsfirma Kienbaum hat eine Hochrechnung über vermeidbare Rest- und Abfallstoffe sowie Energie in der deutschen Wirtschaft vorgenommen. Ergebnis: Zwischen 30-40 Mrd. könnten jährlich wirtschaftlich eingespart werden; das Gesamtpotential liegt bei ca. 290 Mrd. DM (ca. 15 % der Gesamtkosten) Kosteneinsparung pro Jahr.

*Ein »Policy Mix« zum Abbau von Hemmnissen*

Aber die forcierte Markteinführung von REN, KW/KK und REG scheitert bisher an fehlenden staatlichen Rahmenbedingungen, kontraproduktiven Anreizstrukturen (»mehr statt weniger Energie lohnt sich«) und am nicht funktionsfähigen Markt für Energiedienstleistungen. Die Hemmnisse werden durch das noch populäre Markt- und Deregulierungskonzept verstärkt, bei dem mit völlig unzureichenden Partialanalysen des »Energiemarkts« operiert wird: Danach soll es nur noch um billige Energie gehen, statt volkswirtschaftlich preiswürdige Energiedienstleistungen in den Mittelpunkt der Unternehmens- und Energiepolitik zu stellen. Aber wer braucht eigentlich billige Kilowattstunden? Geringe Gesamtkosten für Energiedienstleistungen (EDL) wie z.B. Druckluft, motorische Kraft oder Beleuchtung bzw. für warme oder gekühlte Wohnungen sind für den Kunden entscheidend. Energie ist nur Mittel zum Zweck. Durch unregulierten direkten Preiswettbewerb zwischen mächtigen Energieanbietern wird angesichts vieler Hemmnisse der entscheidende Substitutionswettbewerb zwischen Energieanbietern und Effizienzherstellern um kostengünstige EDL (also der Ersatz jeder Form nicht erneuerbarer Energie durch Kapital (REN)) nicht funktionsfähiger gemacht. Im Gegenteil: Der betriebswirtschaftliche Anreiz für Mehrabsatz von Energie und für die weitere Konzentration des Energieangebots werden verstärkt. Eine vorsorgende Energiepolitik und ökologische Leitplanken (Vorrangregeln bzw. public service obligations) sind vielmehr notwendig, um die besondere Vielzahl von Hemmnissen bei der Markteinführung von REN, KW/KK und REG abzubauen.

Im Gegensatz zu den wenigen hochkonzentrierten Energieanbietern haben die unzähligen Hersteller von Effizienztechniken und die Energiesparer keine einflußreiche Lobby. Investitionen in mehr Kraftwerkskapazitäten werden noch immer mit Amortisationserwartungen von 10 und mehr Jahren kalkuliert, Energiesparinvestitionen müssen sich dagegen aus Sicht der Anwender maximal in 3-5 Jahren amortisieren. Dadurch fließt ständig zu viel volkswirtschaftliches Kapital in die Ausweitung des Energieangebots.

*Integrierte Ressourcenplanung (IRP) – der Bau von Einsparkraftwerken*
Eine für die Stadtwerke Hannover erstellte Studie vom Öko-Institut und Wuppertal Institut (Stadtwerke Hannover, 1995) belegt exemplarisch, daß in Deutschland etwa 30% des Stromverbrauchs prinzipiell wirtschaftlich eingespart werden könnten. Hierzu müssen vor allem die Hemmnisse für funktionsfähigen Substitutionswettbewerb um volkswirtschaftlich preiswürdige Energiedienstleistungen abgebaut werden. Neue Finanzierungs- und Anreizinstrumente wie z.B. eine aufkommensneutrale Öko-Steuer, das Contracting (Third Party Financing) und die »Integrierte Ressourcenplanung« (IRP) sind zur Entwicklung eines Markts für Energiedienstleistungen notwendig. IRP bedeutet: Kraftwerke werden nur noch gebaut, wenn keine billigeren Stromsparpotentiale mehr erschlossen werden können. In Deutschland könnten in 10-15 Jahren durch IRP-Stromsparprogramme gut 20% (etwa 18000 Megawatt) der Kraftwerkskapazität eingespart und mit einer moderaten Preiserhöhung von 1-2 Pf/kWh finanziert werden – trotzdem würde die volkswirtschaftliche Stromrechnung im Jahr um 10 Mrd. DM sinken. Trotz leicht steigender Preise zur Umlagefinanzierung der Stromsparprogramme sinkt die Gesamtrechnung für die Kunden für Strom und Effizienztechniken (Seifried; Hennicke, 1994).

Wird eine Glühlampe durch eine Energiesparlampe (ESL) ersetzt, können über die 8-fach längere Lebensdauer der ESL bei gleicher Beleuchtungsleistung etwa 80% Strom eingespart, 140 DM Kosten und 1/2 Tonne $CO_2$ vermieden werden. Der eingesparte Strom kann an anderer Stelle verkauft oder überhaupt nicht mehr produziert werden. Durch eine gemeinsame Stromsparaktion von 79 EVU wurden auf Initiative der Wirtschaftsministeriums in NRW ab November 1997 innerhalb von 5 Monaten 1,5 Millionen ESL in den Markt eingeführt, die Energierechnung der beteiligten Stromkunden um 140 Mio. DM gesenkt und die Umwelt um rd. 400 000 t $CO_2$ entlastet. Durch diese strategische Stromsparinitiative wurde quasi ein »Einsparkraftwerk« (Hennicke/Seifried) gebaut, das – ohne die Beleuchtungsleistung zu senken – etwa 550 GWh Strom mit Gewinn für alle Beteiligten eingespart hat (Wuppertal Institut, 1998). Strategische Effizienzsteigerung ist aber nicht nur in hochentwickelten Industrieländern, sondern gerade auch in den osteuropäischen »Übergangsgesellschaften« (*Countries in Transition* (CIS)) und in EL eine besonders vielversprechende und volkswirtschaftlich häufig wesentlich billigere Option als die Angebotsausweitung. UNDP, UNEP, die Weltbank und (teilweise) die E7-Initiative unterstützen heute derartige Energiesparprogramme (UN/DESA, 1998).

Um die noch vorhandene Skepsis gegenüber der »Ressource Energiesparen« und dem Bau von Einsparkraftwerken in IL wie auch in EL zu überwinden, sind vor allem überzeugende Demonstrationsprojekte (»best practices«) und die Entwicklung eines internationalen Markts für Energiedienstleistungen notwendig. Allein in der Bundesrepublik gibt es über 600 Contracting-Firmen, und der deutsche Contracting-Markt hat ein Potential von gut 30 Mrd. DM. Ausschreibungen zur Erschließung von Einsparpotentialen im öffentlichen Bereich haben das »Win-Win-Potential« von Contracting eindrucksvoll demonstriert. Der Berliner Senat hat zum Beispiel zwei Pools (je 50 Gebäude) der insgesamt 8000 öffentlichen Gebäude in Berlin zur energetischen Sanierung an zwei Konsortien von Contractoren vergeben. Ohne daß es den Senat eigenes (derzeit besonders knappes) öffentliches Geld kostet, senken diese Contracting-Firmen durch energetische Modernisierung die Energierechnung in diesen 100 Gebäuden für die öffentliche Hand um 9 bzw. 11 %, d.h. um etwa 2,5 Mio. DM pro Jahr.

Ähnliche Contracting-Projekte könnten durch internationale Ausschreibung in den Megastädten rund um die Welt durchgeführt werden. Technisch einfach, universell einsetzbar und hoch rentabel ist zum Beispiel die energetische Sanierung von Straßenbeleuchtungen. Beim Ersatz von konventionellen Quecksilber- durch Natrium-Hochdruckdampflampen können etwa 40% Strom eingespart werden. Bei ohnehin anstehenden Erneuerungsinvestitionen kann die bessere Beleuchtungstechnik – je nach Strompreis – innerhalb von ca. 3–4 Jahren (z.B. in Amman / Jordanien) aus den eingesparten Stromkosten refinanziert werden. Daraus könnte gleichzeitig eine erfolgversprechende bilaterale Klimaschutzkooperation zwischen IL und EL mit klassischer Win-Win-Charakteristik entwickelt werden. Bilaterales internationales Contracting ist zudem effektiver, einfacher und schneller durchzuführen, als auf ein möglicherweise niemals funktionsfähiges weltweites Regime für handelbare Zertifikate zu warten.

*Fazit*

Um einer weltweiten Vorrangpolitik für REN näher zu kommen ist also sowohl die Beispielfunktion der IL als auch die bilaterale Kooperation zwischen Partnern aus IL und EL von entscheidender Bedeutung. Wegen des negativen Demonstrationseffekts ist es deshalb fatal, daß die noch zaghaften Ansätze in vielen OECD-Ländern heute durch unüberlegte Deregulierungskonzepte ins Stocken geraten sind. Über 100 EVU haben z.B. in Deutschland etwa 500 IRP-orientierte Programme durchgeführt (VDEW, 1997). Überwiegend handelte es sich dabei um erfolgreiche und volkswirtschaftlich kosteneffektive Programme, die jetzt in Deutschland wie auch anderswo (vor allem auch in den USA) mit der »Dampfwalze Deregulierung« gestoppt werden könnten. Dieser Raubbau am Erfahrungsschatz mit Energiesparprogrammen wäre besonders schmerzlich, weil diese in Entwicklungsländern dringend benötigt werden.

## Literatur


Enquete-Komission des 12. Deutschen Bundestages »Schutz der Erdatmosphäre« (EK) (Hrsg.) (1995): Mehr Zukunft für die Erde: Nachhaltige Energiepolitik für dauerhaften Klimaschutz, Bonn.

Hennicke, Peter; Kohler, Stephan; Seifried, Dieter (1998): Eine Wende in der Energiepolitik ist überfällig, Wuppertal, Hannover, Freiburg.

Hennicke, Peter; Seifried, Dieter (1996): Das Einsparkraftwerk: Eingesparte Energie neu nutzen, Birkhäuser Verlag: Berlin, Basel, Boston.

Krause, Florentin, et al. (1995): Megawatt Power – The Cost and Potential of Electrical Efficiency in Western Europe, Executive Summary, in: Energy Policy in the Greenhouse, Volume Two, Part 3b, El Cerrito.

Lovins, Amory; Hennicke, Peter: Voller Energie, Campus Verlag: Frankfurt a.M. erscheint im Herbst 1999

Müller, Michael; Hennicke, Peter (1994): Wohlstand durch Vermeiden, Wissenschaftliche Buchgesellschaft: Darmstadt.

Ministerium für Wirtschaft und Mittelstand, Technologie und Verkehr des Landes NRW (Hrsg.) (1998): Evaluation der Aktion Helles NRW, Studie erstellt von Wuppertal Institut, ASEW, Forgungsgesellschaft für umweltschonende Energieumwandlung und -nutzung GmbH, Düsseldorf.

Nitsch, J.; Luther, J.; Langniß, O.; Wiemkem, E. (1997): Strategien für eine nachhaltige Energieversorgung: Ein solares Langfristszenario für Deutschland, DLR Stuttgart, Fraunhofer ISE Freiburg.

Seifried, Dieter; Hennicke, Peter (1994): Endbericht »Least-Cost Planning« im Auftrag der Gruppe 2010, Öko-Institut Freiburg, Wuppertal Institut für Klima, Umwelt, Energie.

Stadtwerke Hannover (Hrsg.) (1995): Integrierte Ressourcenplannung, Die LCP Fallstudie der Stadtwerke Hannover, Gutachten erstellt Öko-Institut und Wuppertal Institut, Hannover.

Umweltbundesamt (UBA) (Hrsg.) (1993): Beschäftigungswirkungen des Umweltschutzes: Abschätzung und Prognose bis 2000, Einzelanalysen, TEXTE 42/93 des Umweltbundesamtes, Berlin.

UN/DESA; Nepco, Jordan (Hrsg.) (1998): UN Sustainable Energy in the Arab States, Project RAB 96/005, IRP/DSM Seminar, 2-8 March 1998 in Amman, Jordan, Vol I+II

VDEW (1997): Dienstleistungen und DSM-Projekte der deutschen Stromversorger: Ergebnisse der VDEW-Umfragen 1995/1996, Frankfurt a.M.

Weizsäcker, Ernst U. von; Lovins, Amory B.; Lovins, L. Hunter (1997): Faktor Vier – Doppelter Wohlstand – halbierter Ressourcenverbrauch, Der neue Bericht an den Club of Rome, Taschenbuchausgabe, Droemer Knaur: München.

World Energy Council (WEC): International Institute for Applied Systems Analysis (IIASA) (1998): Global Energy Perspectives, University Press, Cambridge

World Energy Council (WEC); International Institute for Applied Systems Analysis (IIASA) (1995): Global Energy Perspectives to 2050 and Beyond, Report, WEC, London, IIASA, Luxembourg.

Niels I. Meyer und Jørgen S. Nørgård

# Dänische Beispiele für Energieeffizienz

*Einleitung*

Die dänische Energiepolitik räumt Umweltbelangen und der Errichtung einer nachhaltigen Energieversorgung offiziell höchste Priorität ein (Dänisches Ministerium für Umwelt und Energie, 1996). Darin unterscheidet sie sich von den Politikansätzen der meisten anderen Industriestaaten, wo wirtschaftliche Überlegungen und die Sicherung der Versorgung normalerweise Vorrang haben. Im Bereich konkreter praktischer Maßnahmen jedoch hinkt die dänische Energiepolitik hinter ihren offiziellen Absichtserklärungen hinterher.

Die wesentlichen Strategien der dänischen Energiepolitik richten sich auf Energieeffizienz in Endverbrauch und Versorgungssystem und auf die Förderung erneuerbarer Energien. Schon Mitte der 70er Jahre unterstützte die Regierung aktiv und mit einigem Erfolg Programme für Energieeinsparungen. Mit dem Rückgang der Ölpreise zu Beginn der 80er Jahre welkten die Programme und Subventionen jedoch dahin. Energiesteuern und eher bescheidene Programme überlebten als Anreize zum Energiesparen. Diese Bemühungen reichten jedoch nicht aus, um das durchaus bestehende technische Einsparungspotential wirklich auszuschöpfen. Trotz dieses Mangels an systematischen Einsparungsanstrengungen fand eine teilweise Entkopplung von Wirtschaftswachstum und Energieverbrauch statt, wie die Daten für den dänischen Energieverbrauch belegen: Der Verbrauch von Primärenergien liegt in Dänemark seit 1975 konstant bei 800 PJ, während das dänische Bruttoinlandsprodukt in derselben Zeit um mehr als 50 % gewachsen ist. In diesem Zusammenhang muß klargestellt werden, daß Energieverbrauch natürlich noch immer mit der Entwicklung der Wirtschaft gekoppelt ist und es auch immer bleiben wird.

Da der Versorgungssektor geschäftsbedingt die Mehrzahl seiner Möglichkeiten der Energieeffizienzsteigerung bereits ausgeschöpft hat, liegt das größte Einsparungspotential nun im Bereich des Endverbrauchs (Nørgård, 1989), verbesserte Isolierung von Häusern und effizientere Haushaltsgeräte eingeschlossen. Unser Vortrag beschreibt einige erfolgreiche Beispiele für Effizienzsteigerung, darunter auch Politikmaßnahmen zur Unterstützung der Ausnutzung der Einsparungspotentiale. Hindernisse und Schwächen, die die dänische Energiepolitik noch zu überwinden hat, werden auch diskutiert.

*Der Niedrigenergiekühlschrank*

Der Prototyp eines Niedrigenergiekühlschrankes (*Low Energy Refrigerator*, LER) wurde bereits 1984 gemeinsam von der Technischen Universität Dänemark und dem Kühlgerätehersteller Gram A/S entwickelt (Guldbrandsen und Nørgård, 1986). Dieser Kühlschrank mit einem Volumen von 200 Litern kam 1988 mit dem Namen LER 200 (Gram A/S 1988) auf den Markt. Der Stromverbrauch von LER 200 beträgt 90 kWh im Jahr, was zu jener Zeit um einen Faktor Drei niedriger lag als das effizienteste Modell auf dem Weltmarkt. Der geringe Stromverbrauch wurde durch die etwas dickere Isolierung, einen besseren Kompressor und, als neue Erfindung, durch die gesteigerte Kapazität der beiden Wärmeaustauscher im Kühlschrank (Verdampfer und Kondensator) erreicht. Die gesteigerte Kapazität verringert bei Betrieb des Kompressors den Temperaturunterschied zwischen den beiden Wärmeaustauschern. Dadurch wird die Effizienz des Kühlsystems um ungefähr 65 % verbessert und der Stromverbrauch um mehr als 40 % gesenkt.

Die Zusatzkosten bei der Herstellung des LER 200-Kühlschranks wurden auf ca. 30 DM pro Einheit geschätzt. Das Herstellerunternehmen Gram zog es jedoch vor, gemäß der in der Branche üblichen Handhabung sich bei der Festlegung des Preises nach dem zu richten, was die Kunden angesichts der niedrigeren Stromrechnung für den Kühlschrank zu zahlen bereit wären. Daher lag der Preis im Einzelhandel relativ hoch: Er übertraf den durchschnittlichen Marktpreis um beinahe 150 DM. Außerdem wurde LER 200 nie besonders intensiv vermarktet, und nach dem Verkauf einiger Tausend Stück wurde die Produktion kürzlich eingestellt. Eine »modernisierte« Version verbraucht 30 % mehr Strom, wird aber zu einem Preis vermarktet, der wesentlich näher am üblichen Durchschnittspreis liegt.

Im Bereich Forschung und Entwicklung unterstützt die Regierung ein Kompressorenprojekt, das 1993 mit dem Ziel initiiert wurde, ein Kühlsystem mit einstellbarem Kompressor zu entwickeln. Mit der Anpassung der Kapazität des Kompressors an den tatsächlichen Bedarf kann eine höhere Effizienz erreicht werden, da die hohen Temperaturunterschiede vermieden werden, die beim Ein-Aus-Betrieb entstehen. Die Wirkung des einstellbaren Kompressors ähnelt also der des LER 200-Prinzips der Wärmekapazität, das nun auch von anderen europäischen Herstellern angewandt wird.

In einem Gemeinschaftsprojekt der Firmen Danfoss und Gram mit der Universität von Ålborg wurde ein Kühlsystem mit einstellbarer Geschwindigkeit entwickelt, das 40 % weniger Energie verbraucht als herkömmliche Kühlschränke, den von LER 200 gesetzten Niedrigstwert jedoch nicht erreicht. Dieses System ist recht teuer, und bis jetzt ist noch kein dänisches Modell auf den Markt gekommen. Ein neues Projekt zur Entwicklung effizienter Gefriertruhen und von Kühlschränken mit Gefrierfach befindet sich bereits in den Startlöchern; es wird vom dänischen Stromsparfond getragen.

Dänische Kühlschrankmarken gehören zu den effizienteren auf dem Markt, und das Verkaufsvolumen hat durch die Einführung von Effizienzklassen bedeutsam zugenommen.

*Effizienzklassen für Haushaltskühlgeräte*

Eine notwendige Bedingung für die Förderung energieeffizienter Haushaltsgeräte auf der Grundlage des gesteigerten Umweltbewußtseins der Kunden liegt im vereinfachten Zugang zu vergleichbaren Daten über die Performanz der verschiedenen Geräte. Die Einführung von Effizienzklassen und Verbreitung von Informationsmaterialien helfen bei der Erfüllung dieser Bedingung.

1989 führten die dänischen Energiekonzerne den sogenannten »Energiesparpfeil« ein, um den Energieverbrauch verschiedener Haushaltsgeräte zu bewerten. Die Modelle mit dem niedrigsten Stromverbrauch bekamen einen Pfeil, während das Gerät mit dem höchsten Stromverbrauch 15 Pfeile erhielt. Diese Informationen waren auf Anfrage in Broschüren der Konzerne erhältlich.

Auf eine EU-Richtlinie von 1994 hin wurde zusätzlich eine Auszeichnung für Kühlschränke, Gefriertruhen und Kombieinheiten mit sieben Energieklassen eingeführt, wobei A die effizientesten und G die am wenigsten effizienten Kühlschränke bezeichnet. Im Vergleich zur Klasse D liegt der Stromverbrauch der verschiedenen Klassen folgendermaßen:

A < 55%
B < 65%
C < 90%
E zwischen 100% und 110%
F zwischen 110% und 125%
G > 125%

Eine Reihe dänischer Modelle der Firmen Vestfrost, Elcold, Gram usw. gehören in die Klassen A und B.

Seit September 1994 werben verschiedene von Regierung, Energiekonzernen und Einzelhändlern unterstützte Kampagnen für die effizientesten Kühlschränke. Informationen über die Effizienzklassen und die wirtschaftlichen und ökologischen Vorteile effizienter Haushaltsgeräte wurden in Broschüren, in der Fernsehwerbung und im Internet (http://www.spareskab.dk) verbreitet.

Als Ratgeber für Verbraucher veröffentlicht die Vereinigung der Stromkonzerne eine Liste der derzeit erhältlichen Kühlschränke, die zehnmal im Jahr überarbeitet wird und die Marke, das Herkunftsland, technische Daten, Energieeffizienzklasse und die Preisempfehlung für den Einzelhandel aufführt.

Um die Wirkung der Effizienzklassenauszeichnung noch zu erhöhen, hat die dänische Energieagentur eine Reihe von Fortbildungskursen für das Verkaufspersonal der großen Einzelhandelsketten eingerichtet, die von Experten der Energiekonzerne, der Einzelhandelsketten und öffentlichen Institutionen unterstützt wurden.

Das Ergebnis dieser Bemühungen ist erstaunlich: Im Juni 1994 nahmen die drei besten Klassen (A–C) zusammen 42 % des Marktes ein, währen die Klassen D–E 52% der Verkäufe ausmachten. 1997 bietet sich ein vollkommen anderes Bild. Die drei besten Klassen beherrschen nun den Markt mit 90 %, während die Klassen D und E nur noch 10 % erreichen. Die beiden energieintensivsten Klassen, F und G, waren beinahe vom Markt verschwunden. Diese Daten beruhen auf den Verkaufszahlen des größten dänischen Kühlschrankherstellers Snehvide & Køkkenland, der einen Marktanteil von ca. 20 % innehat.

Es läßt sich schließen, daß eine Auszeichnung der Effizienzklasse in Kombination mit systematischen und weitreichenden Werbekampagnen über verschiedene Informationskanäle zu wesentlichen Verbesserungen der Energieeffizienz von Haushaltsgeräten führen kann.

*Vergleich von Analysen und Feldforschungen*

Nicht nur Kühlschränke verfügen über ein großes Potential für Effizienzsteigerungen. Frühere Untersuchungen haben gezeigt, daß sie bei vielen Arten des Stromverbrauchs in Haushalten möglich sind, so z.B. bei Gefriertruhen, Waschmaschinen, Spülmaschinen, Licht und Belüftung (Nørgård, 1979/Nørgård et al., 1983).

Eine genauere Analyse eines durchschnittlichen Haushaltes mit allen seinen wichtigsten Geräten zeigt 1988, daß der Stromverbrauch durch den Einsatz der zu jener Zeit besten erhältlichen technischen Geräte um einen Faktor Zwei gesenkt werden könnte. Ein Reduktionsfaktor Vier jedoch könnte durch die Verwendung fortschrittlicher und bereits bekannter Technologien, welche weiterzuentwickeln und innerhalb weniger Jahre auf den Markt zu bringen wären, erreicht werden (Nørgård, 1989). Wegen unbefriedigender Märkte und eines Mangels an wirtschaftlichen Anreizen konnten sich diese Technologien jedoch nur sehr langsam durchsetzen.

Vor diesem Hintergrund wurde beschlossen, ein Feldforschungsprojekt durchzuführen, welches das tatsächliche Einsparungspotential im wirklichen Leben erkennen würde. Das Projekt wurde 1992 abgeschlossen und untersuchte insgesamt 120 Haushalte, von denen bei 20 die wesentlichen Haushaltsgeräte durch die bestmöglichen ersetzt wurden. Diese Haushalte wurden außerdem dazu angehalten, durch ein bewußteres Alltagsverhalten Strom zu sparen, während die anderen Haushalte nur darüber informiert wurden, wie man sich energiebewußter verhalten könnte. Wir wollen uns zunächst auf die Ergebnisse für die 20 Haushalte mit neuen Geräten konzentrieren.

Zu Beginn der Studie betrug der Stromverbrauch dieser Haushalte durchschnittlich 6110 kWh im Jahr und lag damit beträchtlich höher als der dänische Durchschnitt von 3220 kWh im Jahr (elektrische Raumbeheizung und Warmwasser ausgeschlossen). Dieser Unterschied kann zum Teil durch die Anzahl an Personen in den Haushalten erklärt werden, die mit durchschnittlich 3,6 den Gesamtdurchschnitt von 2,2 übertrifft. Bei einer Pro-Kopf-Berechnung liegen die Ausgangswerte näher beieinander: 1700 kWh pro Jahr und Testperson im Vergleich zu 1470kWh pro Jahr im dänischen Durchschnitt.

Im ersten Teil des Projektes wurde bei den untersuchten Familien jedes ihrer ungefähr zehn wesentlichen Haushaltsgeräte mit Stromzählern ausgestattet. Drei Monate lang wurde der Stromverbrauch der verschiedenen Geräte jede Woche aufgezeichnet und auf der Basis dieser Zahlen und des bisherigen Jahresverbrauchs der Stromverbrauch für ein ganzes Jahr berechnet, wobei jahreszeitliche Schwankungen natürlich berücksichtigt wurden.

Nachdem diese »normalen« Verbrauchsmuster festgestellt worden waren, wurden in den 20 Haushalten alle wesentlichen Geräte wie Kühlschränke, Gefriertruhen, Waschmaschinen, Spülmaschinen durch die besten in Europa erhältlichen ersetzt; nur in wenigen Fällen entsprach die Ersatzmaschine nicht dem Höchststandard. Die thermische Isolierung elektrischer Backöfen wurde vor ihrer Installierung verbessert. Anstelle von Herdplatten wurde ein neues System aus Australien eingeführt, das mit Töpfen und Pfannen mit eingebauten elektrischen Heizelementen arbeitet und mit einem »maßgeschneiderten« Stromregler ausgestattet ist. Nach der Installierung dieser neuen Geräte wurde der Stromverbrauch jeder Familie über ein volles Jahr gemessen.

Die Reduzierung des Stromverbrauchs der 20 Haushalte mit neuen Haushaltsgeräten belief sich auf durchschnittlich 47 %, was einerseits auf die technischen Neuerungen, andererseits aber auf Verhaltensänderungen zurückzuführen ist. Letztere bewirkten in den anderen 100 Familien Einsparungen von bis zu 12 % des ursprünglichen Verbrauchs. Es ist anzunehmen, daß die Verwendung energieeffizienter Technologien mindestens 40 % der Einsparungen in den 20 Haushalten bewirkt hat.

Wir möchten betonen, daß das Ziel dieser Versuchsreihe nicht darin lag, zum Zweck der Drosselung des Energiebedarfs den beschleunigten Austausch aller Haushaltsgeräte anzuregen. Das hieße Geld und Ressourcen für den Kauf und die Herstellung neuer Geräte verschwenden. Die Absicht besteht vielmehr darin, zu zeigen, wieviel Energie innerhalb der nächsten zehn bis fünfzehn Jahre eingespart werden kann, wenn bei der Erneuerung altersschwacher und defekter Geräte die effizientesten Technologien als Ersatz gewählt werden. Diese wünschenswerte Entwicklung kann durch Informationskampagnen und die Auszeichnung nach Effizienzklassen gefördert werden.

*Hindernisse und Möglichkeiten für Wärmeschutz*

Seit Mitte der 80er Jahre, als Stromsparen in den Blickpunkt der dänischen Energiepolitik rückte, wird dem Wärmeschutz immer geringere Bedeutung zugerechnet. Paradoxerweise liegt der Grund dafür in der Einführung effizienterer und umweltfreundlicherer Heizungen, die z.B. mit Erdgas oder Fernwärme aus zentralen und dezentralen Heizkraftwerken betrieben werden.

Sowohl Erdgas wie auch Fernwärme erfordern zunächst umfangreiche Investitionen in Übertragungs- und Verteilerrohrleitungen, die häufig von der Regierung bezuschußt werden. Damit sich diese Investitionen auch wirklich lohnen, wurde wenig Wert auf eine Senkung des Heizbedarfs gelegt. Subventionen für die Nachrüstung der Wärmeisolierung von Häusern, die in den 70er und 80er Jahren Erfolge gezeitigt hatten, wurden abgebaut. Tarifstrukturen mit relativ hohen Grundgebühren und geringen zusätzlichen Kosten pro Wärmeeinheit herrschen immer noch vor. Mitte der 90er Jahre wurde zwar die individuelle Abrechnung der Heizkosten pro Wohnung eingeführt, aber das Bewußtsein über die Kosten von Wärme wächst nur langsam, besonders da in einer ganzen Reihe von Fällen Ausnahmeregelungen genehmigt wurden. Die mangelnde Motivation für die Senkung des Heizbedarfs veranschaulicht die paradoxe Situation, die aus der Vernachlässigung eines Teils des Energiesystems entsteht und die umfassende Optimierung verhindert.[13]

1995 planten die Seeländer Energiewerke den Bau eines großen kohlebetriebenen Heizkraftwerkes. Dieser Plan beruhte im Gegensatz zu früheren Vorhaben, die einen größeren Strombedarf prognostizierten, vornehmlich auf dem angeblich gewachsenen Heizbedarf des Großraums Kopenhagen. Das ursprüngliche Vorhaben wurde von der dänischen Regierung abgelehnt mit dem Hinweis auf die offizielle Energiepolitik, die den Verzicht auf Kohle als Brennstoff anstrebt. Eine überarbeitete Version mit Erdgas als Brennstoff wurde später angenommen, aber der Bau des Kraftwerkes hat noch nicht begonnen. Die Diskussion um das neue Heizkraftwerk hat unter den Regierungsmitgliedern ein neues Bewußtsein über Einsparungen beim Heizen als ernstzunehmendes und sinnvolles Ziel geschaffen, sowohl im Zusammenhang mit Neubauten wie auch bei der Sanierung von Altbauten und in fernwärmeversorgten Gegenden und Stadtteilen. Wärmeschutz gewinnt zusätzlich durch die Tatsache an Bedeutung, daß nachhaltige Energiequellen wie Windkraft und Photovoltaik im Gegensatz zur Verbrennung fossiler Brennstoffe keine überschüssige Wärme erzeugen.

Im Zuge dieser Diskussion regte der dänische Rat für Nachhaltige Energien ein Projekt zur Untersuchung der Möglichkeiten und Hindernisse für Wärmeschutz im Großraum Kopenhagen an (Carl Bro A/S et al., 1998). Einige Ergebnisse dieser Untersuchung werden im folgenden zusammengefaßt.

Würde man die Wärmeschutzverordnung für neue Häuser an die vom Darmstädter Passivhaus (Feist, 1996) gesetzten Maßstäbe anpassen und Maßnahmen zur Wärmedämmung bei Sanierungen systematisch einsetzen, ließe sich der Heizbedarf im Großraum Kopenhagen bis 2030 um 40% senken. Mit einberechnet sind hier Änderungen im Alltagsverhalten, die durch Messung des Verbrauchs pro Wohnung, neue Tarifstrukturen und höhere Heizungssteuern motiviert werden können. Die Untersuchung geht davon aus, daß nur die Hälfte der Häuser saniert oder durch Neubauten ersetzt werden. Die erforderlichen Investitionen sind nicht immer rentabel im herkömmlichen privatwirtschaftlichen Sinne, aber die Zusatzinvestitionen innerhalb der anvisierten 32 Jahre würden sich im Durchschnitt auf lediglich 200 DM pro Haushalt belaufen.

Die Ergebnisse des Projektes wurden dem dänischen Rat für Nachhaltige Energie vorgelegt, der im Herbst 1998 ein Seminar zur Diskussion der gewonnenen Einsichten mit Experten aus Politik und Wirtschaft durchführt. Ziel der Veranstaltung ist es, die Möglichkeiten zur Senkung des Heizbedarfs zu nutzen, indem man eine Reihe der bestehenden Hindernisse aus dem Weg räumt und neue Anreize für Investitionen in Wärmeschutz schafft.

*Fazit*

Zahlreiche Untersuchungen heben die technische Steigerung der Effizienz im Bereich des Endverbrauchers und in geringerem Ausmaß die Modernisierung der Versorgungssysteme als Möglichkeiten einer radikalen Senkung des Energieverbrauchs hervor.[14] Sie zeigen, daß dieselben Dienstleistungen auch mit einem Energieverbrauch angeboten werden können, der viermal kleiner ist als heute.

Der Großteil der technischen Voraussetzungen für solche Einsparungen besteht bereits oder kann innerhalb weniger Jahre entwickelt werden. Es bedarf jedoch der Bemühungen um die Anpassung von Lebensstilen und Wirtschaftsstrategien an definierte Ziele im Umweltbereich, wenn sich diese Technologien auf dem Markt durchsetzen sollen (Nørgård und Guldbrandsen, 1997). Bisher wurden technologiebedingte Gewinne von der wachsenden wirtschaftlich-gesellschaftlichen Tätigkeit aufgefressen.

Viele Hindernisse stehen den neuen Effizienztechnologien im Weg, darunter Marktverzerrungen, die Sucht nach kurzen Amortisierungsspannen, Seilschaften, konservative Haltungen, usw. Im Zusammenhang mit der dringenden Notwendigkeit, eine nachhaltige Energieentwicklung zu fördern, legen diese Aspekte die Schlußfolgerung nahe, daß diese Entwicklung nicht dem Markt überlassen werden kann. Um das technische und gesellschaftliche Potential für Energieeinsparungen voll auszuschöpfen, müssen Richtlinien und Förderungsmaßnahmen geschaffen werden.

Richtlinien und Förderungsmaßnahmen schließen Normen und Steuern oder Subventionen mit ein, aber auch Musterprojekte, Informationskampagnen, Auszeichnung von Effizienzklassen, besondere Energiefortbildungen und die Einbeziehung des Konzeptes nachhaltiger Entwicklung in den Schulunterricht. Die heutige europaweite Energiepolitik orientiert sich nicht an einer solchen Strategie. Im Gegenteil: Die neue EU-Richtlinie zur Liberalisierung des Energiemarktes verhindert genau die umfassende und langfristige Planung, die für die Schonung der Energievorräte und die Durchsetzung nachhaltiger Energiequellen nötig ist.

Vor diesem Hintergrund versucht die dänische Regierung nun, ein neues Energiegesetz auszuarbeiten, das den sparsamen Umgang mit Energie und die Durchsetzung nachhaltiger Energiequellen stetig fördert. Dänemark setzt dabei auf die in der EU-Richtlinie zur Liberalisierung des Energiemarkts vorgesehenen nationalen Ausnahmebestimmungen [public service obligations (PSOs)], um die Durchsetzung nachhaltiger Energiequellen zu fördern (Meyer, 1997, 1998). Im Moment steht allerdings noch nicht fest, inwieweit PSOs solchermaßen genutzt werden können, ohne in einen ernsten Konflikt mit den Regeln des gemeinsamen Marktes der EU zu geraten.

## Literatur

Brdr. Gram A/S (1988): Information Material on LER 200, Vojens.

Carl Bro A/S and Department of Buildings and Energy, Technical University of Denmark (1998): Action Programme for Implementing Heat Conservation in Greater Copenhagen, Report to the Danish Council for Suststainable Energy, Danish Ministry of Environment and Energy, Copenhagen.

Danish Ministry of Environment and Energy (1996): Energy 2000 – An Action Plan for Sustainable Energy Development, Copenhagen.

Feist, W. (1996): Grundlagen der Gestaltung von Passivhäusern, Verlag Das Beispiel: Darmstadt.

Guldbrandsen, T.; J. S. Nørgård (1986): Achieving Substantially Reduced Energy Consumption in European Type Refrigerator, Proc. of 37th Annual International Appliance Technical Conference, Purdue University.

Meyer, N. I. (1997): Renewables in a Liberalised Electricity Market, Energy, Nr. 4, Austrian Energy Agency, Wien.

Meyer, N. I. (1998): How Does Electricity Liberalisation Fit with a Sustainable Energy Development? (in Danish), in: Report on a Liberalised Electricity Sector, Danish Council of Sustainable Energy, Copenhagen.

Nørgård, J. S. (1979): Improved Efficiency in Domestic Electricity Use, Energy Policy, March 1979.

Nørgård, J. S.; Holck J.; Mehlsen, K. (1983): Long Term Technical Possibilities for Electricity Savings (in Danish), Physics Department, Technical University of Denmark, Copenhagen.

Nørgård, J. S. (1989): Low Electricity Appliances – Options for the Future, in: Johansson et al. (Hrsg.): Electricity, Lund University Press: Lund.

Nørgård, J. S.; Guldbrandsen, T. (1997): The Next Generation of Appliances: Visions for Sustainability, invited contribution to the first International Conference on Energy Efficiency in Household Appliances, Firenze, Italy. Will Appear in Proceedings published by the European Commission, DG XVII.

Nørgård, J. S. (1998): Models of Energy Saving Systems – The battlefield of environmental planning, International Journal of Global Energy Issues, forthcoming special issue on energy modelling, 1998 or 1999.

von Weizsäcker, E.; Lovins, Amory B.; Lovins, L. Hunter (1997): Factor Four – Doubling Wealth, Halving Resource Use, Earthscan Publications, London.

Tarek Genena

# Energieeffizienz in Ägypten: Das Rad neu erfinden

*Einleitung*

Viele hohe Regierungsbeamte in den Entwicklungsländern behaupten gerne, daß Energieeffizienz nicht ihre, sondern die Angelegenheit ihrer »nördlichen« Nachbarn ist. Diese Behauptung trifft jedoch nicht ganz zu: Obwohl in Ägypten und anderen Entwicklungsländern Energieverschwendung und Mißwirtschaft nicht dieselben Ausmaße annehmen wie in zahlreichen Industriestaaten, könnten und sollten vorbeugende Maßnahmen schon zu diesem Zeitpunkt getroffen werden, um die Fehler und Fallstricke zu umgehen, die den hochindustrialisierten »Norden« zum Stolpern bringen. Tatsächlich ist jetzt die beste Gelegenheit, »das Rad neu zu erfinden«. Indem es energie- und ressourceneffiziente Technologien einsetzt, kann Ägypten einige verschwenderische Techniken verdrängen, seine natürlichen Ressourcen und das fragile ökologische Gleichgewicht erhalten und so das Einkommenspotential des Landes steigern.

Ägypten verfügt gegenwärtig über eine zuverlässige Energieversorgung, aber Bevölkerungs- und Wirtschaftswachstum werden die Versorgungsstrukturen in Zukunft erheblich belasten. Laut Prognose wird in den nächsten fünf Jahren das Bruttoinlandsprodukt jährlich um 4,5% wachsen; bisher nahm der primäre Energieverbrauch proportional zum Wirtschaftswachstum zu. 1995 deutete sich eine Steigerung der Effizienz im Energiesektor darin an, daß Bevölkerungsanzahl und Konjunktur zwar gestiegen sind, Energieintensität und Pro-Kopf-Verbrauch primärer Energien jedoch abgenommen haben. Insgesamt hat der Primärenergieverbrauch allerdings zugenommen.

In Ägypten verbraucht die Industrie 50% der Energie, während Verkehr einen Anteil von 29% ausmacht, Haushalte und Geschäftsbetriebe 18%. Öl dominiert mit 58% in diesen Verbrauchsmustern, Erdgas trägt 34% der Energieversorgung und Wasserkraft 8%. Ägypten ist gegenwärtig eines der wichtigsten erdölfördernden Länder, das auch Erdölprodukte exportiert. Die Ausfuhr von Rohöl und raffiniertem Öl stellte im Finanzjahr 1992/93 beinahe 60% der Warenexporte dar. Bei erfolgreichen Lagerstättenerkundungen wurden 1996 zwölf Erdöl- und zwanzig Erdgasfelder entdeckt, in den ersten vier Monaten des Jahres 1997 fünf Erdöl- und neun Erdgasfelder. Besonders die Zahl der sicheren Erdgasreserven hat in den letzten Jahren dramatisch zugenommen, so daß Erdgas zu Ägyptens »Wahlbrennstoff« erhoben wurde. Erdgasleitungen werden nun in ganz Ägypten ausgebaut, und Industriekonzerne stellen ihre Produktionsanlagen auf Erdgas um.

Schon seit langem nutzt unser Land Wasserkraft, die ungefähr 4% der gesamten primären Energieproduktion ausmacht. Die bestehende Wasserkraftkapazität beläuft sich auf 2805 Megawatt; der maximale Energiebedarf betrug 1995/1996 8491 Megawatt. Wasserkraftwerke erzeugen im Jahr ungefähr 11,5 Millionen Kilowattstunden Energie. Biomasse wird besonders in ländlichen Gebieten als Brennstoff eingesetzt. Landwirtschaftliche Abfallprodukte aus Baumwoll- und Maisanbau sowie Dung und andere Biobrennstoffe stellen etwa 50% des Brennstoffs für ländliche Haushalte. Flüssiges Propangas und Petroleum decken den Rest des Energiebedarfs. Die Gesamtsumme der verbrauchten Biobrennstoffe in Ägypten wird auf ca. 4,7 Millionen Tonnen im Jahr geschätzt.

Ägypten hat bereits bedeutende Fortschritte bei der Steigerung des Anteils sauberer Energien an der Energieversorgung erzielt. Der von der Regierung verfolgte Ansatz, flüssige Brennstoffe durch sauberes Erdgas zu ersetzen, ist zu einem wesentlichen Bestandteil ihrer Energiepolitik geworden. Der Erfolg der Erkundungen nach Erdgaslagerstätten hat diesen Verdrängungsprozeß ermöglicht, der es Ägypten erlaubt, Umweltschäden zu vermeiden und einen größeren Prozentsatz seiner Erdölprodukte zu exportieren, was sich positiv auf die Handelsbilanz auswirkt.

Das Leitungsnetz für Erdgas wurde inzwischen um das Fünffache vergrößert. 80% der Energie werden nun durch Erdgas erzeugt, darin über 2000 Gasverflüssigungsanlagen, 400 Bäckereien und 800000 private Haushalte. Mit der Verwendung von 3,75 Trillionen Kubikmeter Erdgas in verschiedenen Bereichen konnten im Zeitraum von 1995 bis 1997 Emissionen im Umfang von 4,4 Millionen Tonnen Schwefeldioxid, 270000 Tonnen Stickstoffoxid und 22 Millionen Tonnen Kohlendioxid vermieden werden.

Obwohl beim Wechsel zu sauberen Brennstoffen bereits spürbar Fortschritte gemacht wurden, sind weitere Anstrengungen nötig, um den Anteil der sauberen Energien noch zu steigern und die Nutzungseffizienz des Energieverbrauchs in allen Wirtschaftssegmenten zu verbessern. Die positiven Wirkungen, die von der effizienten Energieerzeugung und -nutzung ausgehen, können durch den Einsatz einheimischer erneuerbarer Energiequellen wie Wasser, Wind, Sonne und Biomasse verstärkt werden.

*Energieeffiziente Industrie*

Im heutigen Ägypten hat die Industrie den größten Energiebedarf: 50% des Gesamtverbrauchs gehen auf ihre Rechnung. Die ungefähr 25000 Industriebetriebe reichen von großen Zement-, Eisen und Stahl-, Petrochemie- und Aluminiumindustrien zu kleinen und winzigen Schmelzöfen und Hütten. Eine Reihe von Pilotprojekten wird zur Zeit im Bereich der Energieeffizienz vor allem mit Unterstützung von Hilfsorganisationen durchgeführt. Bei diesen Projekten wird das Ausmaß der in den meisten ägyptischen Betrieben vorherrschenden

Ineffizienz deutlich, aber auch, daß sich mit nur sehr geringem Einsatz große Effizienzgewinne erzielen lassen. Zwei Fallbeispiele sollen die sehr einfachen Effizienzmaßnahmen veranschaulichen, an denen es derzeit in ägyptischen Betrieben noch mangelt.

*Die El Nasr Spinnerei und Weberei*

Die El Nasr Spinnerei und Weberei wurde 1963 gegründet und stellt eine der größeren staatlichen Textilfabriken Ägyptens dar. Ihre Jahresproduktion liegt bei über 52 Millionen Meter Stoff, sie beschäftigt ca. 7000 Angestellte. Ihre Hauptproduktionsbereiche umfassen Spinnen, Weben und Textilveredlung. Im Durchschnitt werden 8000 Tonnen Textilrohstoffe verarbeitet, davon 20% Baumwollgarne, 12% Kunstmischfasern und 68% unbehandeltes Material, wobei im Jahr ca. 1000 Tonnen verschiedener Hilfsmittel zum Einsatz kommen, darunter Appreturchemikalien und Färbemittel. Zu den Haupterzeugnissen gehören Baumwoll- oder Mischgarne, weiße und gefärbte Baumwoll- und Baumwolle-/Polyesterstoffe, Frottier- und Möbelstoffe, Bettbezüge und -laken.

Die beiden Hauptenergiequellen sind Strom und verschiedene Brennstoffe, darunter 1980 Tonnen Heizöl, 220 Tonnen Solarenergie, 29 Millionen Kubikmeter Erdgas für die Dampferzeugung und 24 kWh Strom im Jahr, wovon 20% der Fabrikbeleuchtung dienen.

Die Fabrik verbraucht ca. 1,9 Millionen Kubikmeter Wasser im Jahr, 20% artesisches Wasser für allgemeine Zwecke, 17% für die Dampfkessel und 50% aufbereitetes Kanalwasser für die Veredelungsprozesse. Bei einem Industrieaudit ergaben sich folgende Ansatzpunkte für Verbesserungsmaßnahmen:

- unsachgemäße Lagerung von Färbemitteln, die daher durch Hydrolyse unbrauchbar wurden;
- unsachgemäße Lagerung und Verunreinigung der Enderzeugnisse;
- mangelnde Isolierung einiger Abschnitte der Dampf- und Heißwasserleitungen, dadurch hoher Wärmeverlust
- Abpumpen sauberen Kondenswassers als Abwasser statt Wiederverwendung in den Dampfkesseln;
- Verlust großer Mengen thermischer Energie durch Abführung der bei der Kesselbeheizung entstehenden Rauchgase
- direkte Abführung heißer Abwässer aus Wäscherei und Veredelungsabteilung, dadurch Verlust nutzbarer Wärme
- direkte Abführung des Wassers aus dem letzten Spülvorgang beim Bleichen statt Wiederverwendung.

Die genaue Untersuchung der Fabrik ergab, daß die Veredelungsabteilung die größten Möglichkeiten für die Einsparung von Wasser und Energie bot. Maßnahmen konzentrierten sich auf diese Bereiche.

- Auffangen und Wiederverwendung von Kondenswasser

Ca. 20 % des in den verschiedenen Verarbeitungsbereichen eingesetzten Wasserdampfs, also 310 000 Tonnen im Jahr, werden nun als Kondenswasser aufgefangen, in einem Wasserspeicher gesammelt und mit Hilfe von Pumpen und eines Rohrleitungssystems wieder dem Kreislauf zugeführt. Der Heißwasserverbrauch (95°) konnte dadurch um 60000 m³ gesenkt werden, was einer finanziellen Einsparung von 24000 ägypt. £ im Jahr entspricht. Das Abwasservolumen wurde um 220000 m³ im Jahr, also 15 %, gesenkt. Die Einsparungen aus der Energierückgewinnung belaufen sich auf 4500 Kcal., also 90000 ägypt. £ im Jahr.

- Kosten der Maßnahmen: 36670 ägypt. £;
- Einsparungen: 114000 ägypt. £. jährlich
- Nachbesserung der Isolierung an Dampf- und Wasserleitungen

Die Wärmeverluste des Dampfsystems der Wäscherei waren auf mangelhafte Isolierung zurückzuführen. Nachdem die notwendigen Isolierungsarbeiten abgeschlossen waren, reduzierte sich der Energieverbrauch so, daß nun 5.080 Kcal. Wärme im Jahr eingespart werden.

- Kosten der Maßnahmen: 47710 ägypt. £;
- Einsparungen: 102000 ägypt. £. jährlich

Die Vermeidung von Verschmutzungen und andere Umweltschutzmaßnahmen bieten echte Gewinne, wie z.B. Senkung des Rohmaterialverbrauchs, Abfallvermeidung, Wiederverwertung bzw. Weiterverarbeitung von sekundären Rohstoffen, Verringerung der Umweltschäden und Anpassung an die Abfallbestimmungen. Die Summe der in saubere Produktion investierten Kapital- und Betriebskosten beliefen sich auf nur £ 126810, der mit ihrer Hilfe erzielte Reingewinn hingegen betrug £458800, so daß sich die Investitionen in höchstens vier Monaten amortisierten.

Zu den Gewinnen und Erfolgen gehören:

- 20%ige Senkung des Wasserverbrauchs
- 5%ige Senkung des Heizkraftbedarfs
- 5%ige Senkung des Brennstoffbedarfs der Dampfkessel
- 20%ige Abnahme des Abwasservolumens
- 5% Einsparungen an Kosten für Chemikalien und Färbemitteln

*Die Sila Speiseöl GmbH*

Die Sila Speiseöl GmbH wurde 1993 als private Speiseölfabrik gegründet. Ihre Belegschaft umfaßt 200 Angestellte. Die Fabrik verarbeitet im Jahr durchschnittlich 68000 Tonnen Ölsaaten und stellt bis zu 24000 Tonnen Sonnenblumen-, Maiskeim-, Soja- und Baumwollsaatöl im Jahr her. Wichtigste Nebenprodukte sind 40000 Tonnen Ölschrote und 1800 Tonnen Talg und Ölsäure, die getrennt vermarktet werden.

Die Fabrik nutzt zwei Energiequellen: 36000 Tonnen Heizöl für den Betrieb der Dampfkessel und ungefähr 6 Millionen kWh Strom.

Zusätzlich verbraucht die Fabrik täglich bis zu 270 $m^3$ Wasser, wovon 190 $m^3$ für den Gebrauch in Dampfkesseln und in der Raffinerie enthärtet, 80 $m^3$ ohne Aufbereitung in anderen Fabrikbereichen eingesetzt werden. Die Wasserentnahme erfolgt gänzlich aus dem Edwakanal, einem Nebenarm des Nils, dessen TDS-Werte bei 700 ppm liegen; die Wasserhärte beträgt bis zu 200 ppm.

Bei einem Audit ergaben sich folgende Ansatzpunkte für Verbesserungsmaßnahmen:

- Schäden an Rohrleitungen und Ventilen und mangelhafte Isolierung führten zu einem Verlust von 34 Tonnen Dampf pro Tag.
- In der Annahmestelle wurden große Mengen zerbrochener Saaten und Spelzen als Abfall entsorgt statt als Preßgut verwendet.
- Große Mengen Heizöl gingen durch undichte Stellen verloren oder wurden bei der Lieferung und Einspeisung in Lagerbecken verschüttet (2–5% des gesamten Brennstoffverbrauchs).
- Abwasser aus der Raffinerie mit einem organischen Anteil von BOD 3420 ppm, Öle und Fette 100200 ppm verschmutzten das Wasser und verstießen gegen die Entsorgungsrichtlinien.
- In der Raffinerie wurden häufig Verarbeitungschemikalien verschüttet.
- Verlust von 0,5 Tonnen Öl pro Tag durch undichte Lagereinheiten und unsachgemäße Umfülltechniken.
- 0,05 Tonnen Öl pro Tag wurden im Abfüllbereich verschüttet.
- Einführung regelmäßiger Wartungsmaßnahmen.

Zur Vorbeugung von Schäden und Verlusten wurde die Isolierung der Kühltürme geändert und regelmäßige Wartungsarbeiten eingeführt, so z.B. an Ventilen, Wasser- und Dampfleitungen.

- Kosten der Maßnahme: £ 15000
- Einsparungen: £ 30000 im Jahr

*Wasser- und Dampfleitungssystem*

Die Nachrüstung des Dampfleitungssystems zur besseren Wasser- und Energienutzung erforderte eine gründliche Untersuchung und Überholung der Dampfkessel. Zu den durchgeführten Arbeiten gehörten

- die Reparatur von Rohrleitungen
- Optimierung der Kesseleinstellung und der Wasserenthärtung

- Wiederverwendung des Kondenswassers
- Austausch beschädigter Ventile
- Reparatur oder Austausch beschädigter Rohrleitungen
- Isolierung der Heißwasser- und Dampfrohrleitungen

Im Ergebnis konnte die Dampferzeugung um 1800 Tonnen im Monat reduziert und ein Dampfkessel abgeschaltet werden. Aus diesen Eingriffen ergaben sich weitere Einsparungen durch
- Senkung des Brennstoffbedarfs um 144 Tonnen im Monat; monatliche Einsparungen £ 38880;
- Verringerung des Wasserverbrauchs um 2400 Tonnen im Monat; monatliche Einsparungen £ 6200;
- Senkung der Betriebskosten um £12000 im Monat.
- Kosten der Maßnahmen: £ 30000
- Einsparungen: £ 552960 im Jahr

Die Gesamtsumme des in die saubere Produktion investierten Kapitals betrug 606300 ägypt. £; die Einsparungen beliefen sich auf £ 1557100, so daß sich die Investitionen nach weniger als fünf Monaten amortisiert hatten.

Zu den Gewinnen und Erfolgen gehören:
- Senkung der Wartungskosten um £ 42000 im Jahr,
- Senkung der Betriebskosten um £ 259090 im Jahr,
- Rückgewinnung von Produkten und Nebenprodukten, dadurch Steigerung des jährlichen Umsatzes um £ 692650,
- Verringerung des Wasserverbrauchs um 36%; Einsparungen jährlich £ 74400,
- Die Trennung des Industrieabwassers ermöglicht die Wiederverwendung des wenig verschmutzten Anteils; Einsparungen jährlich £ 18000;
- Bereitstellung einer Abwasseraufbereitungsanlage, die die durch BOD, COD, TDS, TSS, Öle/Fette und pH entstehende Belastung entsprechend den Vorschriften von Gesetz 93 reduziert. Das aufbereitete Abwasser kann wiederverwendet werden und entspricht schätzungsweise £ 13500.

Auf der Grundlage dieser und ähnlicher Fallstudien kann man sich leicht die Vorteile ausmalen, die ägyptische Industrien aus so einfachen und einleuchtenden Maßnahmen ziehen können. Weitere, innovativere Maßnahmen könnten zu einer zusätzlichen Steigerung der Energieeffizienz und der Gewinne beitragen.

*Vorschläge für eine Energie- und Energieeffizienzstrategie*
Die Einbeziehung erneuerbarer Energien und von Energieeffizienzstrategien in einen nationalen Energieplan für Ägypten wird derzeit diskutiert.

*Erneuerbare Energien*
Ägypten braucht eine umfassende und ergebnisorientierte Politik und den gesetzlichen Rahmen für die Förderung erneuerbarer Energien, um die Entwicklung seiner erneuerbaren Energiequellen zu ermutigen und um zu gewährleisten, daß alle wirtschaftlichen Vorteile erneuerbarer Energien bei der Diskussion um Möglichkeiten der Energieversorgung in Betracht gezogen werden. Vorschläge für einen Energieplan enthalten die folgenden Punkte:

- Entwicklung einer Politik und des gesetzlichen Rahmens für erneuerbare Energien
- Zertifizierung und Auszeichnung erneuerbarer Energiegewinnungsanlagen, um einen Überblick über bestehende Technologien zu verschaffen und das Vertrauen potentieller Kunden aufzubauen
- Förderung von Kraft-Wärme-Kopplung

*Energieeffizienz*
Ägypten hat noch keine Energieeffizienzstrategie aufgestellt. Viele der bestehenden institutionellen Hürden und Marktschranken, die der Durchsetzung von Energieeffizienz im Wege stehen, könnten durch neue Politikmaßnahmen überwunden werden, die das Bewußtsein der Verbraucher wecken und beim Ausbau des Marktes helfen.

Eine Reihe von Studien hat sich ausdrücklich mit den Vorteilen für die ägyptische Wirtschaft beschäftigt, die die Durchsetzung einer umfassenden Energieeffizienzpolitik mit sich brächte. Die Gesamtsumme der durch Effizienzsteigerungen erreichbaren Energieeinsparungen betrüge innerhalb von zehn Jahren schätzungsweise bis zu 5244 Gwh im Jahr. Dies entspricht ungefähr elf Prozent des Energieumsatzes von 1995/96. Zusätzliche Vorteile sind

- niedrigere Stromrechnungen für Haushalte und Betriebe, dadurch Zunahme des realen Einkommens, der Lebensqualität und der Produktivität;
- niedrigere Kapitalausgaben für den Bau von Kraftwerken, Leitungen und Verteilungssystemen;
- geringerer Verbrauch von Erdöl und -gas für die Stromerzeugung;
- neue Arbeitsplätze, die sich aus der zunehmenden Wirtschaftstätigkeit im Zusammenhang mit der wachsenden Nachfrage nach effizienten Endprodukten, Gebäuden und Industrieanlagen ergeben.

Zu den Vorschlägen für eine Effizienzstrategie gehören die folgenden Punkte

- Entwicklung einer umfassenden und ergebnisorientierten Politik und des gesetzlichen Rahmens für Energieeffizienz
- Aufstellung von Effizienzstandards
- Einrichtung eines technischen Dienstes zur Effizienzprüfung
- Einführung eines Zertifizierungsprogramms
- Öffentlichkeits- und Bildungsarbeit für Energieeffizienz
- Förderung von energieeffizienten Dienstleistungen in der Privatwirtschaft
- Bereitstellung eines Effizienzfonds zur Finanzierung entsprechender Projekte

*Fazit*

Die Durchsetzung erneuerbarer Energien und energieeffizienter Strategien muß nicht unbedingt dem Vorbild der westlichen Industriestaaten folgen. Zahlreiche innovative Technologien und Systeme, die unseren gegenwärtigen oder zukünftigen Bedürfnissen entsprechen, lassen sich in unserem spezifischen Kontext nur mit Hilfe einheimischer Erfahrungen sinnvoll einsetzen. Die Zeit ist reif, das Rad neu zu erfinden. Entsprechende Technologien wurden entwickelt und für gut befunden. Gerade weil Ägypten in seiner Entwicklung noch nicht die kritische Grenze erreicht hat, können ressourcen- und energieeffiziente Technologien und Methoden als vorbeugende Maßnahmen mit gesellschaftlichem, wirtschaftlichem und ökologischem Gewinn eingesetzt werden.

## Literatur

World Bank (1997): Arab Republic of Egypt Country Economic Memorandum Statistical Index Volume IV.
Organization for Energy Conservation and Planning (1995): Egypt Energy Statistics.
ESMAP (1996): Arab Republic of Egypt Energy Sector Assessment Report.
El Banbi, H., Ministry of Petroleum (Hrsg.): Growing Energy Needs of Emerging Economies: Challenges and Ambitions, Arab Republic of Egypt.
Egyptian Electricity Authority; Ministry of Electricity and Energy (1995/1996): Annual Report of Electric Statistics, Arab Republic of Egypt.
DANIDA (1995): Overall Sector Analysis of the Renewable Energy and Energy Conservation Sector in Egypt.
World Bank (1998): Gulf of Aqaba Environmental Action Plan.
Support for Environmental Assessment and Management Project: Industrial Audit Report.
USAID (1997): Environmental Sector Assessment Report.

# DIENSTLEISTUNGEN

Walter R. Stahel

# Dienstleistungen mit Hilfe langlebiger Produkte

*Einleitung*

Ressourcenproduktivität (die positive Formulierung der Dematerialisierung) ist eine der fünf Säulen einer nachhaltigen Gesellschaft, welche (in historischer Reihenfolge) aus Naturschutz (Beispiel Nationalpark), Gesundheit und Sicherheit (fehlende Toxizität), Ressourcenproduktivität (Energiesparen und Abfallvermeidung) bestehen, sowie den heute noch kaum erforschten oder angewandten Säulen der sozialen und kulturellen Ökologie.

Eine Dematerialisierung der Wirtschaft ist ohne Verzicht möglich, wenn die heutigen Stoff- und Energieströme intelligenter, d.h. langsamer und produktiver, genutzt werden: »100% Ertrag aus Ressourceneinsatz« ist die positive Formulierung des Ziels »Null Abfall« (siehe Artikel von Gunter Pauli). Im globalen Zusammenhang betrifft das Problem einer höheren Ressourcenproduktivität die Industrienationen, welche weltweit rund 80% aller Ressourcen verbrauchen, obwohl ihr Anteil an der Weltbevölkerung nur 20% ausmacht. Um weltweit einen nachhaltigen und ausgeglichenen Pro-Kopf-Verbrauch an Ressourcen zu erreichen, muß der Ressourcenverbrauch der modernen Industriegesellschaft um etwa einen Faktor 10 produktiver werden, was einer Verminderung der Ressourcenströme um 90% entspricht.

Ein solcher Sprung ist nur durch einen gezielten Innovationsschub der Wirtschaft möglich; angepaßte politische Rahmenbedingungen könnten ihn entscheidend fördern – denn eine höhere Ressourcenproduktivität heißt mittelfristig auch eine größere Wettbewerbsfähigkeit im internationalen Markt, da eine doppelte Kosteneinsparung bei Materialeinkauf und Abfallentsorgung damit verbunden ist. Neue Formen der Zusammenarbeit zwischen Wirtschaft und Staat, zum Beispiel in Form von Innovationsbündnissen, sind deshalb sinnvoll, um das Ziel einer nachhaltigen Wirtschaft vor anderen Ländern zu erreichen. Das Erreichen dieses Ziels hätte zudem eine Signalwirkung auf die Länder der Dritten Welt.

*Langlebigkeit als Strategie zur Schaffung von Arbeitsplätzen und zur Erhöhung der Ressourcenproduktivität*

Langlebige Produkte sind der Schlüssel zur Schaffung von dezentralen Arbeitsplätzen (und einer höheren sozialen Ökologie) und zum Erfolg von Nutzungskonzepten und dematerialisierter Produktnutzung. Die Prioritäten der Lösungsansätze zu höherer Ressourcenproduktivität, mit dem Ziel einer Dematerialisierung der Wirtschaft, lauten Nulloptionen vor Nutzungskonzepten vor dematerialisierter Produktnutzung vor Fertigungsprozessen in geschlossenen Kreisläufen. Diese Prioritäten aus ökologischer Sicht fallen zusammen mit denjenigen der wirtschaftlichen, nicht aber der sozialen Verträglichkeit einer nachhaltigen Entwicklung.

Drei Anwendungsgebiete einer höheren Ressourcenproduktivität lassen sich unterscheiden. Das erste, welches hier vor allem interessiert, baut auf einer Produktdaueroptimierung von der Wiege zurück zur Wiege auf, unter Einbezug des Faktors Zeit: Langlebigkeit als Produktqualität ist zentral für die technisch-wirtschaftlichen Strategien einer höheren Ressourcenproduktivität durch eine längere oder intensivere Güternutzung bzw. Systemlösungen. Diese Strategien sind einzigartig in bezug auf die Tatsache, daß sie in allen Phasen der Produktlebensdauer (Rohstoffgewinnung, Fertigung, Vertrieb, Nutzung, Rückführung/Entsorgung) zur Abfallvermeidung beitragen und in vielen Fällen zudem eine Substitution von Energie durch Facharbeit sowie eine Regionalisierung der Wirtschaft bewirken. Mit anderen Worten: Alle fünf Säulen der Nachhaltigkeit (siehe Einleitung) werden positiv beeinflußt.

Das zweite Anwendungsgebiet betrifft Fertigungstechnologien und Innovationssprünge in der Fertigung, das dritte zielt auf die Erhöhung der technischen Produktivität im Betrieb von bestehenden Systemen. Eine höhere Ressourcenproduktivität durch Abfallvermeidungsmaßnahmen im Rahmen eines verantwortungsbewußten Betriebs von Produktionsanlagen kann als bekannt vorausgesetzt werden: Schadenverhütung ist immer auch Vermeidung von Umweltbelastungen!

*Langlebigkeit als Produktqualität*

Verschiedenste Wirtschaftsbereiche können heute schon dazu beitragen, die Langlebigkeit von Gütern zu erhöhen:

*Hersteller von Gütern:*

- Produkte können technisch langlebig gestaltet werden: resistent gegen Mißbrauch (Musik-CD, unzerbrechliches Arcopal Geschirr für Volksfeste), oder nachfüllbar (Füllfeder, Tonerkartuschen, Fotokameras), oder hochrüstbar, d.h. anpaßbar an Änderungen der Mode (Aufzugskabinen von Schindler, Bürostühle von Sedus), Änderungen der Nutzeranforderungen (das mitwachsende Kinderfahrrad Skippy) oder an Verbesserungen der Technik (Hochrüsten von Computern, Nachrüsten von Flugzeugen mit leiseren und sparsameren Motoren, Nachisolation von Gebäuden).
- Güter können zudem durch eine reparierbare oder wartungsfreie Konstruk-

tion (Nagra Tonbandgerät, SBB-Lokomotiven), durch ein zeitloses Design (Möbel, englische Autos wie Mini und Jaguar) oder durch die Verwendung von Material mit patinafähiger Oberfläche (Ledertaschen) langlebig gestaltet werden.

*Nachhaltigkeit*

Der deutsche Ausdruck ist etwa 200 Jahre alt und stammt aus der Forstwirtschaft: Er steht für eine Bewirtschaftungsstrategie, welche es erlaubt, einen möglichst großen Nutzen aus dem Wald zu ziehen (Zinsen in Form von z.B. Holz, Tieren, Früchten, Erholungswert), ohne das Kapital Wald kurz- oder langfristig zu mindern.

Nachhaltigkeit ist ein mehrdimensionaler und vernetzter Begriff, der heute auf mehreren Säulen ruht, die hier schlagwortartig skizziert werden:

1. *lebensunterstützende Funktion der Natur:* der Naturschutz im eigentlichen Sinne, wie er sich in Naturparks und ähnlichen nichtproduktiven Landschaften zeigt (Stichworte Artenvielfalt, Trinkwasser, Ackerland);
2. *Sicherheit und Gesundheit (Toxikologie):* die chemische Ecke der Umweltbelastung, welche weniger für die Natur als für den Menschen eine Gefahr bedeutet (Stichworte Dioxin, Schwermetalle; Akkumulation);
3. *Ressourcenströme:* der Verbrauch an Stoffen und Energie, für den Menschen als Problem weniger sichtbar, für den Planeten vielleicht der nächste *big bang*, sowie eine Zeitbombe in den Nord-Süd-Verhandlungen (Stichworte Versauerung, Ressourcenproduktivität).

Diese drei Säulen bilden das Rückgrat einer technisch nachhaltigen Wirtschaft. Aber erst mit dem Einbezug von soziokulturellen Werten (Säulen 4 und 5) dürfte die Schaffung einer nachhaltigen (zukunftsfähigen) Gesellschaft möglich werden! Die folgenden Säulen der sozialen und kulturellen Ökologie finden heute jedoch noch kaum Beachtung.

4. *soziale Ökologie:* die Beziehungsnetze der sozialen Ökologie sind vermutlich eine Voraussetzung zur erfolgreichen Realisierung der ersten drei Säulen. Sie sind zudem wahrscheinlich weniger resistent als die umwelttechnischen Säulen 1–3 der Nachhaltigkeit, und könnten sich als eigentliche Schwachstelle einer nachhaltigen Gesellschaft erweisen. (Stichworte Arbeitslosigkeit, Beziehungslosigkeit, Vandalismus, Verunsicherung)
5. *kulturelle Ökologie:* Stichworte: Abfall ist ineffizient ist un-japanisch (MITI, 1995); Show to others that you are able to care, by looking after e.g. your car, your house (instead of buying a new one) (Kusz, IDSA, 1995); Gutes Engineering ist nachhaltig (Siemens PC 1985); Unternehmensziel 100% Ertrag (statt *zero waste*) (DuPont, 1996).

Eine der Schwierigkeiten der Bestrebungen in Richtung einer nachhaltigen Gesellschaft liegt darin, daß Nachhaltigkeit auf keine dieser Säulen verzichten kann. Ein Risikomanagement im Sinne des Gegeneinander-Abwägens ist deshalb sinnlos, ja gefährlich; ein nachhaltiges Wirtschaften verlangt ein gleichzeitiges, mehrgleisiges und vernetztes Vorgehen. Dieses wird aber durch die Spezialisierung der Experten sowie die beschränkten finanziellen Mittel behindert und ist zudem politisch schwierig zu verkaufen.

*Ressourcenproduktivität und Unternehmensstrategien in der Dienstleistungsgesellschaft: neue Handlungsspielräume*

| Erhöhung der Ressourcenproduktivität durch: | Schließen der Stoffkreisläufe; technische Strategien | Schließen der Verantwortungskreisläufe; kommerzielle/Marketingstrategien |
|---|---|---|
| Suffizienzlösungen | Beinah-Null-Optionen: Nichtmalen von Flugzeugen, nächtliches Pflügen, Prävention (Impfungen) | Nulloptionen: Handtuch-Nichtwechsel in Hotels, Nichtversicherung von PKW-Auffahrunfällen in Kalifornien |
| Systemlösungen Reduktion von Volumen und Geschwindigkeit der Stoffströme: | Strategie S: Systemlösungen Leuchttürme, PTS Flugzeugbeweger, skin-Lösungen | Strategien V: Systemische Lösungen Zugänglichkeit, Regionalisierung, Verkauf von Resultaten statt Gütern, Verkauf von Dienstleistungen statt Gütern, Outsourcing (book printing on demand) |
| intensivere Nutzung von Gütern, Reduktion des Volumens der Stoffströme: | Strategie M: Ökodesign multifunktionale Güter dematerialisierte Güter (Schlauchbeutel) | Strategien V: Ökomarketing gemeinsame Nutzung von Gütern, geteilte Nutzung von Gütern, Verkauf von Nutzen statt von Gütern |
| intensivere Nutzung von Gütern Reduktion des Volumens der Stoffströme: | Strategien A, B, C: Re-manufacturing (Aufarbeitung), Langzeitgüter, Nutzungsdauerverlängerung von Gütern und Komponenten | Strategie D: Re-Marketing Entschaffungsdienstleistungen, Wegrüsten von Gütern |

Weiterentwickelt aus: Giarini, Orio and Stahel, Walter R. (1989/1993): The Limits to Certainty, facing risks in the new Service Economy, Kluwer Academic Publishers: Dordrecht, Boston.

Hersteller von innovativen Komponenten ermöglichen zunehmend die Verlängerung der Lebensdauer von bestehenden Produkten durch den Nutzer, zum Beispiel durch das Hochrüsten von PC durch Komponententausch oder Softwareprogramme oder durch das Anfügen eines digitalen Hochrüstzusatzes an Spiegelreflexkameras (NC2000 von Kodak) oder durch einen Einbausatz, der einen Patronenfüller in einen Kolbenfüller verwandelt (Pelikan).

*Bewirtschafter von Güterflotten*
Die Langlebigkeit von Gütern hängt auch mit Eigentum zusammen. Der Eigentümer hat ein wirtschaftliches Interesse an einer langen Nutzungsdauer von Gütern, solange kein Technologiesprung stattfindet (z.B. vom Koaxialkabel aus Kupfer zum Glasfaserkabel) und solange die vorhandene Lösung billiger ist als eine Substitutionslösung. Den Kosten der Nutzungsdauerverlängerung durch Reparatur und Aufarbeitung kommt somit eine zentrale Bedeutung zu. Mietsysteme, welche dem Nutzer die Güter zur Verfügung stellen, d.h. die Nutzung statt der Güter verkaufen, haben ein nicht nur wirtschaftliches Interesse an einer maximalen Ausbeutung des Produktlebens durch Nutzungsdauerverlängerungen, sondern verfügen meist auch über die technische Fähigkeit, Güter billig zu reparieren, anzupassen und hochzurüsten. Einige Beispiele hierfür sind Bahnen und Luftverkehrsgesellschaften, Wohnungsbaugenossenschaften, Geschirr- und Sportgerätevermietungen (rent-a-ski, Davos), die Langzeitvermieter von Fotokopiergeräten wie Xerox sowie das Charter Way-Konzept von Mercedes-Benz, welches Fuhrunternehmen jederzeit die benötigte Transportkapazität zur Verfügung stellt (große oder kleine oder gar keine LKW nach Bedarf; Verrechnung nach Verbrauch an Tonnenkilometern).

Dies ist nicht eine Verteufelung von Privateigentum: Güter im Besitz einzelner sind immer dann privatwirtschaftlich sinnvoll, wenn der Wert der Güter mittelfristig zunimmt (Immobilien, Antiquitäten, Raritäten, Oldtimer). Dann ist auch ihre Langlebigkeit gegeben!

*Dienstleister*
Eine Verlängerung der Lebensdauer bestehender Produkte wird durch die Entwicklung innovativer Reparatur- und Instandsetzungstechnologien erleichtert; Castolin + Eutectic in Lausanne ist eine auf dem Weltmarkt für vorbeugende Reparaturtechnologien führende Schweizer Firma. Auch die Durchsetzung eines freien Marktes für kostengünstige Reparaturen ermöglicht ressourcenschonende Innovationen, wie die von skandinavischen Versicherern entwickelte Reparaturmethode des Klebens von beschädigten PKW-Kunststoff-Stoßstangen zeigt. Und schließlich kann die Verlängerung der Nutzungsdauer von

Gütern durch lokales Gewerbe kostengünstig und wettbewerbsfähig sein, sofern die handwerklichen Fähigkeiten noch vorhanden sind (Änderungsschneidereien, PKW-Werkstätten).

Firmen, welche sich auf die Aufarbeitung und/oder den Wiederverkauf von Gebrauchtgütern spezialisieren, tragen aktiv zur Nutzungsdauerverlängerung von Gütern im Sinne eines zweiten Lebens bei (Phoenix Technologies hat für die Komponenten der ausgedienten holländischen Telefonapparate neue Absatzmärkte in Asien gefunden; Rußland kauft die Schweizer Telefonapparate und arbeitet sie auf; Texaid erlaubt vielen Leuten, sich anständiger zu kleiden; Ottos Warenposten verkauft Restposten und Auslaufserien, welche sonst direkt vom Hersteller zur Deponie gelangt wären – nicht nur Abfallvermeidung, sondern auch die Schaffung von 700 Arbeitsplätzen in 57 Schweizer Filialen!).

*Nutzer*

Die Nutzer, d.h. Konsumentinnen und Konsumenten, entscheiden bei Gütern im persönlichen Eigentum über die Lebensdauer von Gütern. Kriterien dazu sind der Restwert der Güter, vorhandene oder fehlende Hilfestellung der Wirtschaft (Reparatur) sowie die Beziehung des Nutzers zu seinen Dingen: Teddybären leben oft länger als ihre Besitzer, und niemand wirft Antiquitäten oder Oldtimer auf den Müll – weil sie zeitlos sind und ihr Wert zunimmt.

*Zukunftsfähiges Wirtschaften beruht auf geschlossenen Kreisläufen*

Der Schlüssel zum Spannungsfeld Umwelt, Marktwirtschaft und Arbeit liegt in der dritten Säule Ressourcenströme; diese bietet auf den ersten Blick wenig technologische Chancen und ist deshalb kaum erforscht, teils als Folge der Ausrichtung der Forschungsförderung auf Technologien statt Strategien, teils als Folge der vorwiegend technischen Ausrichtung der Umweltdiskussion. Diese letztere hat zur Öko-Lösung der kleinsten Veränderungen der bestehenden Wirtschaft geführt, nämlich dem Schließen der Stoffkreisläufe durch Materialrecycling, welches als Produktverantwortung von der Wiege zum Grab propagiert wird. In Wirklichkeit ist es eine Verantwortung für Wiege und Grab und hat primär eine Aufwertung der Totengräber zur Folge (Abfallmanagement ist denn auch ein *boom business* geworden). Die Nutzung, zwischen Wiege (Verkaufspunkt) und Grab gelegen, wird dabei als möglicher neuer Optimierungsfaktor übergangen; Recycling ist deshalb vor allem ein Kind der toxikologischen Abfallminimierung, nicht einer Minimierung der Ressourcenströme.

Erst das Schließen der Verantwortungskreisläufe, z.B. durch freiwillige oder gesetzliche Rücknahmeverpflichtungen für Rohstoffe, Komponenten und Güter, bringt eine Produktlebensverantwortung der Hersteller von der Wiege zurück zur Wiege! Der ehemalige deutsche Umweltminister Töpfer verdient einen Umweltpreis dafür, daß er als erster Politiker diesen Zusammenhang erkannt und umgesetzt hat: Beispiele von geschlossenen Verantwortungskreisläufen zeigen nämlich, daß Materialrecycling nicht auf einer wirtschaftlichen Optimierung (mit einem Internalisieren aller Kosten), sondern einer Risikoabneigung der Wirtschaft beruht; denn ein Produkt hat immer einen höheren Wert als die Summe seiner Wertstoffe (Stahel, 1991). Diese Überlegungen gelten vor allem für die industrialisierten Länder mit weitgehend gesättigten Märkten für viele Produkte.

*Die Notwendigkeit eines neuen zentralen wirtschaftlichen Wertbezugs der Kreislaufwirtschaft*

Eine Verminderung der Ressourcenströme ohne Verzicht auf Güternutzung kann einerseits durch eine längere, andererseits durch eine intensivere Nutzung von Gütern erreicht werden. Die Verdoppelung der durchschnittlichen Lebensdauer eines Produktes führt zu einer Halbierung der Produktion und des Abfalls, welche mit diesem Produkt zusammenhängen, inklusive der damit verbundenen Ressourcenströme und Umweltbelastungen (Verpackung, Lagerung, Transporte). Eine Verlängerung der Produktdauer bedeutet somit eine Verminderung der Geschwindigkeit der Stoffströme um 50%; eine intensivere Nutzung von Gütern durch multifunktionale Produkte, geteilte Nutzung und Systemlösungen erlaubt eine Verringerung des Querschnitts der Stoffströme (IFG, 1993).

Da die wirtschaftliche Optimierung heute linear und fertigungsbezogen definiert ist, d.h. am Verkaufspunkt endet, ist wirtschaftlicher Erfolg (Verkaufsumsatz und BSP) direkt mit den Ressourcenströmen verknüpft; die Strategien einer längeren und intensiveren Nutzung von Gütern liegen deshalb außerhalb der wirtschaftlichen Interessen.

Erst geschlossene Material- und Verantwortungskreisläufe, d.h. eine Produktverantwortung der Hersteller von der Wiege zurück zur Wiege, erlauben aber eine Entkoppelung von wirtschaftlichem Erfolg und Ressourcenströmen. Denn Kreisläufe haben, im Gegensatz zu linearen Abläufen, keinen Anfang und kein Ende; eine Kreislaufwirtschaft braucht deshalb neue Optimierungsmaßstäbe. Und da die Lösung zu einer bedeutenden Verminderung der Ressourcenströme in einer längeren und intensiveren Nutzung von Gütern liegt, muß sich der zentrale wirtschaftliche Wertbezug einer zukunftsfähigen Wirtschaft darauf beziehen: Der Nutzungswert ersetzt den heutigen Tauschwert als zentralen Wertbezug, und die (Nutzungs-)Werterhaltung wird zur wirtschaftlichen Zielsetzung, zusammen mit der Optimierung und dem Verkauf der Güternutzung (Verkauf von Nutzen, Resultaten und Dienstleistungen). Das diesem neuen Denken der Werterhaltung übergeordnete Prinzip ist die Dienstleistungsgesellschaft, welche das Prinzip der Wertschöpfung der Industriegesellschaft ablöst, ähnlich wie die letztere vor 200 Jahren die Landwirtschaftsgesellschaft abgelöst hat (Giarini; Stahel, 1993).

Ein Verkauf von Nutzen statt von Gütern durch Strategien der Vermietung, des Betriebsleasings oder des *outsourcing*, schließt den Begriff der Nützlichkeit in sich ein: Firmen, welche auf das Wegwerfprinzip setzen, werden nun auf ihren Produkten sitzenbleiben, denn kein Mieter wird die Miete bezahlen für ein nichtnützliches Produkt (kaputt, unverständlich, nicht nutzerfreundlich), welches er zurückgeben kann. Firmen hingegen, welche dem Nutzer Güter zur Verfügung stellen, welche ihm einen dauerhaften Nutzen bringen, werden langfristig wirtschaftlich erfolgreich sein – unabhängig von ihrem Fertigungsvolumen.

*Zukunftsfähiges Wirtschaften ist regional und dienstleistungsbezogen*
Dienstleistungen unterscheiden sich von Gütern in mehrfacher Hinsicht: Sie sind nicht lagerbar, sie müssen möglichst am Ort des Bedürfnisses erbracht werden, und sie sollten rund um die Uhr erhältlich sein. Typische Beispiele für Dienstleister sind Ärzte und Krankenhäuser, Sicherheitsdienste, Bahnen und Vermieter von Produkten. Eine effiziente Dienstleistungswirtschaft ist deshalb regional aufgebaut, was nicht ausschließt, daß Funktionen wie Forschung, Buchhaltung zentralisiert werden können.

Die Notwendigkeit einer Regionalisierung der Wirtschaft ist aber auch eine inhärente Voraussetzung der Kreislaufwirtschaft: Im Gegensatz zur Industriewirtschaft fallen in einer nutzungsbezogenen Kreislaufwirtschaft die geographische Verteilung von Rohstoffen und von Güternachfrage zusammen! Die Ressourcen, in Form von gebrauchten Gütern, Komponenten und Wertstoffen, fallen da an, wo sie im Gebrauch waren: In einer Vielzahl von Städten und Kommunen. Um diese Ressourcen in neue Güter auf- und umarbeiten zu können, muß eine erfolgreiche Kreislaufwirtschaft regional aufgebaut sein. Damit entstehen Arbeitsplätze da, wo die Arbeitslosen sind: Zum ersten Mal in der Geschichte kann die industrielle Wirtschaft eine Mobilität der Arbeitsplätze anbieten – nach einem Umbau zur Dienstleistungsgesellschaft!

Dieser Umbau der Wirtschaft hat bereits begonnen; unter den neuen Akteuren sind lokale Nachfüller von Tonermodulen für Drucker, regionale Reparaturwerkstätten und Aufarbeitungsfabriken für Investitionsgüter, dezentrale Demontagewerke von Computerfirmen, welche ihre Komponenten wiederverwenden, und elektrische Minimills für dezentrales Stahlrecycling statt kohlegefeuerter Hochöfen zur Stahlherstellung. Viele der Firmen, welche weltweit die höchste Börsenkapitalisierung aufweisen, erwirtschaften ihren Umsatz primär mit Dienstleistungen statt mit Ressourcenverbrauch: General Electric mit *leasing* von Investitionsgütern, Coca-Cola mit Franchising, Microsoft mit dem Verkauf von *enabling technologies* zur Erleichterung der dezentralen Eigenarbeit, Schindler mit Serviceverträgen für bestehende Aufzüge.

*Zukunftsfähiges Wirtschaften schafft Arbeitsplätze*

Daß Dienstleistungen auf dem Gebiet der Nutzungsdauerverlängerung von Gütern mehr und höher qualifizierte Arbeit schaffen als die entsprechende Fertigung von Neugütern, ist seit langem bekannt (Stahel; Reday 1976, 81). Dies rührt daher, daß drei Viertel der gesamten Energie in die Herstellung von Rohstoffen wie Zement und Stahl gehen, aber nur ein Viertel in die Fertigung eines Produktes. In der Tragstruktur eines Gebäudes stecken deshalb drei Viertel der grauen Energie, im Ausbau nur ein Viertel; bei der Renovierung eines Gebäudes bleiben somit 75 % des gesamten Energieaufwandes erhalten. Die Zahlen für die Arbeitsleistung sind umgekehrt, drei Viertel werden in der Fertigung und ein Viertel in der Rohstoffherstellung benötigt; eine Gebäuderenovierung verursacht in etwa gleich viel Arbeit wie ein Abriß und Neubau.

Die Aufarbeitung eines Gebraucht-PKW benötigte 1975, verglichen mit der Fertigung, über 50 % mehr Arbeitsaufwand, sparte aber 40 % der grauen Energie. Durch die seither fortgeschrittene Mechanisierung der Fertigung benötigt die Aufarbeitung eines PKW heute ein Vielfaches der 19 Arbeitsstunden, welche in der Fertigung eines PKW anfallen.

Anstrengungen zur Wiederverwendung von Gütern (Reparatur, Instandhaltung, Aufarbeitung, technologisches Hochrüsten) vermindern deshalb nicht nur Abfälle und Ressourcenströme, sondern entsprechen auch einer Substitution von Energie durch Facharbeit und von automatisierter globaler Fertigung durch dezentrale, facharbeitsintensive Werkstätten. Die Dienstleistungen der normalen Instandhaltung werden dezentral erbracht, dürfen im Umfang nicht unterschätzt werden: Über 20 Jahre sind die Ausgaben für örtliche Werkstätten-Arbeit bei einem PKW größer als der (u.U. fernöstliche) Kaufpreis.

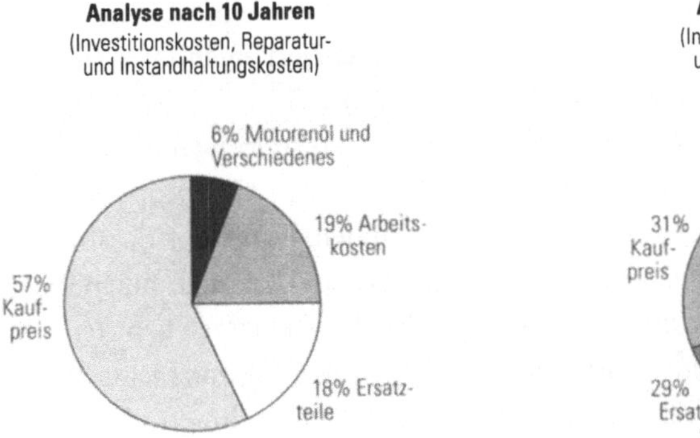

Lebenskostenanalyse eines PKW über 10 und über 20 Jahre

Was die Arbeitsplätze in der Fertigung betrifft, sind aus der Managementlehre die Abhängigkeiten zwischen Fertigungsvolumen und wirtschaftlichster Technologie (bzw. Automatisierungsgrad) bekannt: Das klassische Beispiel der *Harvard Business Review* zeigte, daß eine Druckerei, ein Hersteller von Baumaschinen, ein PKW-Hersteller und eine Zuckerraffinerie auf ganz verschiedenen Ebenen der Automatisierung, aber bezogen auf ein vorhandenes Fertigungsvolumen, wirtschaftlich optimal arbeiten. Da eine bedeutende Verminderung der Ressourcenströme zwingenderweise zu einer Verminderung der Fertigungsvolumen von Rohstoffen und Gütern führen wird, welche durch die beschriebene Regionalisierung noch verstärkt wird, ist abschätzbar, daß eine dematerialisierte und regionale zukunftsfähige Wirtschaft trotz verminderter Ressourcenströme in der Fertigung nicht weniger Arbeitskräfte beschäftigen wird als die heutige.

Auch die Arbeitsplätze in Design und Konstruktion werden im Umstieg von Wegwerf- zu langlebigen Gütern zunehmen. Um Güter, Komponenten und Rohstoffe wirtschaftlich wiederverwenden zu können, ist neben der Regionalisierung der Aufarbeitung/Fertigung auch eine strikte Modulbauweise mit Komponentenstandardisierung notwendig, welche zudem langfristig Gültigkeit haben sollte. Diese Aufgabe bringt, wie das Xerox-Beispiel (die erste konzernweite Anwendung einer Kreislauf-Design-Strategie) gezeigt hat, eine Mehrarbeit in Design und Konstruktion! Die Standardisierung der Komponenten nach Funktionen senkt aber die Kosten durch höhere Skalenerträge in der Komponentenherstellung, ermöglicht höhere Effizienz der Produkte, wegfallende Lagerhaus- und Transportkosten und stark verminderte Kosten in Rohstoffeinkauf und Abfallentsorgung! Das Re-engineering der 80er Jahre hat gezeigt, daß die Strategie der Produktdifferenzierung in der Vergangenheit Marketingvorteile, aber auch höhere Kosten gebracht hat.

Im zukunftsfähigen Wirtschaften besteht ein Paradox der Langsamkeit: Schnelles Agieren im Markt ist nur mit einer Strategie von langlebigen, hochrüst- und aufarbeitbaren Gütern möglich; diese aber verlangen eine zeitaufwendigere langsamere Konstruktion (Backhaus, 1994).

Es gibt heute schon Unternehmen, welche diese Anforderungen an zukünftiges Wirtschaften (wie Dezentralität, Flexibilität, normierte Komponenten) aus Gründen der höheren Wettbewerbsfähigkeit erfüllen: Firmen im Sektor *outsourcing* und *contract manufacturing*, welche Resultate an Unternehmen billiger verkaufen, als diese sie selbst erarbeiten können. Zu diesen Firmen gehören z.B. EDS, ACER, Umax, Speno und Huttelmaier und Gummi-Mayer in Deutschland – selbst Fachleuten oft unbekannte, hocheffiziente Unternehmen einer nutzungsorientierten *high-tech* Dienstleistungswirtschaft.

Als Übergangsproblem bleibt die mangelnde Flexibilität gewisser Produktionsstrukturen: Wenn (über-)effiziente automatisierte Anlagen weit unter Kapazität betrieben werden müssen, weil sie nicht an tiefere Produktionsvolumen angepaßt werden können, entstehen höhere Preise (bzw. Verluste) ohne die Schaffung von mehr Arbeitsplätzen.

*Rahmenbedingungen eines zukunftsfähigen Wirtschaftens*

Wenige Rahmenbedingungen verzögern heute den Umbau der Wirtschaft gewaltig: Die weitgehende Finanzierung des Staates und der Sozialversicherungen über Lohnsteuern verfälscht die relativen Kosten von Energie und Arbeit und bestraft die ressourcensparenden Strategien der Kreislaufwirtschaft (Wiederverwendung, längere und intensivere Nutzung, Verkauf von Nutzen statt Gütern) zugunsten einer automatisierten Wegwerfwirtschaft. Eine Staatsfinanzierung über Ressourcensteuern würde in einer Vielzahl von Fällen die globale Fertigung von Wegwerfgütern mit globaler Distribution unwirtschaftlich machen.

Berufsbilder im Bereich der Dienstleistungen zur Nutzungsdauerverlängerung gibt es kaum. Das Bildungswesen produziert Spezialisten für einzelne Fähigkeiten, während Reparatur und Aufarbeitung ein ganzheitliches Produktverständnis verlangen. Die Änderung der Handwerksordnung, welche es seit einem Jahr erlaubt, daß der »Schuster nicht bei seinem Leisten bleibt«, ist ein begrüßenswerter Abbau eines Hindernisses – die nächste Aufgabe wäre die aktive Förderung von neuen Berufsbildern, wie sie z.B. die Schweiz 1993 geschaffen hat (»Instandhaltungsfachfrau, -fachmann«).

Im Verbraucherschutz sollte das Neuheitsgebot von Komponenten und Gütern durch Langzeitgarantien (5 Jahre und mehr) ersetzt oder diese als Alternative akzeptiert werden. Diese Änderung würde in vielen Fällen eine Kreislaufwirtschaft auf der höchsten Wertebene erst ermöglichen und damit Innovationen und die Wettbewerbsfähigkeit der deutschen Industrie fördern.

*Optimierungsvarianten in der Aufarbeitung am Beispiel eines LKW-Getriebes*

a) Vorgabe des Herstellers: Arbeitsaufwand 23,5 Stunden, Preis 16000 CHF
b) Ausführung durch Werkstätte Saurer AG Bern: Arbeitsaufwand 59 Stunden, Preis 10400 CHF

Unterschied zwischen a) und b):
a) weitgehender Einsatz von Neuteilen und Verschrottung der Altteile,
b) weitgehende Aufarbeitung der gebrauchten Teile statt Neuteile.

Fazit: höhere Arbeitsproduktivität führt zu höheren Kosten für den Besitzer, zu vermeidbarem Abfall und zu weniger Arbeit! (Bierter, 1998, 34–35).

Das Beispiel zeigt, daß auch die fertigungsorientierte Wirtschaftsstruktur mit ihrer Betonung der Arbeitsproduktivität und des Drucks der Hersteller zu Reparaturen unter Verwendung von Original-Neuteilen in den Dienstleistungen zur Nutzungsdauerverlängerung von Gütern zu nichtnachhaltigen Lösungen führt: unökologisch, teuer und unsozial. Der Umbau der Wirtschaft muß deshalb auch in den Köpfen und in der Wirtschaftstheorie stattfinden!

*Handlungsspielräume für Innovation und Wettbewerb schaffen – den Staat entlasten*

Überall ertönt der Ruf nach weniger Staat, während der Staat in der Menge selbstgeschaffener Verordnungen versinkt. Eine offensichtliche Lösung aus dem Dilemma wäre, daß die Wirtschaft mehr Eigenverantwortung übernimmt – Beispiel freiwillige branchenweite Rücknahmeverpflichtungen statt gesetzlichem Zwang. Firmen wie Xerox, welche diese Lösung vorweggenommen haben, zeigen unterdessen auch schon, daß sich mit intelligenten Strategien der Wiederverwendung von Gütern und Komponenten nicht nur Abfälle vermeiden lassen, sondern auch Geld verdienen läßt (Deutsch, 1994).

Das Grundproblem des wirtschaftlichen Umbaus von der Industrie- zur Dienstleistungsgesellschaft ist aber vor allem über die Schaffung neuer wirtschaftlicher Handlungsspielräume lösbar. Die Akzeptanz von Gesetzen und Normen beruht auf der historischen Entwicklung, nicht auf Visionen; in jedem Paradigmenwechsel sind deshalb die bestehenden Leitplanken ein Schutz des alten Paradigmas und ein Hindernis des neuen! Eine marktwirtschaftliche Strategie eines Umbaus mit dem Ziel der Innovationsförderung innerhalb des neuen Paradigmas könnte es deshalb sein, Unternehmen einen Freibrief zu geben, der an eine Bedingung geknüpft ist: daß ein solventer Dritter, zum Beispiel eine Versicherungsgesellschaft, eine unbegrenzte Haftung übernimmt, falls in den neuen Spielräumen außerhalb der Leitplanken etwas schiefgehen sollte. Damit würden Handlungsspielräume, die gemäß den Regeln des Risikomanagements abgrenzbar und versicherbar sind (auch in bezug auf Umwelthaftung), der Innovation geöffnet – und falls jemand sich täuschen sollte, treten marktwirtschaftliche Mechanismen in Kraft – ohne staatliche Überwachung bzw. Verordnung.

*Beschäftigungswirksamkeit langlebiger Produkte*

Der Abschied vom Wegwerfprinzip wird in verschiedenen Sektoren in positiver Weise beschäftigungswirksam werden:

Dienstleistungen des Zur-Verfügung-Stellens von Gütern: Vermietsysteme zur gemeinsamen und intensiveren Nutzung von Gütern (Beispiele Autovermietung, Waschsalon) bringen eine Nachfrage nach Arbeitskräften zur Sicherstellung von Systemfunktionen rund um die Uhr, welche die Eingliederung von Teilzeitkräften, Behinderten und ähnlichen »unterproduktiven« Arbeitskräften erleichtert.

Dienstleistungen zur Produktdauerverlängerung von Gütern (*re-manufacturing*): Facharbeitsplätze in dezentralen Unternehmen, welche sich der Wartung, Reparatur, Instandhaltung, Aufarbeitung und Hochrüstung von bestehenden Produkten widmen, werden zunehmen.

Dienstleistungen der Wiederverwendung von Komponenten und Gütern (*re-marketing*): Facharbeitsplätze in regionalen Rücknahmezentren, welche sich der zerstörungsfreien Demontage von Gütern und dem Verkauf von Gebrauchtkomponenten und -gütern zur Wiederverwendung widmen, werden neu entstehen.

Neue Geschäftsgebiete der Nutzungsoptimierung: Neue Technologien der Nutzungsoptimierung, wie z.B. die in-situ Überwachung des Ist-Zustandes von technischen Systemen zur Vermeidung von Systemunterbrüchen, werden die Schaffung von Facharbeitsplätzen in neuen *high-tech*-Gebieten bewirken (Stahel 1987).

Produktion: die Verminderung der Ressourcenströme sowie die zur Wiederverwendung von Gebrauchtkomponenten in Produktion und Aufarbeitung notwendige Regionalisierung der Produktion werden eine Volumenanpassung der Prozeßtechnologien in der Fertigung bewirken (Umkehr der Skalenerträge), welche in vielen Fällen aus Gründen der Wirtschaftlichkeit und Flexibilität einen Wechsel zu arbeitsintensiveren Methoden auslösen wird.

Langlebige Produkte brauchen eine längere und arbeitsintensivere Entwicklungs- und Konzeptionszeit; die Arbeitsplätze in der Produktentwicklung (Design- und Konstruktion) werden zunehmen.

Rahmenbedingungen für neue wirtschaftliche Akteure: Eine Änderung der Rahmenbedingungen sowie die Schaffung von neuen Handlungsspielräumen könnten die Entstehung von neuen Geschäftsgebieten fördern, welche zusätzliche Arbeitsplätze und eine Erhöhung der Wettbewerbsfähigkeit der deutschen Wirtschaft bewirken würden.

Der Abschied vom Wegwerfprinzip wird aber auch in verschiedenen Sektoren in negativer Weise beschäftigungswirksam werden:

Geschlossene Verantwortungskreisläufe für Güter bewirken einen Nachfragerückgang für Rohstoffe und Abfallentsorgung: In der weiteren Entwicklung dieser Industrien kann ein Rückgang bzw. eine Verlagerung der Beschäftigung (vom Hochofen zu Minimills) vorausgesehen werden.

Geschlossene Verantwortungskreisläufe für Rohstoffe werden eine Rationalisierung des Materialrecyclings durch eine Beschränkung des Angebots auf wenige Legierungen zur Folge haben, welche mit Volumentechnologien wie *polymer cracking* (chemisches Recycling) industriell rezykliert werden können; ein Rückgang der Beschäftigtenzahl ist wahrscheinlich.

Langlebige Produkte bewirken eine Verminderung der Geschwindigkeit, eine intensivere Nutzung eine Verminderung des Volumens der Stoffströme: Beides hat eine starke Verminderung der Volumina in Ressourcenproduktion (Energie und Stoffe) und Recycling zur Folge und somit eine Umkehrung der Skalenerträge bzw. die Anwendung von neuen Technologien. Die Beschäftigungswirksamkeit einer solchen Entwicklung ist unbekannt.

Dem Autor ist weltweit keine einzige Studie bekannt, welche die Beschäftigungswirksamkeit der genannten absehbaren Entwicklungen quantitativ analysieren würde, vermutlich deshalb, weil die Strategien einer längeren und intensiveren Nutzung von Gütern außerhalb des Optimierungsfeldes der heutigen Volkswirtschaft liegen.

*Der Verkauf von Langlebigkeit*

Langlebigkeit als neue Produktqualität ist wirtschaftlich, verlangt jedoch nach neuen wirtschaftlichen Strategien, die sich permanent dem technischen wie dem gesellschaftlichen Wandel anpassen können und welche die bereits genannten (Umwelt- und Wirtschafts-)Prioritäten Nulloptionen vor Nutzungskonzepten vor dematerialisierten Gütern anstreben.

Nur: In den gesättigten Märkten der Industrieländer haben grundsätzlich weder die Wirtschaft, welche von einem höheren Ressourcendurchfluß besser lebt, noch der Staat, welcher daraus höhere Steuererträge abschöpft, ein Interesse an Dematerialisierung – und Nachhaltigkeit wie Umwelt haben keine Stimme. Ein Umbau von Wirtschaft und Politik im Sinne einer Dienstleistungsgesellschaft, welche Leistungen statt Güter verkauft und die Qualität des Güterbestandes statt der Produktivität des Ressourcendurchflusses mißt, erscheint deshalb unumgänglich – nicht (nur) zur Rettung der Umwelt, sondern vor allem zur Erhöhung der Wettbewerbsfähigkeit!

Von zentraler Bedeutung werden wirtschaftliche Strategien des Verkaufs von Leistung, Resultaten oder Nutzung statt Gütern, weil Nulloptionen nur dann Gewinn bringen: Die freiwillige Wiederverwendung von Handtüchern durch den Hotelgast bedeutet eben auch eine Kostenminderung für das Hotel! Ähnliches gilt für Nutzungskonzepte wie eine intensivere Nutzung von Gütern durch Strategien des Teilens, Leihens oder Mietens. Sie sind nur in Systemlösungen (Kombinationen von technischen und Marketingstrategien) wirtschaftlich interessanter als der Güterverkauf: Servicezentren statt Güter im Einzelbesitz (Textilpflegezentren statt Waschmaschinen), der Verkauf von Sicherheit statt Alarmanlagen (Securitas AG), der Verkauf von Kundenzufriedenheit statt Fotokopiergeräten (Xerox), Leuchttürme statt Schiffsausrüstungen, Datenautobahnen statt PKW. Die Beispiele der Vermietung von Molekülen statt Verkauf von Chemie (Safety-Kleen USA, Dow Europe), d.h. die Auslieferung, Rücknahme und Aufarbeitung von u.a. Motorenöl und Reinigungsflüssigkeiten zeigt die hohe Verantwortung, welche der Systembetreiber freiwillig übernimmt, aber auch die Erhöhung der Ressourcenproduktivität und die Abfallvermeidung, welche aus der Vermietung im Kreislauf resultieren.

Dematerialisierte Produktnutzung umfaßt neben dematerialisierten Gütern (z.B. Schlauchbeutel statt Tetrapack als Milchverpackung) auch multifunktionale Güter wie das Schweizer Militärmesser, vor allem aber ein Produktdesign von Langzeitgütern mit einer hohen Anpassungsfähigkeit an technischen Wandel und/oder an veränderte Nutzeranforderungen (Wechselhautlösungen erlauben einen schnellen Tausch der Bezüge von modischen Bürostühlen, der Front- und Heckpartie von Autos bzw. der Kartonverpackung von Mehrweg-Einmalkameras) und technischen Fortschritt (Modulbausysteme mit standardisierten Komponenten wie Flugzeuge oder Haller-USM-Büromöbel). Diese Anpassungsfähigkeit schließt auch den gesellschaftlichen Wandel mit ein; die Werterhaltungsgesellschaft der Umweltbewußten und Antiquitätensammler verlangt nach wirtschaftlichen Strategien der Dematerialisierung im Sinne einer langen Nutzungsdauer von Gütern, während die Multioptionsgesellschaft von Peter Gross, deren Anhänger nach permanenter Abwechslung verlangen, durch Miet-, Tausch- und Leihstrategien im Rahmen einer nachhaltigen Wirtschaft befriedigt werden können – eine Dematerialisierung ist in beiden Fällen möglich, aber die wirtschaftlichen Strategien müssen den Eigenheiten der verschiedenen Nachfragen angepaßt sein!

*Die Rolle der Verbraucher und Politiker*

Die in Nutzer verwandelten Verbraucher haben mit Langlebigkeit in einer Dienstleistungsgesellschaft kaum Probleme, bringt sie ihnen doch eine hohe Flexibilität in der Nutzung (durch Besitztum statt Eigentum), tiefere Kosten sowie ein vermindertes Risiko. Ein Umbau der Konsumgesellschaft hin zu einer sorgenden (*caring and sharing*) Werterhaltungsgesellschaft würde Langlebigkeit als Produktqualität hingegen fördern.

Auch Politiker könnten die Vorteile eines Umbaus zur Dienstleistungsgesellschaft schätzen lernen, bedeutet sie doch eine höhere Eigenverantwortlichkeit der Wirtschaft (nur soviel Staat wie nötig) und Risikobereitschaft (keine Innovation ohne Risiko!). Der Entwurf des neuen Waldgesetzes (*NZZ*-Überschrift: Wälder (fast) ohne Vorschriften) kann hier als Beispiel dienen. Langlebigkeit als neue Produktqualität und Dematerialisierung könnten durch neue politische Rahmenbedingungen bedeutend gefördert werden: Besteuerung der Ressourcenströme statt der Arbeitslöhne, Förderung der kreativen Eigenarbeit statt Frühpensionierungen, die Schließung der Verantwortungskreisläufe (zusätzlich zu den Materialkreisläufen), obligatorische Haftpflichtversicherung statt technischer Normen und staatlicher Vorschriften, der konsequente Einbezug des Faktors Zeit in Gesetze und Rahmenbedingungen; dieses Umsteuern würde die Wettbewerbsfähigkeit jeder Industrienation sprunghaft steigern – zum Wohl der Wirtschaft, der Gesellschaft und der Umwelt!

## Literatur

Backhaus, Klaus (Hrsg.) (1994): Die Beschleunigungsfalle oder der Triumph der Schildkröte, Schäffer-Poeschel Verlag: Stuttgart.

Bierter, Willy (1998): Langzeitlebensdaueranalyse eines LKW; in: TIR trend News, Ausgabe 2, Feb. 98, S. 34–35.

Börlin, Max; Stahel, Walter R. (1987): Wirtschaftliche Strategie der Dauerhaftigkeit, Betrachtungen über die Verlängerung der Lebensdauer von Produkten als Beitrag zur Vermeidung von Abfällen; Bankverein-Heft Nr. 32, Schweizerischer Bankverein, Basel.

Binswanger, Hans Christoph (Hrsg.) (1994): Geld und Wachstum, zur Philosophie und Praxis des Geldes; Weitbrecht Verlag.

Carnoules Declaration of the Factor 10 Club (1994).

Coomer, James C. (Hrsg.) (1981): Quest for a Sustainable Society, published in cooperation with The Woodlands Conference, Pergamon Press, New York, Oxford.

Deutsch, Christian (1994): Abschied vom Wegwerfprinzip – Die Wende zur Langlebigkeit in der industriellen Produktion, Schäffer-Poeschel Verlag, Stuttgart.

Dieren, Wouter van (1995): Taking Nature into account, Birkhäuser Verlag: Berlin, Basel, Boston.

Giarini, Orio; Stahel, Walter R. (1989/1993): The Limits to Certainty, facing risks in the new Service Economy, 2nd ed., Kluwer Academic Publishers: Dordrecht, Boston, London.

Giarini, Orio; Louberge, Henri (1978): The Diminishing Returns of Technology; Pergamon Press, Oxford.

Gross (1995): Die Multi-Options-Gesellschaft (the multi-option society), Suhrkamp Verlag.

Gruhler, Wolfram (1990): Dienstleistungsbestimmter Strukturwandel in deutschen Industrieunternehmen; Deutscher Instituts Verlag: Köln.

Held, Martin; Geissler, Karlheinz A. (Hrsg.) (1993): Ökologie der Zeit, vom Finden der rechten Zeitmasse, Edition Universitas S. Hirzel: Stuttgart.

IFG (Hrsg.) (1993): Gemeinsam nutzen statt einzeln verbrauchen; Bericht über das internationale Forum für Gestaltung Ulm 1993, Anabus Verlag Gießen.

OECD (1982): Product durability and product-life extension, their contribution to solid waste management; OECD Paris.

Schmidt-Bleek, Friedrich (1994): Wieviel Umwelt braucht der Mensch? MIPS – Das Maß für ökologisches Wirtschaften; Birkhäuser Verlag: Berlin, Basel, Boston.

Stahel, Walter R. (1995): Intelligente Produktionsweisen und Nutzungskonzepte – Handbuch Abfall 1 – Allg. Kreislauf und Rückstandswirtschaft, Band 1 und 2 (Handbuch von Beispielen einer höheren Ressourcen-Effizienz durch längere bzw. intensivere Nutzung von Gütern und Systemen), Ministerium für Umwelt und Verkehr des Landes Baden-Württemberg, Stuttgart/Landesanstalt für Umweltschutz Baden-Württemberg (Hrsg.), Karlsruhe.

Stahel, Walter R. (1994): The impact of shortening (or lengthening) of life-time of products and production equipment on industrial competitiveness, sustainability and employment; research report to the European Commission, DG III, Nov. 1, 1994.

Stahel, Walter R. (1991/1993): Langlebigkeit und Materialrecycling – Strategien zur Vermeidung von Abfällen im Bereich der Produkte, Vulkan Verlag: Essen.

Stahel, Walter R. (1990): Eine neue Beziehung zu den Dingen – Verkauf von Nutzen statt von Produkten, NZZ Nr 49, 28. 2. 1990, S. 65.

Stahel, Walter R. (1985): Hidden innovation, R&D in a sustainable society, in: Science & Public Policy, Journal of the International Science Policy Foundation, London, Volume 13, Number 4, August 1986, Special Issue: The Hidden Wealth.

Stahel, Walter R. (1984): »The Product-Life Factor«; in: Orr, Susan Grinton (Hrsg.): An Inquiry into the Nature of Sustainable Societies: The Role of the Private Sector, HARC, The Woodlands, TX.

Stahel, Walter R. (1991/1993): Langlebigkeit und Materialrecycling – Strategien zur Vermeidung von Abfällen im Bereich der Produkte, Vulkan Verlag: Essen.

Stahel, Walter R. (1987): Das versteckte Innovationspotential, in: Technische Rundschau Nr. 19, Bern.

Stahel, Walter R. (1985): Wiederverwendung – eine Chance für lokale Beschäftigungsinitiativen; in: Technische Rundschau Nr. 45, Bern.
Stahel, Walter R. (1984): »The Product-Life Factor«; in: Orr, Susan Grinton (Hrsg.): An Inquiry into the Nature of Sustainable Societies: The Role of the Private Sector, HARC, The Woodlands, TX.
Stahel, Walter R.; Reday, Geneviève (1976/1981): Jobs for Tomorrow, the potential for substituting manpower for energy; EG-Kommission, GD V, Brussels, Vantage Press: New York.
von Weizsäcker, Ernst U.; Lovins, Amory B.; Lovins, L. Hunter (1997): Faktor Vier. Doppelter Wohlstand – halbierter Naturverbrauch, Bericht an den Club of Rome. Taschenbuchausgabe, Droemer Knaur: München.
von Weizsäcker, Ernst U. (1989): Erdpolitik, Wissenschaftl. Verlagsgesellschaft.
Worldwatch Institute (1994): The next efficiency revolution – creating a sustainable materials economy, Worldwatch Paper 121, Washington DC.

Franz-Josef Radermacher

# Verkehrsvermeidung durch Telekommunikation – kein Selbstläufer [15]

*Einleitung*

Die zentrale Herausforderung beim Übergang in ein neues Jahrtausend heißt nachhaltige Entwicklung. Die Erde ist heute bedroht durch eine rapide wachsende Weltbevölkerung, den ungebremsten Verbrauch von Ressourcen, die zunehmende Erzeugung von Umweltbelastungen und schließlich die weitere Beschleunigung von Innovationsprozessen, die letztlich zu einer Unregierbarkeit unserer Gesellschaften führen können. Die Hoffnung, daß der technische Fortschritt, z.B. in Form einer zunehmenden Dematerialisierung, die resultierenden Probleme lösen wird, hat sich bis heute nicht erfüllt. Das ist u. a. eine Folge des sogenannten Rebound-Effekts, der im Kern dazu führt, daß Einsparungen, die aus technischen Fortschritten resultieren könnten, sofort in vermehrte menschliche Aktivitäten umgesetzt werden.

Dasselbe Phänomen beobachten wir im Bereich der Mobilität. Mobilität hat für die Menschen eine Schlüsselbedeutung, sie ist wesentlich sowohl für die persönliche Entfaltung als auch für die wirtschaftliche Entwicklung, stößt aber andererseits an Grenzen der Infrastruktur, der Finanzierbarkeit wie der Belastbarkeit der Umwelt. Auch hier besteht die Hoffnung, durch bessere Technik, d.h. durch Innovationen zu Lösungen zu kommen, die umweltverträglicher sind als heutige Lösungen und gleichzeitig noch mehr Mobilität für noch mehr Menschen erlauben, wobei dabei teilweise physische Mobilität durch Telekommunikation substituiert werden wird (»Reisen von Bits anstelle von Atomen«). Allerdings besteht auch in diesem Kontext das Problem, daß als Folge derartiger neuer Lösungen im Sinne eines Rebound-Effekts letztlich mehr Menschen mehr physische Bewegungen durchführen könnten als bisher und daß dadurch die weltweite Gesamtbelastung der Natur in der Summe ständig zunehmen statt endlich abnehmen würde.

Insofern – und das ist eine wesentliche Botschaft dieses Textes – sind die vor uns liegenden Probleme nicht allein durch technische Innovationen zu bewältigen. Hinzukommen müssen gleichzeitig Innovationen hinsichtlich der Gesellschaftsordnung, also soziale Innovationen. Verkehrsvermeidung durch Telekommunikation ist insofern kein Selbstläufer – ganz im Gegenteil.

Entsprechende neue gesellschaftliche Strukturen müssen angesichts des zunehmenden Weltmarktdrucks und der daraus resultierenden, zunehmend schwierigeren politischen Debatte in Europa primär globaler Natur sein und müssen über eine adäquate Weiterentwicklung der Weltwirtschaftsordnung dazu führen, daß durch Inkorporierung sowohl der ökologischen wie der sozialen Erfordernisse in den Welthandel das Potential des technischen Fortschritts für eine weitere Dematerialisierung tatsächlich zu mehr Lebensqualität für mehr Menschen führt als bisher, und dies bei gleichzeitiger Verringerung der weltweiten Umweltbelastungen insgesamt. Dies muß dann gerade auch den Bereich der physischen Mobilität in einer Gesamtbilanz mit einschließen. Die Erörterung von Ansatzpunkten für zukunftsweisende Lösungen, die in diesem Bereich bestehen, ist ebenfalls Gegenstand dieses Textes.

## Nachhaltige Entwicklung und Innovation

*Die Welt steht vor riesigen Herausforderungen: Ist eine nachhaltige Entwicklung erreichbar?*
Die zentrale Herausforderung beim Übergang in ein neues Jahrtausend heißt nachhaltige Entwicklung. Die Erde ist heute bedroht durch eine immer rascher wachsende Weltbevölkerung (DSW, 1995), den ungebremsten Verbrauch von Ressourcen, die zunehmende Erzeugung von Umweltbelastungen und schließlich die immer raschere Beschleunigung von Innovationsprozessen, die letztlich zu einer Unregierbarkeit unserer Gesellschaften führen können (Dror, 1995). Innovationen im Bereich der Technik, insbesondere solche, die zu einer Dematerialisierung führen, also es erlauben, dieselben Güter, Dienstleistungen usw. mit deutlich geringeren Umweltbelastungen und Ressourcenanforderungen herzustellen (Faktor vier bis zehn), sind andererseits eine große Hoffnung (Gesellschaft für Informatik, 1994). Dazu ist allerdings anzumerken, daß nach allen geschichtlichen Erfahrungen die Hoffnung, daß der technische Fortschritt allein in Form einer zunehmenden Dematerialisierung die resultierenden Probleme lösen wird, sich bis heute nicht erfüllt hat (Neirynck, 1994). Das ist u. a. eine Folge des sogenannten Rebound-Effekts, der im Kern dazu führt, daß Einsparungen, die aus technischen Fortschritten resultieren könnten, sofort in vermehrte menschliche Aktivitäten umgesetzt werden.

Solche vermehrten Aktivitäten führen – in einer historischen Perspektive – zu einer wachsenden Bevölkerung, mehr Konsum, mehr Mobilität und einer ständig höheren Umweltbelastung. Als Folge der zunehmenden Globalisierung stehen dabei kurzfristig gewaltige zusätzliche Umweltbelastungen durch das hohe wirtschaftliche Wachstum in den Schwellenländern und damit zusammenhängend – als neues Phänomen – ein rasanter Abfluß von Arbeit aus den reichen Industrieländern mit wachsender Arbeitslosigkeit und Bedrohung unserer Sozialsysteme an (Gesellschaft für Informatik, 1995). Bei Fortsetzung der bisherigen Trends drohen einerseits erhebliche soziale Konflikte, andererseits ein Klimakollaps, und es ist absolut unklar, wie wir diese Situation bewältigen sollen.

Offensichtlich ist, daß eine friedliche Bewältigung dieser Herausforderungen nur im Rahmen weltweiter Lösungen erfolgen kann, also im Rahmen von Vereinbarungen zwischen Nord und Süd, Ost und West, die allen Menschen auf diesem Globus eine positive Perspektive für die Zukunft versprechen. Dies erfordert das graduelle Schließen der heute unerträglich großen Differenz zwischen Reich und Arm, aber ebenso die weltweite Durchsetzung – und Mitfinanzierung – von Umwelt- und Sozialstandards.

Entsprechende Mechanismen der Zusammenarbeit (z.B. Umweltzertifikate, weltweite Sozialsysteme, Maßnahmen des Joint Implementation zwischen Nord und Süd) würden den Aufbau von globalen Infrastrukturen ermöglichen und den Weg in eine nachhaltige Entwicklung marktwirtschaftlich absichern. Zugleich würden sie zu wirklich zukunftssicheren Arbeitsplätzen führen, bestimmte »Dumping-Mechanismen« in ihrem Umfang limitieren und damit auch unsere Sozialsysteme zu stabilisieren erlauben. Geeignete globale Rahmenbedingungen sind dann auch die Voraussetzung dafür, daß regionale Initiativen in zielführender Weise möglich werden, gemäß der Leitidee *Think globally, act locally.*

*Die globale Informationsgesellschaft als Chance*

Die Informations- und Kommunikationstechnologie (IT) ist für die beschriebenen Prozesse der Globalisierung ein ganz wesentlicher Faktor. Zum einen wirkt IT als *empowerment*, erlaubt weltweit Menschen, sich effizient in den Wirtschaftsprozeß einzubringen, ist ein wesentlicher treibender Faktor für eine preiswerte weltweite Organisation von Wertschöpfungsketten, damit indirekt eine wichtige Ursache für den Abfluß von Arbeit aus den Industriestaaten. Dieser Prozeß wirkt mehrfach in Richtung auf globale Vereinbarungen. Zum einen werden die Schwellenländer ökonomisch stärker, sind damit ernstzunehmende Verhandlungspartner. Zum anderen erzeugen sie in der Folge ähnliche Umweltbelastungen wie wir, erzwingen damit Verhandlungen, wenn katastrophale Verhältnisse vermieden werden sollen. IT ist andererseits Teil der Lösung, denn Informations- und Kommunikationstechnik ermöglicht besonders weitgehende Effekte der Dematerialisierung durch Technik; zu denken ist hier an Telearbeit, Teleshopping, Telekooperation, Telemedizin und – ganz wichtig – nationale und internationale Teleausbildung, aber ebenso die Optimierung von Verkehr durch Telematik (Reisen von »Bits« statt »Atomen«, ein Thema, auf das in Teil II noch genauer eingegangen werden wird). Bei Vermeidung von Rebound-Effekten durch geeignete gesellschaftliche Randbedingungen eröffnet die Informations- und Kommunikationstechnik daher gute Chancen für langfristige, tragfähige Lösungen. Noch nie war es so preiswert und umweltverträglich möglich, Menschen überall auf der Welt in gleichberechtigter Weise in die weitere Entwicklung einzubeziehen. Internationale Teleausbildung ist in diesem Kontext ein besonders vielversprechender Ansatz.

*Der Rebound-Effekt in seiner Wechselwirkung mit technischen Innovationen*
Die »Falle«, in die wir im Rahmen des technischen Fortschritts bisher immer wieder gelaufen sind, besteht darin, daß wir den Fortschritt immer *on top*, also additiv genutzt haben (sog. »Rebound-Effekt«). Dies besagt, daß die Marktkräfte und die offenbar unbegrenzte Konsum- und Verbrauchsfähigkeit des Menschen dazu führen, daß mit einer neuen Technik trotz einer Dematerialisierung pro Wertschöpfungseinheit letztlich mehr und nicht weniger Umweltbelastungen erzeugt werden und in der Summe auch der Ressourcenverbrauch zunimmt. Durch technischen Fortschritt werden – historisch betrachtet – immer mehr Ressourcen in immer mehr Aktivitäten, Funktionen, Dienstleistungen und Produkte – und letztlich auch Menschen – übersetzt. Um dies an einem besonders eindrucksvollen Beispiel zu zeigen: Die Dematerialisierung bei Rechnern hat über die letzten dreißig Jahre sicher einen Faktor von 1000 und mehr beinhaltet. Die Entwicklung eines Großrechners klassischer Art vor zwanzig, dreißig Jahren zu einem heutigen PC bedeutet eine unglaubliche Senkung der Ressourcennutzung, obwohl der PC heute sogar mehr leistet als solch ein früherer Großrechner.

Er braucht zudem viel weniger Energie, er muß nicht aufwendig gekühlt werden, er braucht zu seinem Betrieb viel weniger Personal – welch ein Fortschritt. Wenn man dann allerdings überlegt, wie viele PCs es mittlerweile weltweit gibt, dann stellt man fest, daß wir alles, was wir über Dematerialisierung eingespart haben, mit einem Faktor von vielleicht 10 oder mehr über eine Vervielfachung der Nutzung überkompensiert haben. Wenn man dann noch den kumulativen Energieverbrauch all dieser PCs über die ganze Erde betrachtet und was dort an Papier verbraucht wird, und das mit den Zeiten vergleicht, als weltweit maximal 1000–10000 Großrechner im Einsatz waren, dann sieht man, was passiert, wenn man den technischen Fortschritt *on top* nutzt. Derselbe Effekt tritt ein, wenn wir anfangen, E-Mail, Videokonferenz, Bildtelefon usw. additiv zu nutzen und diese Hilfsmittel letztlich dann auch dafür eingesetzt werden, noch mehr Menschen noch öfter zu treffen, weil wir bei Nutzung der modernen Kommunikationsmöglichkeiten sehr viel mehr Prozesse als früher bearbeiten und noch mehr Treffen gut vorbereiten können und ja nun auch während des Reisens unsere Büroarbeit erledigen können. Wobei wir uns diesem Trend unter marktwirtschaftlichen Bedingungen übrigens auch nicht entziehen können, weil unsere Konkurrenten ebenso verfahren.

*Die Forderung nach geeigneten globalen Rahmenbedingungen: Was leistet eine globale sozialökologische Marktwirtschaft?*

Aufgrund des Gesagten braucht ein stabiler Weg in eine nachhaltige Welt eine erhebliche Dematerialisierung durch technischen Fortschritt bei gleichzeitiger Vermeidung von Rebound-Effekten. Dies ist eine Frage nach einer gesellschaftlichen Innovation, d. h. nach geeigneten Rahmenbedingungen der Weltpolitik, insbesondere der Weltwirtschaft (Morath, 1996). Hier findet heute auf einem weitgehend nicht ökologisch und sozial organisierten Weltmarkt ein Ringen um geeignete Gesellschaftssysteme statt, wobei die USA, Asien und Europa ganz unterschiedliche Ansatzpunkte einbringen.

Die Bewältigung der Zukunft wird dabei im wesentlichen in einer geeigneten Austarierung des Spannungsverhältnisses zwischen Wirtschaft, sozialen Anforderungen und der Umwelt bestehen. Aufgrund der Globalisierung des Wirtschaftens wird dieses Austarieren auf Dauer allerdings nicht mehr national oder regional, sondern nur noch global zu bewältigen sein.

Geht man von der europäischen Gesellschaftstradition aus, die im Gegensatz etwa zu den USA Slums um die eigenen Großstädte bis heute hat vermeiden können, dann sind die entscheidenden Fragen insofern Fragen hinsichtlich der weltweiten Durchsetzung sozialer und ökologischer Mindeststandards, die eine Ausrichtung des Wirtschaftens hin zu einer nachhaltigen Entwicklung, aber auch zu einem sozialen Miteinander – und damit zu einer weitergehenden Verwirklichung der Menschenrechte – bringen werden. Natürlich erfolgen solche Standards partiell zu Lasten des insgesamt (kurzfristig) erreichbaren Produktionsumfangs, verbessern dafür aber die Lebensqualität, den Grad an sozialer Gerechtigkeit, die ökologische Situation und insgesamt die Durchsetzung der Menschenrechte. Offensichtlich sind Lösungen der angedeuteten Art nur denkbar, wenn sie auch weltweit und fair finanziert werden, z.B. über Mechanismen der Zusammenarbeit wie Umweltzertifikate, Ausbildungshilfen, Maßnahmen des Joint Implementation zwischen Nord und Süd. Eine zentrale Rolle spielen hierbei die modernen, telematikbasierten Ausbildungsmöglichkeiten. Hier könnte es gelingen, in einem Gegengeschäft des Nordens mit dem Süden im Bereich der $CO_2$-Emissionskontrolle die Mittel aufzubringen, um im Rahmen einer internationalen Bildungsrevolution den weltweiten Ausbildungsstand auf der Basis multimediabasierter, netzwerkgestützter Lösungen relativ rasch zu steigern. Das ist deshalb so wichtig, weil Human Resources, also ausgebildete Menschen, gemäß einer Studie der Weltbank etwa 60% des Reichtums der Nationen ausmachen. Eine gute Ausbildung für alle ist zugleich die größte Hoffnung zur Vermeidung sowohl eines weiteren Bevölkerungswachstums als auch von weltweiten Abwärtsspiralen im sozialen und ökologischen Bereich auf den Märkten. Eine gedeihliche Zukunft ist nur im Rahmen weltweiter Lösungen, im Rahmen von Vereinbarungen zwischen Nord und Süd, Ost und West erreichbar, und diese werden letztlich allen Menschen auf diesem Globus eine positive Perspektive versprechen müssen. Eine globale, soziale und ökologische Marktwirtschaft bietet für diese Zielsetzung einen sinnvollen Ansatzpunkt (Morath; Pestel; Radermacher, 1996).

*Der Zusammenhang zwischen Information Society and Sustainable Development*
Das FAW hat für die Europäische Kommission in Form der Koordinierung einer Expertengruppe in 1995 eine Studie zum Thema der Wechselwirkung zwischen den beiden Leitideen »Informationsgesellschaft« und »nachhaltige Entwicklung« erarbeitet (Greiner; Radermacher; Rose, 1996). Die Kommission verfolgt das Thema weiterhin im Rahmen des *Information Society Forums* und hat auch einen gemeinsamen Ausschuß für dieses Thema über verschiedene Direktorate hinweg eingerichtet. Das Thema wird auch in einer Reihe von Projekten im Rahmen des ACTS-Programms verfolgt und in verschiedenen Brainstorming-Gruppierungen für die Kommission aufbereitet und unter dem Schlagwort *Model Europe* positioniert. Dies kann ein wichtiger Beitrag Europas zu einer weltpolitischen Debatte sein, die hoffentlich auch zu einer Fortentwicklung der heute noch stark von den USA her dominierten GATT/WTO-Mechanismen des Welthandels hin zu einer stärkeren Einbeziehung sozialer und ökologischer Aspekte führen wird. Die hier bestehenden Positionsunterschiede wurden sehr deutlich im Vorfeld des Kioto-Klimagipfels anläßlich der Konferenz Rio + 5, auf der der deutsche Bundeskanzler, zusammen mit den Regierungschefs von Brasilien, Südafrika und Singapur, die USA nachdrücklich aufgefordert hat, endlich in entsprechende weltweite Vereinbarungen im Umweltbereich einzutreten. Dies gilt für den Weltklimagipfel in Kioto in gleicher Weise. Die hier zu bewältigenden Herausforderungen, gerade auch hinsichtlich der Wechselwirkung von Globalisierung, Zukunft der Arbeit, Informationsgesellschaft und dem Ziel der nachhaltigen Entwicklung, bilden ein ausgesprochen diffiziles Thema.

In der Diskussion ist klar geworden, daß zum einen das beschriebene Dreieck von Anforderungen im wirtschaftlichen, sozialen und ökologischen Bereich auszutarieren ist und daß zum anderen die beiden Leitideen nicht automatisch konvergieren.

Konkret kann man sich zwar bei der heutigen Ausgangssituation kaum eine nachhaltige Welt vorstellen, die nicht wesentlich auf Informationstechnologien aufbaut, aber man kann sich sehr wohl Gesellschaften vorstellen, die auf Informationstechnologien aufbauen und nicht nachhaltig ausgerichtet sind. Die beschriebene Studie hat in Form einer Präambel gewisse Leitprinzipien für die weitere Entwicklung herausgearbeitet, die hier erwähnt werden sollten. Hierzu gehört:

1. die hohe Relevanz des Themas der »Nachhaltigkeit« (die in ihrer Wichtigkeit vergleichbar ist mit den Menschenrechten, Demokratie und dem Recht auf Arbeit),
2. die Feststellung, daß Nachhaltigkeit immer aus einer globalen wie aus einer lokalen Perspektive betrachtet werden muß,
3. die Erkenntnis, daß mit dem Ziel einer nachhaltigen Entwicklung fast unauflösbar die Notwendigkeit verbunden ist, vergleichbare Lebensbedingungen für Menschen überall auf diesem Globus herbeizuführen,
4. die Berücksichtigung der Interessen zukünftiger Generationen und
5. die Feststellung, daß die Informations- und Kommunikationstechnologie ein großes Potential besitzt, um einen Beitrag zur Erreichung dieser Ziele zu leisten. Allerdings erschließt die Informations- und Kommunikationstechnologie diese Chancen nur dann, wenn Rebound-Effekte vermieden werden können. Dies erfordert
6. neue gesellschaftliche Rahmenbedingungen, die derartige Effekte verhindern. Ein Denkmodell ist die Mobilisierung der Marktkräfte in Form einer ökologisch und sozial ausgerichteten, globalen Marktwirtschaft (Radermacher, 1996). Hierfür sind die Randbedingungen des Marktes geeignet zu definieren. In einer bestimmten ökonomischen Interpretation geht es dabei um die Internalisierung von externen Kosten (sozialer und ökologischer Art). Schließlich werden
7. entsprechende weltweite, leistungsfähige und integrierte Infrastrukturen benötigt, die am besten über marktgetriebene Prozesse unter geeigneten gesellschaftlichen Rahmenbedingungen entstehen.

Wenn dies alles in der richtigen Weise angegangen wird, dann bestehen gute Aussichten, daß man aus *sustainability* einen *business case* machen kann und sich die Leitidee »Think globally – act locally« umsetzen läßt. Tatsächlich würden in diesem Rahmen die neuen zukunftssicheren Arbeitsplätze entstehen, und wahrscheinlich ließen sich entlang dieser Idee in geeigneten Übergangs- und Anpassungsprozessen auch die nationalen Sozialstaatmodelle langfristig absichern.

*Forderungen an die Politik*

Wenn die angedeuteten globalen Trends umgekehrt werden sollen, dann ist es aufgrund des Gesagten wichtig zu begreifen, daß wir als Weltgemeinschaft in unsere gemeinsame Zukunft investieren müssen, und zwar gerade auch unter dem Aspekt einer nachhaltigen Entwicklung; letzteres betrifft sowohl die ökologische als auch die soziale Seite. Es geht z.B. darum, die Telematik-Infrastrukturen weltweit geeignet so zu etablieren, daß eine preiswerte und gleichberechtigte Einbeziehung von Menschen rund um den Globus in die zukünftige Informationsgesellschaft ermöglicht und gleichzeitig eine signifikante

Dematerialisierung (d. h. eine Erzeugung von Lebensqualität bei geringerem spezifischem Energie- und Ressourcenverbrauch) erreicht wird. Dies war auch ein Gegenstand der Regierungskonferenz zum Thema »Information Society and Development« (ISAD-Konferenz), die vom 13.–15. Mai 1996 in Südafrika stattfand. Die Erreichung der formulierten Ziele erfordert eine Wechselwirkung zwischen Nord und Süd, in deren Rahmen z.B. erhebliche Mittel des Nordens in entsprechende Infrastrukturprojekte des Südens fließen müssen, etwa im Rahmen von Maßnahmen des *Joint Implementation.* Von der Finanzierungsseite her könnte man hier beispielsweise an globale Ökosteuern oder $CO_2$-Emissionszertifikate denken, die zum besseren Schutz der Umwelt führen. Zugleich können aus den auf diese Weise gewonnenen Mitteln der weltweite Aufbau von Sozialsystemen, Anreizsysteme zur Senkung der Kinderzahlen (das rasche Wachsen der Weltbevölkerung bildet den mit Abstand bedrohlichsten Einzelfaktor für eine nachhaltige Zukunft) und Maßnahmen des Joint Implementation finanziert werden. All dies würde zu zukunftssicheren Investitionen führen, die uns zugleich zukunftssichere Arbeitsplätze bescheren würden, weil hier langfristig tragfähige Investitionen erfolgen. Es geht dabei nicht um großzügige Hilfe für die ärmeren Staaten, sondern um »Insightful Selfishness«, also das gemeinsame Arbeiten an einer zukunftsfähigen Welt, gerade auch zur Sicherung unseres eigenen Wohlstands.

Unter den angedeuteten neuen Rahmenbedingungen würde sich, wie im Teil II noch ausführlicher diskutiert wird, das Schwergewicht des Wirtschaftens in die aus heutiger Sicht (in einer Pro-Kopf-Betrachtung) erforderliche Richtung verlagern, in der Tendenz eher weg von physischer Bewegung und hoher Energie- und Ressourcennutzung hin zu dematerialisierten Lösungen, also plakativ gesprochen, stärker von einem Verkehr auf Straßen hin zu einem Verkehr auf Kommunikationsnetzen. Es würden auch nicht mehr primär die Probleme der reichen Staaten im Vordergrund stehen, sondern die Lösung der weltweiten Herausforderungen.

Es ist offensichtlich, daß Multimedia, Datenautobahnen und neue Medien Schlüsseltechnologien auf diesem Weg in die Zukunft sind; sie werden noch viel mehr an Bedeutung gewinnen, und sie sind unerläßliche Voraussetzung für die Sicherstellung einer nachhaltigen Entwicklung in einer Welt mit globalisierter Ökonomie und bald einmal 10 Milliarden und mehr Menschen mit hohem Lebensstand und exzellentem Zugang zu Informationen aller Art. Es kann dabei durchaus so sein, daß die Frage der Zukunftsfähigkeit unserer Lebensform, d.h. der modernen Zivilisation, entschieden werden wird in der Frage, ob es gelingt, das Potential der Informationstechnologie zur Erreichung des Ziels einer nachhaltigen Entwicklung zu erschließen oder ob Rebound-Effekte auch hier – wie in der Geschichte schon so oft – die sich bietenden Chancen zunichte machen werden.

Konkrete, jetzt anstehende Herausforderungen betreffen die Erschließung des Potentials der Informations- und Kommunikationstechniken – in einer weltweiten Perspektive – für mehr Partizipation, Demokratie und Bürgernähe, für die Verbesserung der Effizienz und die Verschlankung des Staates, für die Realisierung multimedialer, globaler Ausbildungssysteme und ebenso für die oben angesprochene Hebung der Humanressourcen überall auf dieser Welt, für den Aufbau digitaler Bibliotheken, für die Erschließung neuer Formen der Kooperation in der Industrie, beim Handwerk, in weltweiten Wertschöpfungsketten, für den Erhalt adäquater Qualitäten von Arbeitsplätzen und, ganz wesentlich, für deutlich weniger ressourcenintensive und umweltbelastende Formen von Mobilität. Dabei gilt es, gemäß der Leitidee »Think globally, act locally« lokale Potentiale und Anstrengungen im Rahmen eines geeigneten internationalen gesellschaftlichen und wirtschaftlichen Rahmens voll wirksam werden zu lassen.

Es sei erwähnt, daß sich in Europa vieles in die genannte Richtung bewegt, vor allem auch vorangetrieben durch die Europäische Kommission. Hier sei erwähnt, daß die Kommission die Durchführung der ISAD-Konferenz wesentlich unterstützt hat. Die Kommission hat auch das Thema der nachhaltigen Entwicklung zu einer Leitidee für das 5. Rahmenprogramm (1999–2003) gemacht. Auch engagiert sich das Information Society Forum der EU wesentlich für das Thema einer nachhaltigen Entwicklung.

Erwähnt sei schließlich, daß im Hinblick auf alle oben beschriebenen Fragen für Deutschland die besondere Chance besteht, als Gastgeber der EXPO 2000, die unter dem Motto »Mensch, Natur, Technik« in einem äußerst sensiblen Moment (einer Jahrtausendwende) stattfindet, an der Erarbeitung von Antworten auf die brennenden Fragen der Menschheit aktiv mitzuwirken. Das FAW hat in diesem Kontext mit anderen wissenschaftlichen Partnern in einem weltweit ausgerichteten thematischen Prozeß in Form von 22 Thesen ein Dokument zur EXPO 2000 erstellt (Dahlmanns et al., 1996), das übrigens ebenfalls auf der ISAD-Konferenz verfügbar gemacht wurde.

## Mobilität und Innovation

### *Neue Entwicklungen im Bereich der Verkehrstelematik*

Mobilität ist für hochentwickelte Industriegesellschaften ein Thema von höchster Bedeutung. Mobilität bedeutet persönliche Entfaltungschancen und schafft Wahl- und Erfahrungsmöglichkeiten. Mobilität bedeutet ebenso, daß Güter und Informationen zur rechten Zeit an die richtige Stelle gebracht werden können – dies ist das Wirkungsfeld der Logistik. Mobilität verändert Rahmenbedingungen und hat eine enorme wohlstandsstiftende Funktion – einer der

Gründe, warum alle entwickelten Gesellschaften in erheblichem Maße in mobilitätssichernde und -fördernde Infrastrukturen investiert haben und investieren. Betrachtet man Mobilität aus einer systemtheoretischen Perspektive und sieht z.B. Staaten oder Gesellschaften als Lebewesen, die insbesondere das Zusammenleben von Millionen von Individuen organisieren bzw. überhaupt erst ermöglichen, dann ist in Analogie zu biologischen Lebewesen die Bedeutung der technischen Nachrichtenkanäle und der Transportmöglichkeiten, die dem Nervensystem und dem Blutkreislauf biologischer Systeme entsprechen, evident. Konsequenterweise bildet sich international im Bereich der Vernetzungssysteme die Metapher des »Global Nervous System« heraus.

Wie in anderen Gebieten zeigt sich allerdings auch im Bereich der Mobilität, daß praktisch jedes Wachstum irgendwo an die Grenzen seiner Ressourcenbasis stößt. Im Verkehr ist es augenfällig, daß der Wunsch nach Nutzung der Mobilitätsmöglichkeiten und der damit verbundenen Entfaltungspotentiale mittlerweile eine Situation heraufbeschwört, die mit der vorhandenen Verkehrs- bzw. Informationsinfrastruktur nicht mehr zu bewältigen ist. Gleichzeitig ist klar, daß ein Ausdehnen dieser Infrastruktur ebenfalls nur noch in bestimmten Segmenten und in einem begrenzten Umfang möglich ist. Dabei stoßen wir nicht nur an Kapazitätsgrenzen der Infrastruktur, sondern ebenso an Grenzen hinsichtlich der Umwelt- und Lärmbelastung (Gesellschaft für Informatik, 1994); diese könnten sich auf Dauer sogar als die eigentlich unüberwindbaren Systemgrenzen erweisen. Es gilt daher, wie an vielen anderen Stellen auch, mit Knappheiten fertigzuwerden. Das muß kein Nachteil sein. Knappheiten bergen auch Chancen und ermöglichen unter Umständen sogar bessere Lösungen, sofern man eine ausreichende Mobilität im Denken besitzt und damit verbunden die Bereitschaft, Neues auch bei sich zu wagen.

Hier gibt es eine Vielzahl von Ansatzpunkten, die unterschiedlichen Charakter besitzen: Zum einen geht es um bessere Lösungen im Bereich des Verkehrs, während komplementär dazu mehr Mobilität für Informationen aller Art durch eine bessere Informationsverarbeitung sowie durch Telearbeit und Telekooperation mit Hilfe von Netzwerken möglich wird (Krönig; Radermacher, 1996). Neue Transportformen für Informationen können vor allem (in Verbindung mit neuen Arbeitsformen und einer neuen Arbeitsorganisation) eine Substitution für Verkehr sein und bedeuten oftmals sogar die Ersetzung von Verkehr durch etwas Leistungsfähigeres. Sie sind aus diesem Grunde, wie oben bereits ausgeführt, ein besonders beeindruckendes Beispiel für die Möglichkeiten einer Reduktion der Materialintensität von Produkten, Funktionen oder Prozessen (Schmidt-Bleek, 1993/von Weisäcker; Lovins; Lovins, 1995), die auch in vielen anderen Formen an Bedeutung gewinnen (Mikrosystemtechnik, Mikromechanik).

Im Bereich des Verkehrs liegen zunächst große Chancen in verbesserten

Lösungen in jedem einzelnen Verkehrssegment (Radermacher, 1994), also z.B. beim Individual-, beim Schienen- oder beim Luftverkehr. In Europa sind in diesem Umfeld bereits umfangreiche Forschungen im Bereich innovativer Verkehrsinformationssysteme, inklusive der Nutzung der Satellitenkommunikation, der Zielfindung mit elektronischen Karten, der Nutzung von Onlineinformationen über Verkehrsstrecken und aktuelle Verkehrsbelastungen – sowohl lokal im Fahrzeug als auch über Infrastruktur – erfolgt, die uns ganz neue Möglichkeiten im Bereich des Individualverkehrs eröffnen werden. Dies zielt auch auf eine Verbesserung der Situation von mobilitätsbehinderten Personen (Krönig; Radermacher, 1996).

Neue Möglichkeiten betreffen z.B. moderne Verkehrsleitsysteme und Verkehrsmanagementtechnologien, aufbauend auf den großen europäischen Verkehrsforschungsprojekten PROMETHEUS und DRIVE. Neben anderen Pilotanwendungen sei hier auch das Beispiel des großen Verkehrsprojekts STORM in der Region Stuttgart und die dort erzielte Durchgängigkeit zwischen den verschiedenen Verkehrsträgern genannt.

Ein entsprechendes, hohes Potential besteht im Bereich des schienengebundenen Verkehrs, einer von Deutschland ebenfalls in einer international wettbewerbsfähigen Weise beherrschten Technologie. Zukunftstechnologien betreffen Leitsysteme für den Bahnbetrieb, eine Dispositionsunterstützung des Fahrbetriebs sowie einen Rechnerverbund für eine geschlossenen Transportkette im Güterverkehr. Ein ähnliches Potential gibt es auch im Bereich des Luftverkehrs mit neuen Möglichkeiten der Luftverkehrsplanung und -abwicklung, einer besseren Flugüberwachung, neuen Methoden der Absicherung gegen Ausfälle und Simulations- und Trainingseinrichtungen. Dies betrifft auch Möglichkeiten zur Steigerung der Attraktivität der Arbeitsplätze in diesem Bereich.

Alle genannten Entwicklungen sind zugleich ausgelegt auf eine größere Durchgängigkeit der Verkehrsträger untereinander. Dies betrifft zum Beispiel verkehrsträgerübergreifende Mobilitätsangebote und Abbuchungssysteme. Hier erfolgen zur Zeit innovative Projekte, z.B. zum Thema *Personal Travel Assistant* (PTA) oder zum Aufbau eines bundesweiten elektronischen Kursbuchs ÖPNV, in die auch das FAW unmittelbar involviert ist (Radermacher; Schaal; Schmittger, 1997). Hierzu gehört auch eine neue Sicht auf entsprechende Unternehmen: Sie sehen sich zukünftig als Anbieter von Transportleistungen und nicht primär als Anbieter von Transportfahrzeugen oder -einrichtungen (Gesellschaft für Informatik, 1994).

Weitere größere Potentiale sind künftig durch intelligente, teils über finanzielle Anreize umgesetzte Formen der Verkehrssteuerung erschließbar. Genannt seien hier unter anderem neue Ansätze zur Citylogistik, der mögliche Beitrag der digitalen Verkehrssteuerung und das Potential kooperativer Verkehrsmanagementsysteme. Erwähnt seien auch interessante Ansätze im Bereich der

Verkehrssteuerung, die das höhere Potential aufzeigen, welches in diesem Umfeld zur Zeit in Vorbereitung ist. Ein Schlüssel ist die Nutzung des modernen Konzepts des *Road Pricing*, aufbauend auf entsprechenden Technologien, wie sie insbesondere auch in der Bundesrepublik verfügbar sind (Hug; Mock-Hecker; Radermacher, 1995). Diese Technologien erlauben es, ohne Spurführung und bei beliebig hoher Geschwindigkeit sichere Abbuchungen von Wertkarten in Fahrzeugen vorzunehmen, wobei es mit der geeigneten Sensorik möglich wird, durch den Preis den Verkehr unmittelbar und rückgekoppelt zu beeinflussen. Hierbei wird im Straßenverkehr potentiell die bis heute dominierende gesellschaftliche Form des Zahlens für Knappheit in Form von Staus ersetzt durch ein Zahlen in Form von Geld.

War dies in der ökonomischen Literatur schon immer als eine systemseitig interessante Lösung diskutiert worden, so macht die Technik dies nun erstmalig in einer solchen Weise möglich, daß die Nachteile einer praktischen Lösung nicht alle konzeptionellen Vorteile gleich wieder eliminieren. Wenn also die Verkehrsinfrastruktur tatsächlich knapp wird oder wenn kritische Umwelt- bzw. Lärmparameter überschritten werden, kann aufgrund von jetzt machbar gewordenen technischen Installationen eine Onlinesteuerung in Abhängigkeit von der Knappheit problemlos (kein Stoppen, kein Einfädeln, keine Mautstellen) realisiert werden. Als Folge solcher Road-Pricing-Lösungen werden zugleich kritische, dringend benötigte Verkehrsinformationen verfügbar, die nun wiederum den Verkehrsteilnehmern zur Verfügung gestellt werden können und so das Ziel der Verkehrssteuerung über Verkehrsinformation wesentlich besser erreichbar werden lassen. Letzteres wäre allein aus Sicht der Informationsbereitstellung heraus möglicherweise nicht zu finanzieren. All dies führt – wenn wir als Gesellschaft richtig vorgehen – endlich zu leistungsfähigen, integrierten Verkehrsmanagementsystemen für Autobahnen, Überlandstraßen und Straßen im städtischen Bereich, die auf Parkplatzmanagement und weitere Funktionen ausgedehnt werden können und auch die Schnittstellen zum ÖPNV mit beinhalten.

Insgesamt wird hier die Vision einer modernen Verkehrsinfrastruktur – weitgehend auch über private Betreibergesellschaften organisiert – deutlich, die für unsere Gesellschaft neue Chancen eröffnen wird und die durchaus sozialverträglich und mit allen Rechten des Persönlichkeitsschutzes umgestaltet werden kann. Hier gilt es, mit geeigneten Systemkonzepten rechtzeitig solche Lösungen zu erarbeiten, die gesamtgesellschaftlich verträglich sind. Dies ist eine wichtige Dimension der vorausschauenden Technikfolgenforschung und führt zu konkreten und politisch umsetzbaren Lösungen. Dies erlaubt dann Deutschland, auf diesem wichtigen, sich jetzt herausbildenden Weltmarkt als aktiv Handelnder dabeizusein. Klar ist: In diesen attraktiven Märkten kann künftig nur bestehen, wer die Systeme im eigenen Land umsetzt. Mut zur Umsetzung, Mut zur

Innovation ist gefordert und bietet dann die besondere Chance, in einem wichtigen Teilbereich des Weltmarkts eine dominierende Position einzunehmen. Für dieses Segment des Weltmarkts sind wir inhaltlich prädestiniert. Zum einen durch die Fähigkeit zur Beherrschung komplexer Systeme, zum anderen deshalb, weil es weltweit kaum ein Land gibt, das in diesem Umfeld sozial so sensibel ist wie die Bundesrepublik. Dies gilt insbesondere auch in bezug auf die Sicherstellung von Anonymität und die Berücksichtigung von Umweltschutzaspekten (Gesellschaft für Informatik, 1994a, 1994b). Eine Technologie, die hierzulande bestehen kann, hat deshalb die Chance, überall auf der Welt erfolgreich umgesetzt zu werden.

Sosehr ein vernünftiges Verkehrsmanagement, eine Integration der Verkehrsträger und neue Instrumente der dargestellten Art zur Bewältigung der Knappheit der Infrastruktur wichtig und unverzichtbar sind, um den zukünftigen Verkehr zu beherrschen, so sehr sind dies doch allesamt aus Effizienzanforderungen der Wirtschaft resultierende Ansätze, die primär aus der Notwendigkeit der Sicherung von Konkurrenzfähigkeit am Weltmarkt, der Notwendigkeit der Senkung von Kosten usw. resultieren. Diese Vorteile sind unmittelbar im Markt wirksam und de facto eine Folge der heutigen Weltmarktsituation. Das heißt nun aber auch, daß in Richtung auf eine nachhaltige Entwicklung zielende Veränderungen und die entsprechenden Verbesserungen der langfristigen ökologischen Situation auf diesem Weg nicht erreicht werden können, schon wegen des mehrfach erwähnten Rebound-Effekts. Allein schon wegen dieses Effekts, von weitergehenden Umweltzielen gar nicht zu reden, geht es deshalb insbesondere auch darum, Verkehr dort zu substituieren, wo Alternativen verfügbar werden, mit denen die hinter dem jeweiligen Verkehr stehenden Ziele oft sogar noch besser erreicht werden können. Beide Dimensionen zu bewältigen und dabei die richtige Balance zu finden, ist die eigentliche Herausforderung. Die Entwicklungen im Bereich Multimedia/Informationstechnik führten dabei wirkungsmächtige Veränderungen hinsichtlich fast aller gesellschaftlichen Prozesse herbei. Zugleich dehnt die erfolgende Globalisierung, gerade auch der weltweit operierenden Unternehmen, das jeweilige Handlungsfeld auf den ganzen Globus aus. Dabei ist Wettbewerbsfähigkeit überall in der Welt zu sichern (Radermacher, 1995).

Die absehbaren Veränderungen werden durch zwei Dimensionen des stattfindenden Wandels getrieben werden, nämlich zum einen durch die unter Nutzung von Telematik erschließbaren Beschleunigungseffekte, Effekte der Kostenreduktion und des *Global Sourcing*, insbesondere auch im Personalbereich durch Teleworking sowie als Teil der zunehmenden Virtualisierung von Unternehmungen, und zum anderen die mit der globalen Umweltthematik zusammenhängende Notwendigkeit der Dematerialisierung und damit der Reduktion physischer Bewegungen, die ganz unmittelbar auch in den Logistikbereich eingreifen wird. Einige der dabei anstehenden Veränderungsrichtungen werden im folgenden detaillierter diskutiert.

*Wissensverwaltung*
Wir befinden uns global auf dem Weg in eine Wissensgesellschaft (Radermacher 1995b). Auf diesem Weg wird Wissen immer mehr zu einer Hauptwertschöpfungsquelle. In einer virtuellen Unternehmung wird Wissen auch immer wesentlicher zur Sicherung des Zusammenhalts im Unternehmen, zum Schaffen eines Corporate Memory, zur Sicherung von Kontinuität. Dies gilt auch für die gesamte Thematik der Kundenbeziehung, der Qualitätssicherung, der Zusammenarbeit mit anderen usw. Es sind ganz unterschiedliche Formen des Wissens, die dabei zukünftig an Bedeutung gewinnen werden (Radermacher, 1995c). Zunächst sei hier auf Wissen über Informationsquellen hingewiesen, Wissen über denkbare Know-how-Inputs, Wissen über Mitarbeiter, Partner, Kunden, aber auch über aktive Wissenskomponenten in Form von Aktorik, die neuronal oder symbolisch realisiert sein können. Das Wissen wird ganz wesentlich über Metadatenbanken und unter Nutzung von interoperablen Begriffssystemen auf der Basis einer im Hintergrund operierenden Weltmodellierung und teilweise auch unter Nutzung von Mechanismen der Diskursverwaltung abgelegt sein (Radermacher, 1996f). Für die konkrete Verteilung von Information und für das Finden von Inhalten werden intelligente Filter und Broker in Verbindung mit Maßnahmen zur Qualitätssicherung des Wissens an Bedeutung gewinnen. Aus der Sicht des Unternehmens von zentraler Bedeutung ist dabei Wissen über alle im Unternehmen ablaufenden Prozesse, Produktionsverfahren, Qualitätssicherungsmaßnahmen, Konditionen usw., wobei zukünftig Onlinerückmeldungen, zum Beispiel des Qualitätsniveaus der eigenen Produkte während der Nutzung beim Kunden, an Bedeutung gewinnen werden.

Schließlich gewinnt die Informationsverarbeitung (im weitesten Sinne) immer weiter an Bedeutung und damit die Nutzung von Netzwerken, Betriebssystemen, Middleware, Datenbanksystemen, Metadatenbanksystemen, GIS-Systemen usw. Letzten Endes wird auch das Wissen über die gesamte Informations- und Kommunikationsinfrastruktur (technisches Infrastrukturwissen) als eigenständig repräsentierte Information noch sehr an Bedeutung gewinnen.

*Realisierung der virtuellen Unternehmung*
Es wurde oben schon angesprochen, daß im Zuge der verstärkten Nutzung der Telematik und insbesondere auch bei der Nutzbarmachung der internationalen Kostendifferenzen zwischen Anbietern und Arbeitnehmern die virtuelle Unternehmung an Bedeutung gewinnen wird. Die virtuelle Unternehmung gewinnt aber auch deshalb an Bedeutung, weil sie auch bei uns ganz andere Formen der Organisation der Arbeit möglich werden läßt. So denkt man in der

Konstruktion heute bereits über die Zusammenarbeit mittels CAD-Systemen an verschiedenen Standorten nach; dies kann über moderne Groupware-Tools unterstützt und mit Videokonferenz abgesichert werden.

Verfolgt wird weiterhin, z.B. auch in der Automobilindustrie, die Leitidee der Konstruktion 24 Stunden am Tag im Wechsel über die verschiedenen Erdteile, was eine enorme weitere Beschleunigung aller Entwicklungsprozesse mit sich bringen wird. Die Virtualisierung und die Nutzung moderner Telematik wird es erlauben, vieles schneller, besser und preiswerter als bisher zu realisieren. Schon heute werden Außendienstmitarbeiter über Mobilfunk eingebunden, können beim Kunden unmittelbar zu unterschriftsreifen Verträgen kommen. In der Wechselwirkung mit dem Kunden fallen ganze Bearbeitungsstufen weg, hier wird Interaktion mittels Multimediatechnologie als Kontaktkanal zum Kunden gleichzeitig zur Schnittstelle zu allen Informations-, Waren-, Wirtschafts- und Steuerungssystemen des jeweiligen Unternehmens.

Zu Ende gedacht, wird der Kunde in seiner Kommunikation mit dem System selber zum Disponenten. Aber nicht nur für die Wechselwirkung mit Zulieferern, sondern auch für die Einbeziehung von Arbeitnehmern wird das Global Sourcing an Bedeutung gewinnen, und vielfach wird der virtuelle Mitarbeiter auch ein eigenständiger Unternehmer sein. Dabei werden viele heutige Funktionen von Unternehmen ausgelagert werden, beispielsweise auch bestimmte Aufgaben im Sekretariats- und Assistentenbereich. Beziehungen zum Arbeitnehmer werden teilweise temporärer sein als heute, mobile Arbeitsplätze spielen eine zentrale Rolle. Am Rande erwähnt sei nur, daß in einem virtuellen Unternehmen aufgrund der zu erwartenden geringeren Orientierung an Hierarchien und Politik in diesen Häusern die notwendigen Anpassungsprozesse an den Markt wahrscheinlich deutlich leichter als bisher erreicht werden können.

Es wird eine große zukünftige Herausforderung sein, in dem beschriebenen Umfeld die richtigen Informationen zur richtigen Zeit an der richtigen Stelle verfügbar zu machen. Wie oben schon angedeutet, wird es dabei u. a. darum gehen, den Zusammenhalt der Mitarbeiter und der Partner des Unternehmens auch über große Distanzen und möglicherweise häufige Personalwechsel zu sichern und Kooperation technisch zu unterstützen. In diesem Umfeld wird das Vertragsmanagement an Bedeutung gewinnen, und es wird auch darum gehen, Bezahlung über Netze miteinzubeziehen. Dabei wird die Kompetenz für das Thema »Sicherheit/Security« eine noch sehr viel höhere Bedeutung gewinnen, als sie heute schon besitzt, weil die Unternehmensdaten in diesem Prozeß stärker verteilt sein werden und die Bewältigung der Sicherheitsthematik, und damit u. a. auch das in diesem Umfeld wichtige Key-Management, zu leisten sein wird. Das betrifft auch den Umgang mit Zulieferern, Kunden, aber z.B. auch das Management von Konsortien und von Projekten für spezielle Aufgaben. Ganz allgemein ist in diesem Umfeld dafür Sorge zu tragen, daß ein Corporate Memory als rechnergestütztes System verfügbar ist.

*Die lernende Unternehmung*
Aus einer Vielzahl von Gründen befinden sich unsere Unternehmen neben der Virtualisierung auch auf dem Weg zu einer lernenden Unternehmung. Das hängt damit zusammen, daß in der komplexen Welt, wie sie heute besteht, regelwerkgestützte Systeme, die klassische Organisationsprinzipien abbilden, nicht mehr reaktionsschnell genug sind (Senge, 1990). Aus diesem Grund wird es darauf ankommen, neben Regelwerken auch informelle Beziehungen und Strukturen, wie sie sich beispielsweise über Intranetze firmenintern und interessenbezogen herausbilden können, aber insbesondere auch die mehr intuitiven bzw. neuronalen Fähigkeiten der Mitarbeiter geeignet mit ins Spiel zu bringen. Dies schließt die Möglichkeit und Notwendigkeit mit ein, daß sich Mitarbeiter ihrerseits kontinuierlich weiterbilden, wobei die Art der benötigten Inhalte teils von seiten der Unternehmung vorgegeben wird, aber teils auch über ein individuelles Suchverhalten der Mitarbeiter von diesen selbst identifiziert werden wird. Es geht also im weitesten Sinne darum, Wissen auf ganz unterschiedlichen Repräsentationsebenen (Radermacher, 1996b) nutzbar zu machen und Mitarbeiter über die Vorgabe von Zielen und Leitideen zu koordinieren, wobei eine geeignete Wechselwirkung zwischen Explizitheit und dem, was an anderer Stelle mehr intuitiv, also neuronal bzw. strukturell vorhanden ist, sicherzustellen ist.

Für die Ausbildung bedeutet das die Bereitstellung von Lernumfeldern, in denen lebenslanges Lernen stattfinden kann. Schon aufgrund der Kostensituation, aber auch erneut wegen der Optimierung der eigenen Möglichkeiten in der Konkurrenz zu anderen werden zukünftig die wesentlichen Ausbildungsprozesse und Lernvorgänge punktuell inhalts- und aufgabenbezogen am *Point of Learning*, d. h. im Unternehmen vor Ort oder z.B. zu Hause zur selbstgewählten Zeit, multimedial ablaufen. Dies wird u. a. einen völligen Umbau der Ausbildungssysteme erfordern, und zwar im Kontext der generellen Aufgabe der Herstellung einer höheren Kosteneffizienz auf seiten des Staates (Radermacher, 1996g). Um dies als Unternehmen in optimaler Weise sicherstellen zu können, wird man sich in geeignete Wissenskooperationen mit verschiedensten Partnern in Verbünden, Nutzergemeinschaften, Wertschöpfungsketten und natürlich mit entsprechenden Wissenschaftlern im Forschungs- und Universitätsbereich themenspezifisch koppeln. Auch das wird wiederum stark getrieben werden über die Möglichkeiten der Netze. In diesem Umfeld kommt der Qualitätssicherungsfunktion von innen eine wesentliche Bedeutung zu, und das in einer weltweiten Perspektive, womit auch Fähigkeiten im Bereich der Bewertung und Zertifizierung von Ausbildungsinhalten bzw. Qualifikationen gefordert werden.

*Beherrschung der Schnittstelle zwischen Telematik und physischem Transport*
Ganz grundsätzlich wird aufgrund des in Teil I beschriebenen Drucks im Umweltbereich die Notwendigkeit zunehmen, Güter, Prozesse, Funktionen weniger materialintensiv und damit auch weniger transportintensiv als bisher zu realisieren (Radermacher, 1996c). Unter zukünftig hoffentlich erreichbaren adäquateren Weltwirtschaftsbedingungen wird dies dann stärker als heute auch wirklich so erfolgen und langfristig in eine zukunftsfähigere Welt führen. Wenn die Weltwirtschaftsordnung hingegen so bleiben sollte, wie sie heute ist, sind demgegenüber Wettläufe in globale Abwärtsspiralen und Globalisierungsfallen und damit hinsichtlich der ökologischen Entwicklung eher dramatische weitere Verschlechterungen zu erwarten bei dem Versuch, unter Marktbedingungen für eine weiter wachsende, sozial stark polarisierte Menschheit die benötigten bzw. gewollten Güter bereitzustellen.

Andererseits wird in jedem Paradigma der zukünftigen Weltwirtschaftsordnung in bestimmten Bereichen die Notwendigkeit des physischen Transports als eine bestimmende Größe des Lebens natürlich erhalten bleiben. Dies markiert eine besondere Herausforderung für die Logistik an der hier bestehenden zentralen Schnittstelle, also der Schnittstelle zwischen der virtuellen, der Informationsseite des Transports und der physischen Seite. Eine der wichtigen Herausforderungen in Zukunft wird dabei darin bestehen, diesen Übergang aufgabenspezifisch in optimaler Weise zu leisten. Das läuft an bestimmten Stellen auf eine Teildematerialisierung hinaus. Als Beispiel sei hier die Druckindustrie genannt, in der heute schon je nach Art und Qualitätsanforderung der Druck an zentraler Stelle erfolgt und die Druckerzeugnisse dann verteilt werden, unter Umständen aber auch digitale Information in größere Städte oder direkt in die Nähe von Firmen oder in Firmen hineintransportiert wird und erst dort über den Druck entschieden wird und – je nachdem – dann vor Ort ausgedruckt wird (*Print on demand*, Druck in Buchhandlungen auf Basis von *Desktop Publishing*/DTP).

Ganz generell gibt es hier an vielen Stellen ein großes Spektrum von Lösungen, wie sie öffentlich in breitem Umfang in den Diskussionen um die Leitideen Faktor 4/Faktor 10 erörtert werden. Dies beinhaltet immer auch die Frage nach der Produktionslogistik von Gütern: Erfolgt die Produktion z.B. eher zentral oder lokal? Dies korrespondiert zu Überlegungen wie der Produktion auf Abruf, der Dezentralisierung der Produktion, der Idee, daß die Technik vor Ort erfolgt, beispielsweise gefüttert aus entsprechenden Datenbanken. Als Beispiel sei hier die Keramikindustrie erwähnt, die große Mengen von Geschirr über viele Jahre vorhält; die Alternative könnte in Brennöfen vor Ort bestehen, die bei Bedarf automatisch ein bestimmtes Produkt aufgrund von Informationsübertragung herzustellen in der Lage wären. Wenn sich diese Entwicklung durchsetzt, wenn also universelle Fertigungseinheiten als autonome Zentren an verschiedenen

Stellen der Welt verfügbar werden, dann würde das Wissen über die jeweiligen Produkte, aber auch die Zugriffsmacht über die Netze u. U. bedeutsamer werden als die Beherrschung des einzelnen Produktionsprozesses, auch wenn heute noch nicht ganz klar ist, wohin sich das entwickelt. Abzusehen ist aber, daß mit diesen Veränderungen erhebliche Rückwirkungen, z.B. auf die Verpackungsindustrie, verbunden sein werden.

Ähnliche Fragen stellen sich an vielen Stellen, z.B. in Verbindung mit Teleshopping oder auch in Verbindung mit neuen verteilten Infrastrukturen. Es ist davon auszugehen, daß man an vielen Stellen Erfahrungen, wie man sie etwa im Versandhausbereich bereits besitzt, weiterentwickeln wird, so daß nach einer elektronischen Auswahl von Gütern der Transport oftmals durch Dienstleister vorgenommen werden wird, wobei das Ziel darin bestehen muß, relativ zum transportierten Umfang nicht zuviel Zusatzaufwand durch die Transportfahrzeuge zu erzeugen. Ein gutes Beispiel in diesem Umfeld ist eine klassische Paketverteilungsinfrastruktur.

Es geht also dann darum, daß man bei einem Einkaufsvolumen von vielleicht 10 oder 20 kg und Entfernungen von einigen Kilometern nicht ein Vielfaches an Tonnenkilometern als Transportvolumina erzeugt, was z.B. passiert, wenn Einzelpersonen mit ihren PKWs kleine Besorgungen vornehmen. Bei zukünftigen Verteilinfrastrukturen ist dann u. a. daran zu denken, daß man am Zielort (bedarfsabhängig) Deponie-Infrastrukturen zur Verfügung hat, die teilweise auch elektronisch oder über Chipkarten gesteuert sein können. In anderen Bereichen wurde auch bereits das Tankstellennetz mit seinen vielen Einrichtungen als mögliche Verteilinfrastruktur ins Spiel gebracht.

Ein weiteres Element der Teildematerialisierung bilden telematikgestützte Lösungen etwa für die Ferndiagnose oder für die Fernberatung, und ein entsprechendes Potential ist auch im Bereich des Lagermanagements zu sehen. Durch die richtige Positionierung der Lager kann der gesamte Transportaufwand geeignet reduziert werden. Für große, international operierende Unternehmen geht es dabei zentral auch um die Bündelung von Transportwünschen, um ein Synergiemanagement zwischen verschiedenen Abteilungen und darum, eine enge Abstimmung mit anderen Unternehmensteilen in der Wechselwirkung in Wertschöpfungsketten zu erreichen und in diesem Umfeld möglichst auch eine transparente Kostendarstellung zu realisieren.

*Physischer Transport*

Für entwickelte Gesellschaften ist unvermeidbar und charakteristisch, daß physischer Transport in erheblichem Umfang stattfinden muß. Eine wichtige Aufgabe betrifft in diesem Umfeld ein optimales Flottenmanagement, auch unter dem Aspekt der Erschließung von Synergien. Das optimale Management größerer Fahrzeugflotten ist dabei eine komplexe Optimierungsaufgabe. Das gilt vor allem dann, wenn eine Vielzahl regionaler, tariflicher oder persönlicher Nebenbedingungen geeignet mit in den Optimierungsprozeß einbezogen werden soll. Hier gibt es bis heute keine wirklich adäquate Standardsoftware. In diesem Bereich sind für die Zukunft noch große Aufgaben zu sehen.

Ein wichtiges Thema wird die Nutzung immer besserer Schnittstellen zwischen verschiedenen Verkehrsträgern sein. Es ist damit zu rechnen, daß in der Zukunft in diese Richtung noch vieles passieren wird. Der Markt wird sich dabei auf Basis einer deutlich verbesserten Informationssituation pro Verkehrsträger hin zu einem Angebot der Beförderung einer Person oder eines Gutes von Ort A nach Ort B unter bestimmten Randbedingungen entwickeln. Randbedingungen betreffen den gewünschten Komfort, die zu wählenden Verkehrsmittel, auch garantierte Zeiträume für die Ankunft am Ziel. Das Ganze wird gekoppelt werden mit einer permanenten Verfolgung des jeweiligen Transportgutes, so daß zu jedem Zeitpunkt (potentiell) Auskunft über den Aufenthaltsort des Gutes gegeben werden kann, was heute schon einige weltweit operierende Dienstleister über Internet anbieten. Man kann sich vorstellen, daß dies mit Versicherungsleistungen im Falle des Nichteinhaltens der jeweiligen garantierten Randbedingungen gekoppelt werden wird. Dabei werden, gerade auch unter dem absehbaren Druck der Umweltthematik, Transporte in Zukunft tendenziell kostenaufwendiger sein als bisher.

Allerdings wird sich die Frage stellen, ob die beschriebene Funktion von Spezialisten am Markt und damit aus der Sicht großer Firmen eher durch Outsourcing oder von seiten der Firma selber betrieben werden soll. Dabei sind Einsparungspotentiale durch Bündelung und Synergieeffekte bei der externen Abdeckung bestimmter Funktionen abzuwägen gegenüber den Vorteilen einer Beherrschung der eigenen Logistikprozesse und der Übernahme der direkten Verantwortung, aber unter Umständen auch dem Bewahren von Know-how.

Zunehmen wird die Nutzung von Telematikkarten, deren adäquater Einsatz und zielgerichtete Beherrschung mit in Betracht zu ziehen sind, insbesondere auch bei Karten, die Zusatzfunktionen etwa in Richtung auf Marketingaspekte beinhalten. Ferner gilt es, gerade wieder unter dem Druck der Umweltanforderungen, sich auf mögliche neue Infrastrukturelemente einzustellen. Es könnte sein, daß die notwendigerweise wachsenden Kosten zumindest teilweise in Form von *road pricing*, wie oben bereits beschrieben, erhoben werden.

Es kann auch sein, daß es allein schon unter dem Druck der Umweltanforderungen notwendig werden wird, im eigenen Unternehmen Car-Sharing-Modelle oder City-Logistik-Modelle zu realisieren, beispielsweise für die eigenen Mitarbeiter oder für den eigenen lokalen Transport. Es gilt, alle Möglichkeiten der Streckenberatung für die eigene Fahrzeugflotte, aber auch Hilfe, Zielführung, Notruf usw. für diese Fahrzeuge mit in die Betrachtung einzubeziehen. Ganz generell ist dies das Umfeld, in dem durch Nutzung von Information und modernen Möglichkeiten der Infrastruktur der notwendige physische Transport, soweit er ablaufen muß, immer weitgehender optimiert werden muß.

## Was ist zu tun?

*Die Verantwortungsfragen*

Zum Abschluß dieses Textes scheinen ein paar Hinweise zum Thema Verantwortung angebracht. Dies betrifft die Frage, welche Verantwortung ein einzelner in dieser schwierigen Lage hat, wie diese Verantwortung positioniert ist und was man als einzelner angesichts dieser globalen Herausforderungen tun kann. Die Standardantwort darauf ist in unserer Gesellschaft stereotypisch und wenig greifbar, läuft aber immer auf einen diffusen Appell an die Verantwortung des einzelnen hinaus. Wir haben in unserer Gesellschaft so etwas wie ein *political correctness*-Syndrom der permanenten Betonung der Verantwortung des einzelnen. Eine angemessene Sicht ist demgegenüber, daß die Verantwortung geteilt ist. Sie ist geteilt zwischen den einzelnen Personen und den gesellschaftlichen Strukturen, in denen sie leben, also den größeren Organismen, den Superorganismen, in die der einzelne eingebettet ist. Es liegt insofern sehr viel Verantwortung darin, wie ein Unternehmen organisiert ist, wie ein Staat organisiert ist, wie die Weltwirtschaft organisiert ist, und systematische Fehler in der Organisation eines Staates oder eines Weltwirtschaftssystems kann man nicht auf der Ebene des einzelnen durch dauerndes Einfordern der Verantwortung des einzelnen kompensieren. Um es noch deutlicher zu machen: Für die heutigen Probleme in Bosnien ist der normale Bosnier nur begrenzt zuständig. Er agiert dort vielmehr unter sehr schwierigen Rahmenbedingungen, die ihm im Einzelfall ein Verhalten aufzwingen, das er selber ablehnt, das aber notwendig ist, um unter den bestehenden Verhältnissen zu überleben. Die Verantwortung liegt damit primär bei den Rahmenbedingungen; auf nachfolgenden Ebenen liegen nachfolgende Verantwortungsdimensionen, und das schließt den einzelnen mit ein. Zugleich besteht bei dem einzelnen somit in besonderem Maße die Verantwortung, gemeinsam mit anderen im Rahmen der eigenen Einflußmöglichkeiten daran zu arbeiten, daß die Rahmenbedingungen stimmen.

Bei uns wird häufig so getan, als seien die Rahmenbedingungen keine variable Größe, als seien diese sozusagen »vom Himmel gefallen«. Die Rahmenbedingungen bilden aber die wichtigste politische Gestaltungsaufgabe. Denn jeder von uns muß zunächst einmal unter den Rahmenbedingungen operieren, wie sie sind. Und das heißt beispielsweise auch, daß wir im Moment die weitere Beschleunigung der Innovationsprozesse akzeptieren, ja geradezu nutzen und selber vorantreiben müssen, damit wir als Staat oder als Firma auf dem Weltmarkt überhaupt im Spiel bleiben, damit wir überhaupt dabei bleiben, damit wir also zunächst einmal ökonomisch überleben, selbst wenn wir das Tempo eigentlich als zu hoch ansehen.

Das darf uns aber nicht daran hindern, gleichzeitig darüber nachzudenken, wie wir weltweit zu besseren Strukturen kommen, bei denen dann die Beschleunigung überall nicht mehr so groß ist – und sein muß – wie heute. Wir müssen im Moment auch in massivem Umfang Ressourcen verbrauchen. Aber das darf uns nicht daran hindern, daran zu arbeiten, daß es irgendwann weltweit Rahmenbedingungen geben wird, unter denen wir alle nicht mehr soviel Ressourcen verbrauchen (müssen) wie heute. Das heißt also, daß wir unsere Rolle im System und außerhalb des Systems permanent geschickt ausdifferenzieren und genau aufeinander abstimmen müssen. Das ist die eigentliche ethische Herausforderung, und das heißt im Normalfall auch, daß gerade auch Personen mit Macht und Einfluß auch dann, wenn diese natürlich überwiegend (z.B. zu 95%) ihrem Tagesgeschäft nachgehen und dieses erfolgreich betreiben müssen, sich dann ihrerseits in begrenztem Umfang (z.B. 5%) auch der Frage widmen müssen, wie wir insgesamt als Gesellschaft weiterkommen und wie wir in ganz anderen Bereichen, die nicht unmittelbar mit der eigenen Arbeit zusammenhängen, die erforderlichen Veränderungen bewirken können. Tatsächlich ist das heute die größte ethische Herausforderung, und nur dann, wenn wir hier alle unseren Beitrag leisten, haben wir noch eine Chance, die vor uns liegenden Herausforderungen zu bewältigen.

Aufgrund des Gesagten bietet übrigens die EXPO 2000 besondere Chancen, aus einer deutschen bzw. europäischen Sicht heraus Überlegungen zur Bewältigung der vor uns liegenden Herausforderungen zu formulieren und dann auch weltweit zu kommunizieren. Damit ist dann aber auch die Verantwortung für Deutschland und entsprechend für alle Personen, die Einfluß auf dieses Großereignis nehmen können, verbunden, diesen Einfluß auch geeignet wahrzunehmen und dieses große Potential der EXPO 2000 geeignet nutzbar zu machen. Es muß uns hier gelingen, deutlich zu machen, daß sehr große Herausforderungen vor uns liegen, daß wir enorme Chancen durch Dematerialisierung haben, etwa in Form einer immer stärkeren Nutzung der Informationstechnik, daß wir auch eine Entlastung der Umwelt im Bereich der Mobilität bewirken können, daß das alles aber nicht einfach ist und daß wir insbesondere in der historischen Perspektive vor dem Phänomen stehen, daß wir »uns bisher mit unserem dauernden technischen Fortschritt zu Tode siegen«, zumindest so lange, wie es uns letztlich nicht gelingt, durch gesellschaftliche Innovationen die Rebound-Effekte zu beherrschen. Diese resultieren daraus, daß in einem auf Dynamik und Wachstum hin ausgerichteten Markt, dem wirksame ökologische und soziale »Leitplanken« fehlen, die Menschen aus ihrer Natur heraus wie aber auch aufgrund der Konstruktion des Wirtschaftssystems motiviert sind, ihren

Aktivitätsradius immer weiter auszudehnen, zugleich in der Anzahl zu wachsen, so daß die Gesamtbelastung des Biosystems laufend steigt, statt endlich abzunehmen.

Es ist vor diesem Hintergrund wichtig, daß die EXPO 2000 sich nicht darauf beschränkt, technische Möglichkeiten der Dematerialisierung aufzuzeigen, sie muß auch klarmachen, daß es das Phänomen des Rebound-Effekts gibt, und sie muß die Frage stellen, wie man damit umgeht. Hier ist also für den Verkehrs- und Transportbereich einerseits ernst zu nehmen, daß Menschen mobil sein wollen, daß Mobilität Freiheit bedeutet, daß Mobilität Grenzen überwindet, aber andererseits auch klarzumachen, daß es Grenzen für die Mobilität gibt, die damit zusammenhängen, daß wir mittlerweile zu viele Menschen sind, die alle zu viel wollen, relativ zu dem, was wir technisch leisten können, und das nicht zuletzt eben aufgrund der zyklischen Wechselwirkungen zwischen Mobilität, Wohlstand und Erwartungshaltung. Wir müssen hier für die Zukunft zu anderen Lösungen kommen, die letztlich in einer veränderten Weltwirtschaftsordnung bestehen müssen, die soziale und ökologische Aspekte geeignet in die Wirtschaftsprozesse integriert. Das führt zu Veränderungen von Bedarfsstrukturen vor dem Hintergrund anderer mentaler Sichten als Teil von Lösungspfaden in die Zukunft, die sicher durch Dematerialisierung gekennzeichnet sein werden (Mutscheller; Radermacher, 1995). Hier ist dann im Bereich der Mobilität sehr viel an Ansatzpunkten für Verbesserungen der Situation zu sehen, die teilweise auch in diesem Text diskutiert wurden. Genauso klar erkennbar ist aber auch, daß sich die Probleme auf keinen Fall durch technischen Fortschritt allein werden regeln lassen.

Wenn wir angesichts der vor uns liegenden Herausforderungen Fehler machen, wird dies nicht das Ende der Welt, wohl aber das Ende unserer Kultur bedeuten. Hinhaltender Widerstand gegen die jetzt anstehenden Veränderungen würde bereits kurzfristig unsere ökonomische Situation verschlechtern, statt sie zu verbessern. Wir müssen uns insofern auf die Notwendigkeit von Veränderungen einstellen und das Beste daraus machen. In diesem Text wurde dargestellt, daß die größte Hoffnung hier in der Chance liegt, zusammen mit den anderen Nationen eine stabile Welt aufzubauen, in der es zukünftig allen so gut geht wie uns heute und in der eine langfristige Orientierung möglich ist.

Wesentliche Schritte betreffen dabei eine fairere Weltwirtschaftsordnung mit der Schaffung und Inkorporierung globaler, das heißt weltweiter sozialer und ökologischer Mindeststandards und die Finanzierung dieser Standards durch uns alle. Wem dies als unerreichbar erscheint, der frage sich zunächst, ob er das Ziel in Ordnung findet und ob er bereit ist, zu seiner Verwirklichung beizutragen. Und dann sollte man überlegen, wie viele andere Menschen weltweit wahrscheinlich schon längst auf diesem Weg sind, und man sollte sich fragen, wie viele Menschen man selber beeinflussen kann, wenn man selbst energisch in diese Richtung geht. Wenn man sich hier nur vorstellt, daß es jedem Engagierten gelingt, jeden Monat einen weiteren Engagierten neu zu gewinnen, dann würde bereits in 33 Monaten die ganze Menschheit an einem Strang ziehen. Wenn man dies alles kombiniert, dann sollte eigentlich klar sein, was zu tun ist.

## Literatur

Dahlmanns, G.; Eckart, S.; Hormann, J.; Pestel, R.; Radermacher, F. J.; Schmidt-Bleek, F. (1996): EXPO 2000 Thematic Orientation: One World – One Future! Sustainability is no longer divisable. Revised version, result of the thematic process, FAW-Publikation.

Deutsche Stiftung Weltbevölkerung (DSW) (Hrsg.) (1995): Weil es uns angeht – Das Wachstum der Weltbevölkerung und der Deutschen. Balance Verlag: Hannover.

Dror, J. (1995): Ist die Erde noch regierbar? C. Bertelsmann: München.

Ehrlich, P. R.; Ehrlich A. (1991): The Population Explosion, Touchstone Bks., Simon & Schuster Trade, 04/.

Gesellschaft für Informatik e. V. (Hrsg.) (1994a): Schlüsseltechnologie Informationsverarbeitung: Mobilität und Informatik, Bonn.

Gesellschaft für Informatik e. V. (Hrsg.) (1994b): Schlüsseltechnologie Informationsverarbeitung: Umwelt und Informatik, Bonn.

Gesellschaft für Informatik e. V. (Hrsg.) (1995): Schlüsseltechnologie Informationsverarbeitung: Schlanker Staat und Informatik, Bonn.

Greiner, C.; Radermacher, F. J.; Rose, T. (1996): Contributions of the Information Society to Sustainable Development, Report of the Working Circle: A DG XIII-initiated Group on Sustainability and the Information Society, held at the European Commission, 12-13 December 1995, Brussels, FAW, Ulm.

Hug, K.; Mock-Hecker, R.; Radermacher, F. J. (1995): Anforderungen an die Ausgestaltung von Road Pricing-Systemen, in: Müller, G.; Hohlweg, G. (Hrsg.): Telematik im Straßenverkehr. Initiativen und Gestaltungskonzepte, Springer Verlag: Berlin, S. 111-130.

Isenmann, S.; Lehmann-Waffenschmidt, M.; Reuter, W.; Schulz, K.-P. (1992): Diskursive Umweltplanung: Computergestützte Behandlung bösartiger Umweltprobleme, in: Zeitschrift für angewandte Umweltforschung, Jg. 5, H. 4.

Krönig, D.; Radermacher, F. J. (Hrsg.) (1996): Proceedings zum 2. Europäischen Informatikkongreß »Mobilität durch Telematik«, Reihe »Wissensverarbeitung und Gesellschaft«, Universitätsverlag: Ulm.

Lenat, D. B. (1977): On Automated Scientific Theory Foundation, A Case Study Using the AM Program, in: Hayes, J.E.; Michie, D.; Mikulich, L. I. (Hrsg.): Machine and Intelligence 9, Halsted Press: New York.

Lenat, D. B., Guha, R.V. (1990): Building Large Knowledge-based Systems: Representation and Inference in the Cyc Project, Reading: Addison-Wesley.

Morath, K. (Hrsg.) (1996): Welt im Wandel – Wege zu dauerhaft-umweltgerechtem Wirtschaften, Frankfurter Institut – Stiftung Marktwirtschaft und Politik.

Morath, K.; Pestel, R.; Radermacher, F. J. (1996): Die Überbevölkerungssituation als Herausforderung: Robuste Pfade zur gobalen Stabilität, in: Morath, K. (Hrsg): Welt im Wandel – Wege zu dauerhaft-umweltgerechtem Wirtschaften, Frankfurter Institut – Stiftung Marktwirtschaft und Politik, S. 89–111.

Mutscheller, E., Radermacher, F. J. (Hrsg.) (1995): Personalmanagement im Unternehmen der Zukunft, Tagungsband zum 8. Bodenseeforum, Reihe »Wissensverarbeitung und Gesellschaft«, Universitätsverlag: Ulm.

Neirynck, J. (1994): Der göttliche Ingenieur, expert-Verlag, Renningen, 1994.

Radermacher, F. J. (Hrsg.) (1994): Informatik und Mobilität, Sonderheft it+ti, Oldenbourg Verlag: München.

Radermacher, F. J. (1995a): Informations- und Kommunikationstechnik: Basis einer auf Wissen und Nachhaltigkeit angelegten weltweiten Industriegesellschaft. Vortrag im Rahmen des Technischen Symposiums »Change in TIME (Telekommunikation – Information – Multimedia – Entertainment)« der Siemens Nixdorf Informationssysteme AG, München.

Radermacher, F. J. (1995b): Innovationsmanagement – Management of Change: Überlegungen zur Bewältigung anstehender weltweiter Herausforderungen im technischen und gesellschaftlichen Bereich, IBM-Nachrichten 45, H. 321, S. 56–65.

Radermacher, F. J. (1995c): Kreativität – das immer wieder neue Wunder. Forschung & Lehre 10, 545–550, 1995.

Radermacher, F. J. (1996a): Westliche Industriegesellschaften unter dem Druck der Globalisierung: Strukturwandel von Arbeit und Wirtschaft in Deutschland und Europa, Dokumentation des 2. Zyklus der Kempfenhausener Gespräche, HYPO-Bank, München.

Radermacher, F. J. (1996b): Ulmer Forum 1995 »Zukunft der Arbeit«, Reihe »Wissensverarbeitung und Gesellschaft«, Universitätsverlag :Ulm.

Radermacher, F. J. (1996c): Cognition in Systems, Cybernetics and Systems 27, Nr. 1, S. 1–41.

Radermacher, F. J. (1996d): Die Informationsgesellschaft: Langfristige Potentiale für eine nachhaltige Entwicklung und die Zukunft der Arbeit, gekürzte Fassung, in: »Die globale Informationsgesellschaft als Chance«, ORACLE WELT, Nr. 02, 36–39.

Radermacher F. J. (1996e): Forschung in der Telematik: Für den Mittelstand nur eine Vision? Proc. der Gründungsveranstaltung des Bundesverbandes Mittelstand in der Telematik (BVMT) e. V., Stuttgart, 21. März.

Radermacher, F. J. (1996f): Informationsgesellschaft – Perspektiven für das Jahr 2005. Mit Hinweisen zur Plazierung der Logistik. Workshop »Multimedia und Logistik-Szenarien für das Jahr 2005«, Siemens AUT OIL, Freising, 25./26. Juli.

Radermacher, F. J. (1996g): Lernende Organisationen und Wissensmanagement, 20. AUT-Kolloquium Wissensmanagement der Siemens AG, Nürnberg, 12. Dezember.

Radermacher, F. J. (1996h): Moderne Informationstechnologien: Internationale Konkurrenz der Ausbildungssysteme und die Herausforderung einer Verschlankung der Hochschulen, in: Beck, U.; Sommer, W. (Hrsg.): LEARNTEC 95, S. 417–431, Springer-Verlag.

Radermacher, F. J. (1996i): Und sie bewegt sich noch – Die Welt im Jahr 2050, Vortrag anläßlich der Rotary Distriktkonferenz, Ulm, 27. Mai 1995, in: DER ROTARIER, H. 4, S. 21–33.

Radermacher, F. J.; Schaal, M.; Schnittger, S. (1997): Durchgängige Elektronische Fahrplaninformation DELFI, Beitrag zum ITS Weltkongreß, Berlin.

Schmidt-Bleek, F. (1993): Wieviel Umwelt braucht der Mensch? MIPS – Das Maß für ökologisches Wirtschaften, Birkhäuser Verlag: Berlin, Basel, Boston.

Senge, P.M. (1990): The fifth discipline, The art and practice of the learning organization, Double day, New York.

Spiegel, P. (1996): Das Terra-Prinzip, Das Ende der Ohnmacht in Sicht: Wirtschaftler werden Revolutionäre, Horizonte Verlag: Stuttgart, 1996.

von Weizsäcker, E.U.; Lovins, Amory B.; Lovins, L.Hunter (1997): Faktor Vier. Doppelter Wohlstand, halbierter Naturverbrauch,Taschenbuchausgaben, Droemer-Knaur: München.

Warnecke, H.-J. (1992): Die Fraktale Fabrik, Springer-Verlag, Berlin, Heidelberg, New York.

Hans-Jörg Bullinger und Gunnar Jürgens

# Ökoeffiziente Dienstleistungen

*Einleitung*

Dienstleistungen beinhalten beträchtliche Potentiale für eine ökonomische und ökologische Modernisierung unseres Wirtschaftssystems. Allein ein Blick auf die USA, in denen die Dienstleistungsbranche gut zwei Drittel (Gries; Werner, 1995) der Arbeitsplätze stellt, macht das enorme Entwicklungspotential deutlich, das es bei der Entwicklung neuer Dienstleistungen zu erschließen gilt.

Seit einiger Zeit gewinnen Dienstleistungen aufgrund ökologischer Potentiale eine zunehmende Aufmerksamkeit. Eine Dienstleistung zeichnet sich dadurch aus, daß sie einen Kundennutzen erfüllen kann, ohne dabei physisch im Sinne eines materiellen Produktes (im folgenden als Sachgut bezeichnet) einen bestimmten Produktionsprozeß durchlaufen zu haben. Mit Dienstleistungen wird daher die Hoffnung verbunden, daß produktionsbedingte Umweltbelastungen während der Rohstoffgewinnung, der Herstellung von Vorprodukten bis hin zur Endfertigung eines Produktes durch deren Einsatz als ökoeffizientes Substitut für Sachgüter vermieden werden können. Dazu kommen mögliche Vorteile durch eine geringere Umweltbelastung während der Nutzungsphase sowie durch den Wegfall von Entsorgungsvorgängen.

Im vorliegenden Beitrag wird zunächst der Frage nachgegangen, welche Potentiale Dienstleistungen hinsichtlich der aktuellen Umweltdiskussion zugesprochen werden können. Dabei wird einerseits auf Ökoeffizienz als ein Merkmal bestimmter Dienstleistungen eingegangen. Andererseits wird diskutiert, ob Dienstleistungen einen Beitrag für eine nachhaltige Entwicklung leisten können. Im Anschluß an diese Darstellung von ökologischen Potentialen wird untersucht, welcher methodischen Grundlagen es bedarf, um diese auch erfolgreich erschließen zu können. Der Vergleich zur fortschreitenden Einbeziehung des Umweltschutzes in das Umweltmanagement produzierender Unternehmen macht deutlich, daß für die erfolgreiche Entwicklung ökoeffizienter Dienstleistungen Instrumente entwickelt werden müssen, die eine systematische Integration von Umweltschutzaspekten innerhalb komplexer Systemzusammenhänge ermöglichen.

*Der Dienstleistungsbegriff im Wandel*

Unter Dienstleistungen wird üblicherweise eine rein nichtmaterielle Leistung im Sinne der Bedienung eines Kunden verstanden. Nach dieser Auffassung stellen

Dienstleistungen das Gegenteil von Sachgütern dar, bei denen mit Hilfe eines physischen Produktes eine Leistung erbracht wird.[16]

Im Zuge des gegenwärtigen wirtschaftlichen Strukturwandels wird zunehmend der Nutzen des Kunden in den Mittelpunkt einer wirtschaftlichen Leistung gestellt. Hinter dieser Entwicklung verbirgt sich die Erkenntnis, daß der Nutzen des Kunden das eigentliche Zielprodukt einer wirtschaftlichen Leistung darstellt, für dessen Bereitstellung der Kunde bereit ist, Geld zu bezahlen. Parallel zu dieser Erkenntnis verändert sich auch der Gebrauch des Dienstleistungsbegriffes: Der Vorgang der Erfüllung eines Kundennutzens wird dabei zur eigentlichen »Dienstleistung«. Dienstleistungen sind demnach nicht mehr primär daran gebunden, ob eine Leistung materieller oder immaterieller Art ist. Sachgüter sind nicht mehr als Gegenteil von Dienstleistungen, sondern als Trägermedien für bestimmte Dienstleistungen bzw. als »Dienstleistungserfüllungsmaschine« (Schmidt-Bleek, 1997, 555/Bierter, 1997, 557) zu verstehen. So können z.B. Beleuchtungsanlagen und Heizungssysteme Energiedienstleistungen in Form von Helligkeit in Räumen oder eines behaglichen Raumklimas erbringen.

## Ökologische Potentiale von Dienstleistungen

*Dienstleistungen und Ökoeffizienz*

Die Definition einer Dienstleistung als Vorgang der Erfüllung eines Kundennutzens öffnet der wissenschaftlichen Diskussion über Wege zu einer umweltverträglicheren Wirtschaftsweise einen neuen Raum (Bierter, 1996, 559). Wenn es gelänge, einen Kundennutzen zu erfüllen, ohne dabei eine Vielzahl von umweltbelastenden Prozessen zur Produktion von Sachgütern durchführen zu müssen, dann erhielte man das gleiche Ergebnis – nämlich einen zufriedenen Kunden – unter geringster Belastung der Umwelt. Somit entstünde eine »ökoeffiziente Dienstleistung«.

Aufgrund dieses Gedankenganges liegt es nahe, das ökologische Potential von Dienstleistungen zunächst in einem Anwendungsbereich zu untersuchen, wo die Erbringung von Dienstleistungen zu einem weniger umweltbelastenden Einsatz von Sachgütern beitragen bzw. diesen sogar ganz überflüssig machen kann. Betrachtet man diesen Anwendungsbereich, so können die folgenden Typen von Dienstleistungen unterschieden werden (Mejkamp, 1997/Bierter, 1997/Fleig, 1997/Rubik; Teichert, 1997, 1416).

**Systematisierung ökologischer Dienstleistungen**

| Sachgutbezug / Ökologisches Innovationspotential | Ergänzende Leistungen zum verkauften Sachgut (»additiv«) | Nutzung bestimmter Sachgüter (»integriert«) | Erfüllung des Kundennutzens (»sachgut-unabhängig«) |
|---|---|---|---|
| gering | Anwendungsberatungen, Wartungs- und Reparaturmaßnahmen | Vermietung, Leasing | Gastronomie, Reinigungsdienste, Friseurhandwerk usw. |
| hoch | Rücknahme- und, Entsorgungs-dienstleistungen | Sharing, Pooling | Contracting |

Um die in der Tabelle dargestellten Dienstleistungstypen hinsichtlich ihrer Ökoeffizienz beurteilen zu können, müssen Beispiele untersucht werden, bei denen jeder der Typen zur Erfüllung des Kundennutzens eingesetzt werden kann. Als ein solches Beispiel wird im folgenden diskutiert, welcher Typ von Dienstleistungen bei der Befriedigung des Wunsches eines Hausbesitzers nach einem behaglichen Raumklima die größten ökologischen Potentiale verspricht.

Als additive Dienstleistung bietet die Heizungsfirma nach Verkauf eines Heizungssystems besondere Anwendungsberatungen und Wartungstätigkeiten an. Zusätzlich wird eine Rücknahme und die Entsorgung des Produktes gewährleistet. In bezug auf die Umweltbelastungen während des Lebenszyklus des Heizungssystems ergibt sich dadurch einerseits der Vorteil, daß der Kunde sich nach einer Energiesparberatung umweltfreundlicher verhält. Durch regelmäßige Wartungsarbeiten kann weiterhin die Lebensdauer des Heizungssystems insgesamt verlängert werden. Große ökologische Potentiale bestehen weiterhin in der Wiederverwertung gebrauchter Bauteile bzw. in einer schadstoffarmen Beseitigung von Produktbestandteilen nach Rücknahme des Heizungssystems durch den Hersteller am Ende der Nutzungsphase.

Als integrierte Dienstleistung bietet die Heizungsfirma an, ein Heizungssystem für die gesamte Nutzungsdauer gegen eine regelmäßige Leasinggebühr zur Erbringung der gewünschten Behaglichkeit zur Verfügung zu stellen. Ökologische Potentiale bei einem solchen Dienstleistungstypus liegen vor allem darin begründet, daß die Besitzrechte der Heizung bei der Heizungsfirma selber verbleiben. Diese sorgt daher über die gesamte Nutzungsphase für einen optimalen und ressourcenschonenden Betrieb der Anlage, verlängert die Lebensdauer und kümmert sich anschließend aus eigenem Interesse um eine Weiterverwendung der Heizung bei einem anderen Kunden oder einer weitgehenden Verwertung der Produktbestandteile in der Produktion neuer Anlagen.

**Ökologische Potentiale verschiedener Dienstleistungstypen in bezug auf Umweltbelastungen im Lebenszyklus eines Sachgutes**

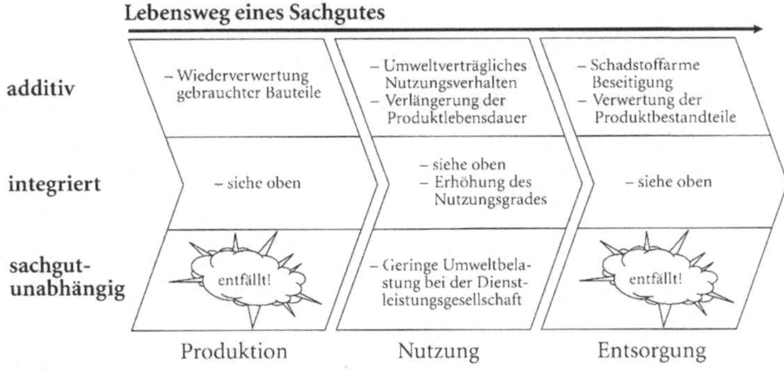


Als sachgutunabhängige Dienstleistung bietet die Heizungsfirma die Gewährleistung eines behaglichen Raumklimas über einen gewünschten Zeitraum an. Die eingesetzten Mittel zur Erbringung dieser Leistung sind offen. Auf dieser Grundlage kann die Firma frei optimieren, welches Heizungssystem am wenigsten die Umwelt belastet, ob z.B. die Voraussetzungen für den Einsatz von Kraft-Wärme-Kopplungssystemen günstig sind oder ob ein Fernwärmeanschluß möglich ist. Neben einem ökologisch optimierten Einsatz von Technik sind bei diesem Dienstleistungstyp jedoch noch andere Optionen enthalten. So kann die Heizungsfirma beispielsweise anstelle einer Heizung eine verbesserte Isolierung des Hauses oder den Einsatz neuer Fenster finanzieren, wenn das Ergebnis, die Behaglichkeit des Kunden, durch diese Maßnahme ebenso erreicht wird. Im Extremfall kann eine solche Dienstleistung sogar dazu führen, daß die ursprünglich benötigten Sachgüter völlig überflüssig werden. Im Rahmen des gewählten Beispieles wäre dies jedoch nur möglich, wenn die Heizungsfirma einen starken Einfluß auf das Konsumentenverhalten nimmt (z.B. durch eine Überzeugungsarbeit, daß das Tragen von Pullovern ebenfalls zu einer Behaglichkeitssteigerung beiträgt).

In der obigen Abbildung sind die ökologischen Potentiale der Dienstleistungstypen anhand der Lebensphasen eines Sachgutes einander gegenübergestellt.

*Dienstleistungen und Nachhaltigkeit*

Die Dringlichkeit der Entwicklung von Konzepten zur Erhaltung der natürlichen Lebensgrundlagen ist heute unbestritten. Aufgrund dieser Erkenntnis wurde auf der UN-Konferenz für Umwelt und Entwicklung in Rio de Janeiro im Jahr 1992 über das Leitbild der nachhaltigen Entwicklung als Neuorientierung des globalen Wirtschaftsprozesses Einigkeit erzielt. Der Begriff Nachhaltigkeit steht dabei für eine Entwicklung, in der sich die Teilsysteme Natur, Wirtschaft und Gesellschaft in einem weltweiten, wechselseitig beeinflußten Gleichgewicht befinden.

Einer erfolgreichen Strategie für das 21. Jahrhundert muß es daher gelingen, die wirtschaftliche Leistungsfähigkeit, soziale Verantwortung und Umweltschutz zusammenzuführen, um auf diese Weise gerechte Entwicklungschancen für alle Staaten zu gewährleisten und die natürliche Lebensgrundlage für kommende Generationen zu erhalten.

Ein wirtschaftlicher Wandel zu einer Dienstleistungsgesellschaft kann sicherlich nicht als *die* Strategie der Nachhaltigkeit dargestellt werden. Dienstleistungen besitzen jedoch einige Merkmale, die eine verträgliche Verbindung wirtschaftlicher, gesellschaftlicher und ökologischer Faktoren möglich machen.

Um den vermehrten Einsatz von Dienstleistungen vor dem Hintergrund des Leitbildes einer nachhaltigen Entwicklung beurteilen zu können, werden in Anlehnung an die Enquete-Kommission »Schutz des Menschen und der Umwelt« die folgenden Kriterien formuliert (Enquete-Kommission 1997, 152).

- *Ökonomieverträglichkeit.* Die Ökonomieverträglichkeit ist zum einen durch das Verhältnis von Kosten und Nutzen zu beurteilen. Dazu kommt die Frage, ob ein Beitrag zur langfristigen Wettbewerbsfähigkeit (z.B. Erschließung neuer Märkte) geleistet wird.
- *Sozialverträglichkeit.* Zu den Kriterien der Sozialverträglichkeit gehören im wesentlichen die gesellschaftliche Akzeptanz der mit der Erstellung eines Produktes verbundenen technischen Risiken und die Zahl und Qualität der entstehenden Arbeitsplätze. Daneben ist die Berührung individueller und gesellschaftlicher Werte wie z.B. Identität und Gesundheitsgefährdung sowie die internationale Gerechtigkeit zu nennen.
- *Umweltverträglichkeit.* Die Umweltverträglichkeit ist einerseits anhand der emissionsbedingten Umweltbelastungen und des Ressourcenverbrauchs zu beurteilen. Dazu kommen jedoch die Nachhaltigkeitskriterien der Regenerierbarkeit von Stoff- und Energiequellen und deren Nutzung unterhalb der Regenerationsrate.

Hinsichtlich der Ökonomieverträglichkeit ist das vermehrte Angebot von Dienstleistungen als sehr positiv zu beurteilen. Vor dem Hintergrund, daß wir im internationalen Vergleich einige Jahre in der Entwicklung von Dienstleistungen zurückstehen, ist davon auszugehen, daß mit innovativen Dienstleistungen wichtige neue Märkte erschlossen werden können. So rangierte Deutschland im internationalen Wettbewerb auf Platz 23 im Dienstleistungsbereich. In den USA ist die Quote der Industriearbeitsplätze beispielsweise schon unter 20% gesunken, während sie in Deutschland noch bei ca. 40% liegt (von Weizsäcker; Lovins; Lovins, 1995, 305). Beispiele wie das englische Transportunternehmen UPS oder die amerikanischen Fast-Food-Ketten zeigen, daß dabei auch der in seiner Wichtigkeit laufend zunehmende Exportmarkt miteingeschlossen ist. Von Bedeutung ist z.B. auch, daß mit Hilfe kundenorientierter Dienstleistungspakete die eigene Wettbewerbsfähigkeit gegenüber internationalen Billiganbietern verbessert werden kann.

Die Sozialverträglichkeit kann im Rahmen von Dienstleistungen ohne Schwierigkeit gewährleistet werden, da einerseits deren Erstellung nicht mit technischen Risiken verbunden ist, die einer gesellschaftlichen Akzeptanz entgegenstehen. Andererseits werden mit dem Angebot von Dienstleistungen einige Arbeitsplätze entstehen, die ein hohes Maß an individueller Entfaltung bieten. Kundenorientierte Dienstleistungstätigkeiten beinhalten z.B. auch für ältere Menschen Arbeitsmöglichkeiten. Für Probleme der Altersversorgung, der Rentenfinanzierung vor dem Hintergrund der demographischen Entwicklung und der gesellschaftlichen Integration älterer Menschen würden sich somit beispielsweise neue Perspektiven eröffnen (Giarini; Stahel, 1993).

Auf die Umweltverträglichkeit von Dienstleistungen wurde bereits im Rahmen der Diskussion der Ökoeffizienz unterschiedlicher Dienstleistungstypen hingewiesen. Aufgrund des ökologischen Potentials, das Dienstleistungen hinsichtlich der umweltfreundlichen Erfüllung von Kundenbedürfnissen beinhalten, kann durch ein vermehrtes Angebot von Dienstleistungen ein deutlicher Fortschritt in Richtung umweltverträgliches Wirtschaften erreicht werden.

Dienstleistungen erscheinen nach diesen Vorüberlegungen als Baustein einer nachhaltigen Entwicklung sehr interessant zu sein. In den Bereichen ökonomische und soziale Stabilität sind durch das vermehrte Angebot von Dienstleistungen deutlich positive Entwicklungen zu erwarten. Während aber eine gesteigerte Produktion von Sachgütern i.d.R. eine gleichzeitige Verschlechterung der Umweltsituation erwarten läßt, beinhaltet ein verstärktes Angebot von Dienstleistungen dagegen die Möglichkeit, wirtschaftliches Wachstum von einer Steigerung der Umweltbelastung abzukoppeln (Stahel, 1997, 3–6 / Frick et al., 1996). Wenn also Nachhaltigkeit als dynamisches Gleichgewicht der drei Faktoren Ökonomie, Soziales und Ökologie verstanden wird, dann stellen Dienstleistungen ein wertvolles Instrument dar, den gegenwärtigen ökonomischen Strukturwandel in Richtung einer nachhaltigen Entwicklung zu beeinflussen.

### *Erschließung der Potentiale*

Im vorangehenden Kapitel wurden ökologische Potentiale von Dienstleistungen vor dem Hintergrund von Ökoeffizienz und Nachhaltigkeit dargestellt. Auf der Suche nach Möglichkeiten für eine Erschließung dieser Potentiale tauchen schnell einige offene Fragestellungen auf, für deren Beantwortung das methodische Rüstzeug zu fehlen scheint: Ab wann ist eine Dienstleistung ökoeffizient?

Gibt es Dienstleistungen, auf die eine Anwendung von Umweltkriterien nicht möglich ist, wie z.B. krankengymnastische Tätigkeiten? Sind Dienstleistungen untereinander strenggenommen überhaupt vergleichbar? Auf solche Fragestellungen wird im folgenden Abschnitt eingegangen.

*Notwendigkeit methodischer Grundlagen*

Wie bereits dargestellt, besitzen Dienstleistungen einige Merkmale, die positive Effekte auf die Umweltrelevanz von Tätigkeiten erhoffen lassen. Von zentraler Bedeutung ist dabei das Verständnis von Dienstleistungen als Vorgang zur Erfüllung von Kundenbedürfnissen. Will man nun eine möglichst umweltfreundliche Erfüllung eines Kundenbedürfnisses erreichen, so können theoretisch über dieses Dienstleistungsverständnis verschiedene Alternativen generiert und anschließend bezüglich ihrer Umweltbelastung verglichen werden. So sind für die Erfüllung des Bedürfnisses nach einem regelmäßig gemähten Rasenstück z.B. zumindest die folgenden Alternativen denkbar:

- Eigenständiges Mähen unter Anschaffung eines eigenen Rasenmähers
- Eigenständiges Mähen unter Nutzung von Mietgeräten
- Beauftragung einer Fremdfirma, die unter Verwendung ihres Geräteparks die Mäharbeiten durchführt.

Will man nun diese Alternativen miteinander vergleichen, so treten u.a. die folgenden methodischen Probleme auf:

- Der Nutzen einer Dienstleistung ist nie vollständig äquivalent zum Nutzen eines Sachgutes. Mit dem Kauf des Rasenmähers werden z.B. Verfügungsrechte auf den Kunden übertragen, auf die er bei einem Mietvorgang keinen Anspruch hätte. Der Wunsch nach Eigentum stellt aber z.B. ein zentrales Bedürfnis dar (Hansen; Strader 1997).
- Das Angebot von Dienstleistungen hat eine Veränderung des Konsumentenverhaltens zur Folge.
  So führt die Alternative höchstwahrscheinlich zu einer reduzierten Mähhäufigkeit, da mit dem Vorgang des jeweiligen Mietens Unbequemlichkeiten verbunden sind.
- Durch ein verändertes Angebot werden neue Bedürfnisse geweckt.
  Wenn das Mähen wie in Alternative C durch eine Fremdfirma ausgeführt wird, so entsteht beim Kunden möglicherweise der Wunsch nach einer besonders gründlich ausgeführten Arbeit oder – nach dem Motto »Wenn schon, dann richtig« – daß neben der geplanten Fläche auch noch weitere Flächen gemäht werden.

Diese Beispiele zeigen in aller Kürze, daß eine ökologische Beurteilung von Dienstleistungen bei genauerem Hinsehen einige methodische Schwierigkeiten aufwirft, die eine zielsichere Auswahl der ökologisch günstigsten Alternativen erschwert. Um die ökologischen Potentiale von Dienstleistungen erschließen zu können, müssen daher geeignete methodische Grundlagen erarbeitet werden.

*Vom Prozeßdenken zur Systemoptimierung*

Ideal für die Entwicklung von Dienstleistungen wäre es, wenn sie mit Hilfe des vielfältigen methodischen Rüstzeugs konstruiert, geplant, produziert und vermarktet werden könnten, wie es heute in Form von Richtlinien, Regelwerken und Standardliteratur für die Produktentwicklung und deren Fertigung in der Industrie vorliegt. Auch bezüglich der ökologischen Optimierung könnte dann auf die Instrumente zurückgegriffen werden, die für das Umweltmanagement in produzierenden Unternehmen mittlerweile zur Verfügung stehen. Konstruktionsrichtlinien, Vorgänge der Arbeitsvorbereitung oder auch der Produktionsplanung und -steuerung sind jedoch auf den Prozeß der Entwicklung und Erstellung von Dienstleistungen nicht unmittelbar übertragbar. Hinsichtlich der Methodenentwicklung für Planungsprozesse der Dienstleistungserstellung befinden wir uns daher in einer zeitlichen Phase, die vielleicht mit dem Entwicklungsstand des *industrial engineering* in der Mitte des Jahrhunderts vergleichbar ist.

Die frühen Phasen des Industrial engineering waren stark von dem Bestreben geprägt, die sich ergebenden Probleme im jeweiligen Detail zu lösen. Jeder einzelne Produktionsprozeß wurde von Ingenieuren nacheinander Stück für Stück optimiert. Mit zunehmender Erfahrung und aufgrund wachsender Methodenkenntnis fand schließlich ein Wandel in der Betrachtungsweise hin zu Prozeßketten statt einzelner Prozesse statt. Durch eine systematische Erfassung von Prozeßdaten wurden Zusammenhänge zwischen Prozessen untersucht und transparent für die unternehmerischen Entscheidungen aufbereitet. Darauf aufbauend wurden schließlich Informationssysteme wie z.B. PPS-Systeme entwickelt, die eine ständige Steuerung von Zusammenhängen in Prozeßketten ermöglichen.

Eine ähnliche zeitliche Entwicklung ist im unternehmerischen Umweltschutz zu beobachten. Von der Erkennung und erfolgreichen Behandlung von Detailproblemen im Rahmen eines additiven Umweltschutzes, z.B. durch den Einbau von Abluftreinigungsanlagen, fand ein Paradigmenwechsel zu einem produktionsintegrierten Umweltschutz statt, in dem die ökologische Optimierung von Prozeßzusammenhängen zu einem möglichst frühen Zeitpunkt im Vordergrund steht (Weller et al., 1997). Von Bedeutung bei dieser Entwicklung ist die Feststellung, daß die integrierte Betrachtung des Umweltschutzes in verschiedensten Wirtschaftsbranchen nicht nur zur Lösung von Umweltproblemen, sondern auch zu wirtschaftspolitischen Erfolgen geführt hat (Management

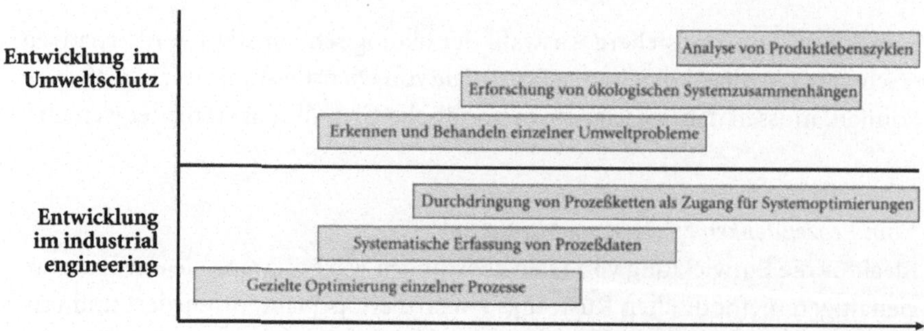


Informationen, 1997, 7). Ein weiterer Schritt ist die Einführung des produktintegrierten Umweltschutzes. Dabei wird die betriebsbezogene Sichtweise um die Analyse von vor- und nachgelagerten Prozeßstufen im Lebenszyklus des hergestellten Produktes ergänzt. Im Hinblick auf eine ganzheitliche ökologische Optimierung des Produktes sollte es Unternehmen in Zukunft möglich sein, den Umweltschutz zu einem integralen Bestandteil des gesamten Lebenszyklus des hergestellten Produktes zu machen (s. Abbildung oben).

Interessant bei dieser Betrachtung ist die Erkenntnis, daß bei der Einbeziehung des Umweltschutzes in die unternehmerischen Geschäftsprozesse stark von dem zeitlichen Entwicklungsvorsprung im Industrial engineering profitiert werden kann. Beispielsweise im Rahmen des BMBF-Verbundforschungsvorhabens OPUS werden am Fraunhofer IAO in Zusammenarbeit mit anderen Forschungsinstituten Organisationsmodelle und Informationssysteme[17] entwickelt, die eine systematische Einbindung umweltrelevanter Informationen in den gesamten Prozeß der Auftragsabwicklung ermöglichen sollen. Ergänzt um zusätzliche umweltrelevante Daten, können Informationen aus den schon im Einsatz befindlichen Systemen zusammengefaßt und unter Umweltgesichtspunkten neu beurteilt und zur Entscheidungsunterstützung eingesetzt werden.[18]

Um die ökologischen Potentiale von Dienstleistungen gezielt nutzen zu können, sind die Erfahrungen aus dem Entwicklungsprozeß von einem additiven zu einem produktintegrierten Umweltschutz auf ein Service Design zu übertragen. Ökoeffizienz sollte dabei kein Unterscheidungsmerkmal zwischen klassischen Dienstleistungen und ökologisch vorteilhaften Dienstleistungen darstellen, sondern muß als wichtiger Optimierungsparameter schon in die Konzeption von Dienstleistungen mit einbezogen und somit ein fester Bestandteil der »hergestellten« Dienstleistungen werden.

Ein solches Vorgehen setzt allerdings voraus, daß das Methodikwissen und die Datenlage bei dem Erstellungsprozeß von Dienstleistungen ähnlich weit entwickelt ist wie bei klassischen Produktionsprozessen. Um ein systematisches Herangehen an die Entwicklung ökoeffizienter Dienstleistungen zu ermöglichen, muß daher der Prozeß der Dienstleistungserstellung mit seinen Phasen Konzeption, Erstellung, Angebot und Nutzung zunächst analog zum klassischen Produktionsprozeß systematisch beschrieben und modelliert werden. Dabei sind u.a. die folgenden Aufgaben zu erfüllen:

- Analyse von Potentialen und Handlungsfeldern
  Betrachtet man den Anteil von Dienstleistungen am Arbeitsmarkt im internationalen Zusammenhang, so zeigt sich das enorme Potential von Dienstleistungen in Deutschland. Es ist daher gezielt der Handlungsbedarf zur Einleitung einer Dienstleistungsoffensive zu ermitteln. Insbesondere im Rahmen der Initiative »Dienstleistungen für das 21. Jahrhundert« des BMBF wurde hierzu schon einige Vorarbeit geleistet (Bullinger, 1997).
- Systematische Analyse und Abgrenzung von Dienstleistungstypen
  Vergleicht man das Produkt Dienstleistung mit dem Produkt Sachgut, so wird deutlich, wieviel schwieriger die systematische Abgrenzung von Dienstleistungen untereinander ist: Was genau ist der Kundennutzen an einer Dienstleistung? Wo fängt der Prozeß einer Dienstleistung an und wo hört er auf? An dieser Stelle ist daher einiges an methodischen Grundlagen zu erarbeiten.
- Entwicklung von Produkt- und Prozeßmodellen
  Um den Dienstleistungserstellungsprozeß auf geeignete Weise planen und steuern zu können, muß dieser, soweit möglich, in voneinander abgrenzbaren Prozessen beschreibbar sein. Ein solches Prozeßmodell stellt auch eine entscheidende Grundlage für die Anwendung von Methoden des *life cycle assessment* (EN ISO 14040, 1997) im Hinblick auf eine ökologische Optimierung der Dienstleistungen dar.
- Entwicklung von Planungs- und Steuerungsinstrumenten
  Die Attraktivität des Dienstleistungsgeschäftes hängt stark von der Existenz geeigneter Planungs- und Steuerungsinstrumente ab, die eine sichere Handhabung von Dienstleistungen im operativen Bereich ermöglichen. Dazu gehören insbesondere Instrumente des Umweltmanagements als Voraussetzung für eine kontinuierliche Verbesserung der Ökoeffizienz bei der Abwicklung des Dienstleistungserstellungsprozesses.

Wenn es gelingt, die genannten methodischen Grundlagen eines umfassenden Service Designs zu entwickeln, dann sind geeignete Voraussetzungen dafür geschaffen, die Ökoeffizienz analog zu der Integration des Umweltschutzes in produzierenden Unternehmen auch in den Erstellungsprozeß von Dienstleistungen zu integrieren.

## Fazit

Die Entwicklung von Dienstleistungen beinhaltet große Innovationspotentiale, die sowohl in ökonomischer als auch in ökologischer Hinsicht wirksam werden können. Insbesondere durch die direkte Kundenorientierung von Dienstleistungen eröffnet sich jenseits technischer Potentiale der Effizienzsteigerung in produzierenden Unternehmen ein neues Gestaltungsfeld: Der Vorgang der Erfüllung eines Kundennutzens und dessen ökologische Optimierung tritt in den Mittelpunkt der Betrachtung. Mit dem Verkauf von Behaglichkeit anstelle von Heizungssystemen, von Mobilität anstelle von Fahrzeugen, von Erholung anstelle von Reisen, von Information anstelle von Nachschlagewerken usw. seien einige Beispiele für solche Dienstleistungen genannt, bei denen die gezielte Orientierung am Kundennutzen auch ökologische Vorteile verspricht.

Neben der Ökoeffizienz zeigt sich eine weitere Wirkungsdimension von Dienstleistungen. Die Förderung einer Dienstleistungsgesellschaft beinhaltet Chancen für einen umwelt- und sozialverträglichen Strukturwandel in Richtung einer nachhaltigen Entwicklung, denn im Gegensatz zu einem Wachstum der industriellen Produktion ist im Rahmen einer Dienstleistungsgesellschaft eine Steigerung des wirtschaftlichen Erfolgs ohne eine gleichzeitige Steigerung der Umweltbelastung möglich.

Um diese ökologischen Potentiale von Dienstleistungen gezielt nutzen zu können, sind die Erfahrungen aus dem Entwicklungsprozeß von einem additiven zu einem produktintegrierten Umweltschutz auf ein Service Design zu übertragen. Ökoeffizienz sollte dabei kein aufgesetztes Unterscheidungsmerkmal zwischen klassischen Dienstleistungen und ökologisch vorteilhaften Dienstleistungen darstellen, sondern muß als wichtiger Optimierungsparameter in die Konzeption jeglicher Dienstleistungen mit einbezogen und somit ein fester Bestandteil der »hergestellten« Dienstleistungen werden.

## Literatur

Bierter, Willy (1997): Öko-effiziente Dienstleistungen und zukunftsfähige Produkte, in: Bullinger, Hans-Jörg (Hrsg.): Dienstleistungen für das 21. Jahrhundert, Stuttgart, S.557ff.

Bullinger, Hans-Jörg (Hrsg.) (1997): Dienstleistungen für das 21. Jahrhundert, Stuttgart.

Enquete-Kommission (1997): Konzept Nachhaltigkeit – Fundamente für die Gesellschaft von morgen, Bonn.

Giarini, Orio; Stahel, Walter R. (1993): The Limits to Certainty, Facing Risks in the New Service Economy, Dordrecht: Boston.

Gries, Werner (1995): Dienstleistungen für das 21. Jahrhundert, in: Bullinger, Hans-Jörg (Hrsg.): Dienstleistungen der Zukunft, Märkte, Unternehmen und Infrastruktur im Wandel, Wiesbaden.

Fleig, Jürgen (1997): Industrielle Konzepte zur Nutzungsintensivierung und Lebensdauerverlängerung von Produkten, in: Fraunhofer Institut für Chemische Technologie (Hrsg.): Tagungsband des Symposiums »Produzieren in der Kreislaufwirtschaft«, Düsseldorf.

Frick, Siegfried; Yavuz, Nese; Hinterberger, Fritz (1996): Endbericht des Arbeitskreises 5 »Öko-effiziente Dienstleistungen« im BMBF-Forschungsprojekt »Dienstleistungen für das 21. Jahrhundert«, unveröffentlichter Bericht, Wuppertal.

Hansen, U.; Schrader, U. (1997): Öko-effiziente Dienstleistungen und der Wunsch nach Eigentum, in: Wirtschaftsökologische Perspektiven, 5. Jg., S. 18ff., Bayreuth.

Management-Informationen (1997): Forschungsförderung im Bereich der Umwelttechnologie: Analyse des Fraunhofer-Instituts ISI, Management-Informationen Nr. 706/707, S.7 ff..

Mayers Taschenlexikon (1985): Bibliographisches Institut Mannheim/Wien/Zürich (Hrsg.), Bd. 3.

Meijkamp, R. (1997): Analysis of a service concept between eco-efficiency and sufficiency, in: Wirtschaftsökologische Perspektiven, 5. Jg., S. 21ff., Bayreuth.

Rubik, Frieder; Teichert, Volker (1997): Ökologische Produktpolitik, Von der Beseitigung von Stoffen und Materialien zur Rückgewinnung in Kreisläufen, Stuttgart.

Schmidt-Bleek (1997): Neue Marktchancen durch Öko-effiziente Dienstleistungen, Nutzen statt besitzen, in: Bullinger, Hans-Jörg (Hrsg.): Dienstleistungen für das 21. Jahrhundert, Stuttgart, 1997, S. 555ff..

Stahel, Walter (1997): Management for sustainability – Cutting the link between economic success and resource consumption, in: Fraunhofer Institut für Chemische Technologie (Hrsg.): Tagungsband des Symposiums »Produzieren in der Kreislaufwirtschaft«, Düsseldorf, 1997.

Weizäcker, Ernst-Ulrich von; Lovins, Amory B.; Lovins, L. Hunter (1995): Faktor Vier, Doppelter Wohlstand – halbierter Naturverbrauch, Droemer Knaur: München.

Weller, Andreas; Steinaecker, Jörg von; Jürgens, Gunnar (1997): Innovationschance produktionsintegrierter Umweltschutz, Potentiale und Lösungsansätze, in: Fraunhofer Institut für Chemische Technologie (Hrsg.): Tagungsband des Symposiums »Produzieren in der Kreislaufwirtschaft«, Düsseldorf.

# UNTERNEHMEN

Christian Ridder und Andrew Baynes

# Faktor Vier in der Elektronikbranche

*Einleitung*

Das Faktor-Vier-Prinzip, doppelter Nutzen bei halbiertem Ressourcenverbrauch, kann auf verschiedenen Ebenen angewandt werden. Sony kann Verbesserungen in den Bereichen Bauteile, Produkte und Dienstleistungen durchführen.

Aber eine Steigerung der Ökoeffizienz um einen Faktor Vier kann nicht allein durch veränderte Produktentwürfe herbeigeführt werden. Ob die Szenarien umweltfreundlicher Lebenszyklen Wirklichkeit werden, hängt von vielen Gliedern einer langen Kette ab. Zulieferbetriebe und Energiehersteller, Einzelhändler, Verbraucher und Behörden müssen jeweils ihre Verantwortungen tragen, wenn sich der Kreislauf schließen soll. Für die Industrie bedeutet das, daß wir gemeinsam zukunftsfähige Lösungen finden müssen, z.B. innerhalb des Rahmens von CARE »Vision 2000«.

Die Öffentlichkeit muß Zugang zu Informationen über die ökologische Leistung von Unternehmen, ihren Produkten und Produktionsabläufen bekommen: Wieviel Wert erzeugen sie mit wievielen Rohstoffen? Können sie sich um einen Faktor Vier verbessern?

Um gerechte Antworten geben zu können und nachhaltige Entwicklungen zu fördern, müssen wir auch ethische Betrachtungen in diese Diskussion einbeziehen: Kann es die Aufgabe der Industrie sein, zu entscheiden, welche gesellschaftlichen Bedürfnisse erfüllt werden sollen?

*Faktor Vier bei Bauteilen, Produkten und Dienstleistungen*

Auf welche Weise die Elektronikbranche die ökologische Optimierung ihrer Bauteile und Produkte anstrebt, ist allgemein bekannt. Die Vermeidung toxischer Substanzen ist eine bloße Erfüllung von Auflagen. Die Senkung des Material- und Energieverbrauchs gehört bei der Entwicklung möglichst kleiner tragbarer Geräte zum Alltag.

Fünfzehn Jahre Geschichte des Walkman sind fünfzehn Jahre ununterbrochene Innovation. Die Funktionstüchtigkeit wurde ebenso verbessert wie die Umweltverträglichkeit: Vierzig Stunden andauernder Betrieb mit einer wiederaufladbaren Batterie vermeiden die Verschwendung einer ganzen Menge »normaler« Batterien.

Außerdem experimentiert jedes Unternehmen mit Produkten herum, die leicht in Einzelteile zu zerlegen sind, welche auf einer hohen Verarbeitungsstufe wiederverwendet werden können. Die Zerlegungsdauer von Fernsehern hat drastisch abgenommen. Bei der Entfernung der Rückwand müssen nur fünf Schrauben und zwei Schnappverschlüsse an gekennzeichneten Stellen geöffnet werden. Das Chassis kann problemlos herausgehoben werden. Die Lautsprecher werden nur von je zwei Schaumgummipolstern gehalten. Bei der Zerlegung muß man sie nur herausziehen! Der Fernseher kann mit einfachen Werkzeugen oder – im Fall der Schnappverschlüsse – sogar von Hand zerlegt werden.

Bei der Wiederverwertung von Kunststoffen sind nur reine und unvermischte Materialien für die Neuverarbeitung im Spritzgußverfahren geeignet. Mischstoffe werden daher vermieden, und der Einsatz lackierter Materialien nimmt ab. »Intelligente« Entwürfe verringern die Bandbreite angewandter Materialien. Alle Kunststoffteile werden gekennzeichnet, damit die Wiederverwertungsbetriebe keine Schwierigkeiten bei der Kategorisierung des Materials haben und seine Wiederverwertbarkeit beurteilen können (KV-C2 und KV-C3-Reihen) (Günther, 1996).

Auf der Dienstleistungsebene hat Sony das »Austausch- und Instandsetzungsprogramm« für kleine HiFi-Produkte und *play stations* (Computerspiele) eingeführt, in Deutschland außerdem die Rücknahme und Wiederverwertung von Computerbildschirmen. Bei der Instandsetzung werden beschädigte Produkte repariert und ihre »kosmetischen« Schalen ersetzt. Die erneuerten Produkte werden Kunden angeboten, die ein beschädigtes Gerät reparieren lassen wollen. Sie müssen so nicht warten, bis ihr eigenes Gerät repariert worden ist, sondern erhalten sofort ein bereits instandgesetztes Produkt. Da alle beschädigten Geräte gesammelt und in großen Mengen zu einem zentralen Instandsetzungswerk geschickt werden, gestalten sich Transport und Reparatur sehr viel kosteneffektiver, als es bei der traditionellen Reparatur möglich wäre. Diese für Kunden und Unternehmen attraktive Möglichkeit vermeidet die Vergeudung der vielen zum Teil hochwertig verarbeiteten Rohstoffe, die in den beschädigten Produkten enthalten sind: Eine wachsende Zahl von Geräten kann nach der Instandsetzung ein »neues Leben« beginnen (Sony Environmental Report, 1997).

*Lebenslänglich Faktor Vier*

Es ist die Aufgabe des Herstellers, seine Produkte an die Forderung nach geringem Umwelteinfluß während des gesamten Lebenszyklus anzupassen. Aber eine Steigerung der Ökoeffizienz um den Faktor Vier kann nicht allein durch innovative Produktentwürfe erreicht werden. Ob dieses Ideal des geringen Umwelteinflusses praktisch umgesetzt wird, hängt von vielen verschiedenen »Lebensumständen« des Produktes ab.

*Das Material*
Damit sekundäre Kunststoffe im großen Stil verarbeitet werden können, müssen diese auf demselben Markt angeboten werden wie die primären Rohstoffe. Wie kann der Kreislauf über Sammelsysteme, Wiederverwertungsbetriebe und die Chemieriesen geschlossen werden?

*Die Zulieferer*
Bis zu 80 % unserer Bauteile werden von Zulieferbetrieben hergestellt. Wie sind sie in grüne Beschaffungsmaßnahmen und -entscheidungen einzubeziehen?

*Die Energieversorgung*
Ein wichtiges Ziel der Elektronikbranche liegt in der Steigerung der Energieeffizienz ihrer Produkte, aber ganz ohne Energie funktioniert kein Gerät. Nicht der Verbrauch, sondern die Erzeugung von Strom belastet die Umwelt. Können Elektronikbranche und Petrochemie mit vereinten Kräften nachhaltige Lösungen entwickeln?

*Der Markt*
Über den gesamten Lebenszyklus betrachtet, sind Faktor-Vier-Produkte vielleicht billiger als konventionelle Geräte (geringer Energieverbrauch, lange Lebensdauer, Pfandrückgabe, *leasing*-Möglichkeiten usw.), aber der Anfangspreis liegt oft höher. Welchen Preis sind die Kunden zu zahlen gewillt? Nehmen sie auch Geräte mit gebrauchten Teilen an?

*Gemeinden*
Global denken, lokal handeln. Wie können multinationale Konzerne die vielen verschiedenen Entsorgungskonzepte in ihren Produkten berücksichtigen? Globale Unternehmen brauchen die Unterstützung der örtlichen Behörden und Organisationen, wenn sie den Kreislauf auf ökonomisch und ökologisch effiziente Weise schließen sollen. Die Industrie muß mit all diesen Partnern zusammenarbeiten, um nachhaltige Lösungen zu finden. Im Rahmen des CARE »Vision 2000« Konsortiums, einem europäischen Forum für Forschung und Entwicklung, kooperiert die Elektronikbranche mit Forschungsinstituten, Wiederverwertungsunternehmen, der chemischen Industrie und Finanzinstituten. Gemeinsame Projekte werden in den Bereichen Ökodesign, Wiederverwertung und Wiederverarbeitung bei Elektronikprodukten durchgeführt (CARE, 1998).

*Faktor Vier in Unternehmen: Die Bewertung der ökologischen Leistung*
Umweltfreundlichkeit oder ökologische Leistung spielt in zunehmendem Maße für den Aktienwert eine Rolle. Bei ihren Investitionen möchten Banken und Aktionäre darauf vertrauen können, daß das Unternehmen fähig ist, zukünftige

Probleme und Chancen vorauszusehen. Daher berücksichtigen sie die ökologischen Strategien und Maßnahmen eines Unternehmens und vergleichen die wirtschaftliche Leistung mit dem Ressourceneinsatz.

Aber: wie kann man die ökologische Leistung eines Unternehmens messen? Wie können wir die Ziele so setzen, daß Faktor Vier unternehmensweit erreicht wird? Es gibt einige wesentliche Vorstellungen davon, was Ökoeffizienz ist, aber im wirklichen Leben ist es schwierig, verschiedene Arten der industriellen Tätigkeit zu bewerten und zu vergleichen.

*Die Gesellschaft*

Faktor Vier: Doppelter Nutzen, halbierter Ressourcenverbrauch. Um zu der Verwirklichung dieses Prinzips beizutragen, versuchen wir, Produkte und Dienstleistungen bereitzustellen, die heute bestehende Bedürfnisse effizienter erfüllen. Aber gleichzeitig erschaffen wir neue Produkte, die einen neuen Nutzen haben, den die Gesellschaft offensichtlich erkennt, so daß ein neues Bedürfnis erwacht ist – oder geweckt wurde. Um globale Nachhaltigkeit zu erreichen, sollten doch eigentlich die bei der effizienteren Erfüllung bestehender Bedürfnisse eingesparten Ressourcen nicht für die Herstellung von Produkten genutzt werden, die wieder neue Bedürfnisse erfüllen. Ist die Industrie verpflichtet, zu entscheiden, welche gesellschaftlichen Bedürfnisse erfüllt werden sollen? Wie können wir das den Verbrauchern bewußt machen?

*Fazit*

Auf der Produktebene wird sich die Industrie weiterhin auf Umweltverträglichkeit im Sinne des Faktor Vier zu bewegen. Gemeinsam mit anderen Akteuren im Lebenszyklus eines Produktes arbeiten wir an der Verwirklichung des Faktor-Vier-Prinzips auf der Ebene der industriellen Produktion. Aber wenn unsere Bemühungen auch auf der gesellschaftlichen Ebene Gültigkeit erreichen sollen, müssen ethische Fragen bei der Diskussion um Faktor Vier berücksichtigt werden.

## Literatur

Weitere Informationen über die Umweltpolitik von Sony Europa siehe http://www.sony-europe.com/head/environment.html.

Günther, Jürgen (1996): The 2nd Generation of Eco Design for Sony Television Sets, Proceedings of CARE INNOVATION 1996 International Congress. S. 104–108.

Sony Environmental Report 1997: Computer Display Take-Back Initiative Germany, S.18. http://www.sony-europe.com/head/environment.html.

CARE (1998): Proceedings of CARE INNOVATION 1998 International Congress.

Shin Tsuda

# Ressourceneffizienz bei der Canon-Gruppe

*Grundsätze des Umweltschutzes bei Canon*

Canons Unternehmensphilosophie läßt sich mit dem Begriff *kyosei* beschreiben: Sie strebt ein harmonisches Gleichgewicht und das Wohlergehen aller Elemente in Canons Umwelt an. Diese Philosophie bemüht sich um den Schutz der Erde. Die gesamte Canon-Gruppe orientiert sich an den folgenden Grundsätzen des Umweltschutzes, die auch eine entscheidende Rolle bei der Verwirklichung von Canons Unternehmensphilosophie spielen:

1. eine Unternehmensethik zu ökologischen Fragen formulieren und freiwillig und aktiv gemäß dieser Ethik handeln;
2. auf Forschung verzichten, die die Umwelt schädigen oder das ökologische Gleichgewicht stören kann;
3. der Umweltgarantie vor allen anderen Zielen der Unternehmensführung Priorität einräumen. Bei der Canon-Gruppe verwenden wir den Ausdruck »Umweltgarantie« an Stelle von »Umweltschutz«, um unser aktiveres Engagement zu unterstreichen.
4. Prinzipien, Ziele und Maßnahmen zur Umweltgarantie festlegen, die für die gesamte Canon-Gruppe gelten, und Umweltgarantie auf der globalen Ebene verwirklichen.

*Strukturen*

Die ersten Bemühungen um Umweltschutz gehen auf das Jahr 1971 zurück, als am Hauptsitz der Canon AG die Zentrale Arbeitsgruppe zur Vermeidung von Verschmutzungen eingerichtet und weitreichende Maßnahmen gegen Umweltbelastungen an den führenden Fabrikstandorten eingeleitet wurden. Als Spiegel der weltweiten Zuwendung zum Umweltschutz, wie sie sich in den Bemühungen um den Schutz der Ozonschicht in den späten 1980er Jahren und in der Durchführung des Erdgipfels 1992 niederschlug, wurde 1989 an jedem Standort der Canon-Gruppe, Handelsniederlassungen ausgenommen, eine Arbeitsgruppe für Umweltgarantie eingerichtet und ein verantwortlicher Direktor ernannt. Die oben genannte Arbeitsgruppe ging später in die heutige Arbeitsgruppe für Förderung der Umweltgarantie über. Erste Bemühungen, die sich auf die Vermeidung lokaler Verschmutzungen konzentrierten, wurden später ausgeweitet, um die vollständige Vermeidung gefährlicher toxischer Substanzen, das Einsparen von Ressourcen und Energie, Wiederverwertung, Schutz der Ozonschicht und andere Maßnahmen einzuschließen und so den Beginn der Bemühungen um Umweltgarantie auf dem ganzen Planeten einzuläuten.

*Die bestehenden Unternehmensstrukturen*

| | |
|---|---|
| Canon-Hauptsitz: | Ökologische Forschung & Entwicklung, Ökologische Technologie (Planung, umfassende Koordination, technische Entwicklung); Canon-Arbeitsgruppe für Förderung der Umweltgarantie, themenbezogene Arbeitsgruppen, Arbeitsgruppen zur Unterstützung der Zulieferbetriebe und Subunternehmen |
| Standorte: | Abteilungen für Umweltmanagement und technische Entwicklung; Standorte Ausführende Umweltmanagement-Arbeitsgruppe |

*Strategien und Kriterien für Umweltgarantie (Standards)*
Im Zusammenhang mit der Verstärkung unserer mit Umweltgarantie verbundenen Strukturen wurde 1989 ein Aktionsplan formuliert, der später als Vorbild für unsere Umweltcharta und den Aktionsplan für Umweltgarantie diente. Dieser Plan definiert einen einzigartigen und grundlegenden Aktionsverlauf (die UQKB-Strategie), der den Rahmen für Canons Bemühungen um Umweltgarantie bildet und Höchststandards für die Belastungen setzt, welche wirtschaftliche Aktivitäten auf die Umwelt ausüben (Umweltgarantiekriterien).

*Die UQKB-Strategie*
Bisher haben Herstellerfirmen sich lediglich darauf konzentriert, möglichst effiziente Produkte herzustellen, ohne dabei die Umwelt zu berücksichtigen. Diese Herangehensweise gab der Erzielung von Effizienz (Q, K, und B) den Vorrang vor der Sorge um die Verschwendung der vorhandenen Ressourcen oder Umweltschäden. Die Umwelt-, Qualität-, Kosten- und Bereitstellungstrategie (UQKB) beruht auf dem Standpunkt, daß Effizienz diesen Namen nur dann verdient, wenn gleichzeitig der Schutz der Umwelt garantiert werden kann. Das »U« von UQKB steht an erster Stelle, um zu verdeutlichen, daß Umwelt bei uns noch vor Qualität, Kosten und Bereitstellung bzw. Auslieferung steht. In der Canon-Gruppe wird »U« auch als »Produktionsbedingung« genannt.

*Kriterien für Umweltgarantie*
Das ideale Niveau der Umweltbelastung, die durch Unternehmenstätigkeiten entsteht, liegt bei Null. Tatsächlich geht es bei Umweltgarantie um die bestmögliche Minimierung solcher Belastungen. Dafür müssen die nötigen Standards als Ziele gesetzt und auch eingehalten werden; ein gutes Beispiel sind hier

die Umweltgarantiestandards der Canon-Gruppe. Auf der Grundlage von Canons Wirtschaftstätigkeit werden a) Atmosphäre, b) Boden, c) Trinkwasserqualität und d) Abfallprodukte als vorrangige Kategorien genannt, und die Höchstgrenzen für die Kategorien a) bis c) sind um einen Faktor 0,8 strenger als die entsprechenden japanischen Grenzwerte. Die japanischen Grenzwerte werden von nationalen Standards über regionale Gesetze bis hin zu regionalen Absprachen immer strenger; Canons Höchstgrenzen übertreffen die regionalen Absprachen noch um das 0,8fache.

Für die Kategorie d) strebt die Canon Gruppe Null an, während die Ziele für die anderen drei Kategorien den japanischen Grenzwerten entsprechen. Diese Standards werden unterschiedslos weltweit auf alle Standorte der Canon-Gruppe angewandt, so daß Canon auch global gesehen danach strebt, höchst anspruchsvolle Standards zu erfüllen.

*Wege zu Umweltgarantie*

Die Canon-Gruppe ist davon überzeugt, daß für ein Unternehmen Ressourcenschonung, Energiesparen und Vermeidung gefährlicher toxischer Substanzen zu den wesenhaften Zielen ökologischer Gegenmaßnahmen gehören. Sie verlagert daher grundsätzlich den Schwerpunkt ihrer Bemühungen so früh wie möglich von Vermeidungsstrategien (d. h. Umweltsanierung oder die Implementierung vorbeugender Strategien zum Schutz der Umwelt, die sich am ISO 14000-Standard orientieren) auf umweltbewußtes Design, Wiederverwertung und grüne Beschaffung. In den kommenden Jahren wird Canon vor allem diese Herausforderungen in Angriff nehmen, aber auch die Restrukturierung ihrer Produktionsabläufe und die Gründung neuer ökologischer Geschäftszweige, um so die Entstehung einer voll ausgereiften Wiederverwertungskultur voranzutreiben.

## Hauptaktivitäten

*Formulierung eines Aktionsplans*

- Dieser zuerst 1989 formulierte Plan wurde 1993 und 1996 überarbeitet und soll auch 1999 wieder revidiert werden.

*Vermeidung/Neutralisierung gefährlicher toxischer Substanzen*

- Einstellung der Verwendung von bromierten Flammverzögerungsmitteln (1989);
- Entwicklung bleifreier Gläser (1991), schadstofffreie Neutralisationsmethoden für bei der Glasherstellung anfallenden Abwasserschlamm (1992);
- Einstellung der Verwendung designierter Fluorkohlenstoffe (R 11, R 12, R

113, R 114 und R 115) (1992), 1,1,1-Trichlorethan (1993) und Fluorkohlenstoffe der zweiten Generation (1995);[19]

- Einstellung der Verwendung von Tetrachlorethylen, Trichlorethylen und chlorierter Methylenchloride (1997);
- Erforschung der möglichen Einstellung des Gebrauchs von Fluorchlorkohlenwasserstoffen, Phosphorfluoriden und Hexafluorkieselsäure (1998).

*Verringerung von Industrieabfällen*

- Ziel: Bis 2000 Verringerung der Industrieabfälle um mindestens 25% im Vergleich zum Niveau von 1990 (1997: 15% erreicht).

*Energiesparmaßnahmen*

- Ziel: Bis 2000 Reduktion des Energieverbrauchs um mindestens 30% im Vergleich zum Niveau von 1990 (Maßeinheit: Energieverbrauch per Verkaufswert);
- Vorbeugender Umweltschutz (Umweltmanagement, Einführung eines Prüfungssystems, Zertifizierung);
- Einführung des Umweltprüfungssystems (1982); als Folge verbesserte Erfüllung des ISO 14000-Standards (1993);
- Zertifizierung für Umweltmanagement und -prüfung an allen japanischen Standorten (1995) und allen Standorten weltweit (1996).

*Reduktion der verpackungsbedingten Umweltbelastung*

- Einführung des Pressens von Faserbreiformteilen (1991), schadstoffarmer Folien (1992) und eines Palettenmietsystems (1992);
- Geschlossener Kreislauf für Polystyrolschaumstoff.

*Reduktion der produktbedingten Umweltbelastung*

- Versuchsweise Einführung von Lebenszyklusprüfungen (1992), genaue Ausweisung von Kunststoffen (1992), Einführung von Produkt-Umwelt-Bewertungen (1993).
- Auszeichnung mit Energy Star und Blauem Engel.
- Einführung von Umweltprüfungen für Bau und Abriß von Standorten, Produktionsabläufe und Produktionsanlagen (seit 1984). Unterstützung ökologischer Maßnahmen bei Zulieferbetrieben und Subunternehmen.
- Einführung von Umweltprüfungen für Zulieferbetriebe und Subunternehmen (1989).
- Abstellung von Mitarbeitern der Canon-Gruppe zu den Zulieferbetrieben und Subunternehmen zur Bereitstellung von Informationen und Fortbildungen im Zusammenhang mit der Einstellung der Verwendung gefährlicher toxischer Substanzen und Vermeidung von Umweltverschmutzung.

*Grüner Einkauf und Beschaffung*

- Einleitung in Japan und dem übrigen Asien (1997).

*Fortbildung und Information der Mitarbeiter*

- Einführung von stellenspezifischen Fortbildungen auf allen Ebenen und eines Mitarbeiterfortbildungssystems;
- Veröffentlichung einer Reihe informativer Zeitschriften.

*Umwelt als Branche*

In den frühen 1970er Jahren begann Canon mit der Entwicklung umweltbewußter Produkte und erkannte die Bedeutung umweltbewußter wirtschaftlicher Tätigkeit (siehe http://www.usa.canon.com/cleanearth/index.html). Mit dem Schlagwort der Schnittstelle Mensch/Maschine förderte Canon aktiv Produkte wie die ozonfreie, energiesparende und geräuscharme Büroausstattungen und Büroausstattungen, die Augenermüdung minimieren. Seit der zweiten Hälfte der 1980er Jahre begründete Canon, vom Produktionsgrundsatz der Wiederverwertung ausgehend, die Weiterverarbeitung von Tonerkartuschen (1989) und Kopiermaschinen (1991) als Geschäftssparte (Wiederverwertungen) und leitete später Versuche bei der Vermarktung wiederverwertbarer Bubble-Jet-Drucker (1996/1997) ein. 1990 konnte Canon die im Zusammenhang mit amorphen Entwicklertrommeln entstandenen Technologien nutzen, um im Bereich der sauberen Energie Solarzellen einen eigenen Geschäftszweig zu widmen. Zusätzlich richtete Canon 1993 anläßlich der Begründung der neuen Ökologiesparten das Zentrum für Ökologie, Forschung & Entwicklung in Westjapan ein.

*Wiederverwertung von Tonerkartuschen*

Die Tonerkartusche wird in verschiedenen Bürogeräten verwendet: in Laserdruckern, Kopiermaschinen und Faxmaschinen. Eine Tonerkartusche vereint die wichtigsten Funtionen des elektrophotographischen Vorgangs in einer einzigen Einheit, die leicht ausgewechselt werden kann und so eine aufwendige Wartung überflüssig macht. Die Canon-Gruppe produziert jedes Jahr ca. 25 bis 30 Millionen Kartuschen. Gebrauchte Kartuschen werden weltweit gesammelt und in der Canon Dalian-Fabrik in China wiederverarbeitet. Die Dalian-Fabrik wurde 1989 als Standort für die Wiederverwertung von Tonerkartuschen gegründet. Seit 1997 wurde Canons Wiederverwertungssystem als dreigeteilte Struktur neu organisiert, so daß Tonerpatronen heute jeweils regional in Asien (Dalian), Europa und Nordamerika gesammelt und wiederverwertet werden.

- Einzugsbereich: 245 Länder;
- Gesammeltes Volumen: fünf bis sechs Millionen Patronen pro Jahr (Ver-

hältnis von gesammeltem Volumen zu Herstellungsvolumen: fast 20%);
- Verhältnis von wiederverwertbarem Material zu gesammeltem Volumen: mehr als 95%;
- Umfang: Wiederverwertung von Bauteilen und Kunststoffen (die Metallteile werden außerhalb von Canon wiederverarbeitet);
- Methode: Wiedergebrauch von Bauteilen, Wiederverwertung des Materials, Verwertung entstandener Wärme.

*Wiederverarbeitung von Kopiermaschinen*
Die Canon-Gruppe begann in der zweiten Hälfte der 1980er Jahre in den Vereinigten Staaten mit der Wiederverarbeitung von Kopiermaschinen und verarbeitet sie heute auch in Japan und Europa weiter. Die in den jeweiligen Regionen gesammelten Kopiermaschinen werden in den USA in der Fabrik von Canon Virginia (Newport, Virginia), in Japan in der Saitama-Fabrik der Nippon Schreibmaschinen KG oder in Europa in der Fabrik von Canon GB (Glenrothes, Schottland) wiederverwertet. Das Verhältnis von gesammeltem zu wiederverwertbarem Material beträgt mindestens 90% (siehe http://www.usa.canon.com/corpoffice/remanufactured/copiers/cleanearth.html).

*Die Solarbranche*
Die Sonne ist die Lebensquelle aller Lebensformen auf dem Planeten Erde, und Solarkraftwerke, die die Energie der Sonne direkt in Strom umwandeln, sind die Spitzenreiter der nächsten Generation sauberer Energiequellen. Canon investiert schon seit einiger Zeit einen enormen Forschungs- und Entwicklungsaufwand in Solarkraftwerke, die im 21. Jahrhundert zu einer der wichtigsten Geschäftssparten bei Canon ausgebaut werden sollen. Canons Solarzellen werden aus amorphen Siliziumscheiben[20] hergestellt und haben daher einen kurzen Amortisierungskreislauf. Sie wurden vor zwei Jahren versuchsweise in den Handel gebracht und werden von unseren Kunden sehr geschätzt.

*Die Zukunft: Herausforderungen für die Canon-Gruppe*
Der Aufbau einer Gesellschaft, die Ressourcen schont und wenig Energie verbraucht, ist die sinnvollste Lösung der globalen Umweltprobleme. Canon ist davon überzeugt, daß es für Unternehmen als führende Mitglieder der Gesellschaft entscheidend sein wird, ihre Abfallproduktion effektiv einzudämmen, indem sie 1) abfallintensiven Ressourceneinsatz vermeiden und 2) Abfälle als sekundäre Rohstoffe erkennen und verarbeiten. Das Ziel der Canon-Gruppe in all ihren Wirtschaftsaktivitäten liegt in der Nullemission. Indem wir uns bei der Produktion am Grundsatz der Wiederverwertbarkeit orientieren, nehmen wir nun drei grundlegende Herausforderungen in Angriff:

1. die erschöpfende Eliminierung gefährlicher toxischer Substanzen,
2. den Entwurf neuer Produktionsabläufe, die Wiederverwertung mit einbeziehen,
3. die Gründung neuer, umweltbewußter Sparten und Zweige.

## Literatur

Canon (Hrsg.): Annual Report 1997, http://www.canon.co.jp/annual/.

Canon Europa (Hrsg.): Environmental Awareness, siehe http://www.canon-europa.com/about/about.html.

Hiroaki Koshibu

# Produktlebenszyklen bei Fuji Xerox: Ein geschlossener Kreislauf erreicht Nullemission

*Einleitung*

Die Grundlage für Fuji Xerox' Engagement für die Umwelt ist die Anerkennung der Tatsache, daß »wir mit den Rohstoffen, die wir von der Erde erhalten, geschäftliche und wirtschaftliche Tätigkeiten unternehmen, um von uns benötigte Güter herzustellen, daß wir dabei aber auch Abfall produzieren«, wie auf der Titelseite der Fuji-Xerox-Umweltbroschüre hervorgehoben wird.

Fuji Xerox hat gemeinsam mit dem US-amerikanischen Hauptsitz, der Xerox Corp., intensiv daran gearbeitet, den Einfluß unserer Produkte auf die Umwelt während ihres gesamten Lebenszyklus zu verringern. Eine Schlüsselrolle spielt dabei unsere Vision, durch die Entwicklung eines geschlossenen Kreislaufs, um die Abfallbeseitigung auf Null zu reduzieren.

Zu den Schritten auf diesem Weg gehören »grüne technische Entwicklung«, »Grüne Produktentwicklung«, »Abfallfreie Fabriken« und »Verbrauch ohne Abfall« durch »Produktverwertungssysteme«.

*Grüne Produktentwicklung*

Für die erfolgreiche Entwicklung grüner Produkte ist die Formulierung einer klaren Zielvorstellung, die alle Mitarbeiter teilen, von entscheidender Bedeutung. Fuji Xerox hat das Konzept »Fuji Xerox Grüne Produkte« erarbeitet, um unternehmensweite Synergieeffekte für die Entwicklung grüner Technologien und Produkte anzustoßen. Dieses Konzept sieht vor, daß Qualitätsmanagement und Umweltmanagement miteinander ein erfolgreiches Umweltmanagementsystem erreichen; das übergeordnete Ziel unserer grünen Produkte liegt im Erhalt der natürlichen Ressourcen der Erde: für eine nachhaltige Entwicklung.

Die Kollegen von der Abteilung für Forschung und Entwicklung haben Problembereiche umrissen, die mit Hilfe von Lebenszyklusbewertungen vor allem in Hinsicht auf den $CO_2$-Ausstoß von Kopiermaschinen für technische Neuerungen untersucht werden sollen. Schon während eines frühen Stadiums der Produktentwicklung legen Planungstechniker die ökologischen Anforderungen an die neu zu entwickelnden Produkte fest. Speziell für die Wiederverwertung haben wir in enger Zusammenarbeit mit unseren internationalen Technikern in Europa und den USA gesonderte Planungs- und Entwurfsrichtlinien formuliert, die Teil des Fuji-Xerox-Entwurfsstandards sind und ungefähr 130 Punkte umfassen: vom demontageorientierten Entwurf bis hin zu Richtlinien zu gefährlichen Materialien.

Die Produktreihe *ABLE Multifunctional Digital Equipment*, die im Mai 1995 auf den Markt gebracht wurde, ist das erste grüne Produkt von Fuji Xerox. Umweltbewußte Vorzüge wie Energieeffizienz, Ressourcenschonung durch geringere Größe, langlebige Kartuschen, Geräuscharmut, geringer Ozonausstoß und hohe Wiederverwertbarkeit charakterisieren diese Güter.

Das Nachfolgeprodukt kam im Mai 1998 in den Handel. Es weist noch zusätzliche umweltgerechte Vorzüge auf; intelligentes Design bringt in diesem zuverlässigen und kosteneffizienten Produkt sorgfältig erforschte Technologien zum Einsatz. Allein durch den innovativen Entwurf reduziert sich der Energieverbrauch pro Photokopie um beinahe 20 %. Es sticht auch durch die Fähigkeit, ohne einen besonderen Papierspeicher beidseitig zu kopieren, hervor, was den Papierverbrauch verringert und umstandsloses beidseitiges Kopieren ermöglicht. Die Produktivität erreicht dabei, anders als bisher, den gleichen Umfang wie beim Einfachkopieren; diese Entwicklung ist den Fortschritten in der digitalen Technik zu verdanken, mit denen Fuji Xerox im Bereich für digitale Bürogeräte weltweit marktführend ist, was Produktivität ,Vielseitigkeit, Multifunktionalität (drei in einem) und Netzwerkkompatibilität betrifft.

Wie unsere oben erwähnte Lebenszyklusbewertung ergab, stellt Kopierpapier hinsichtlich $CO_2$-Emissionen den größten umweltschädigenden Faktor dar. Fuji Xerox entwickelt umweltfreundliches Papier schon seit 1972, als wir ein leichtes Kopierpapier mit geringem Holzanteil auf den Markt brachten. Das am weitesten entwickelte umweltfreundliche Kopierpapier *Green 100* kam im März dieses Jahres in den Handel; es ist zu 100 % holzfrei, sein Weißegrad beträgt 70 %, und die Schutzfolie gegen Feuchtigkeit ist nun zu 100 % wiederverwertbar – bisher bestand diese Folie aus nichtverwertbarem Kunststoff. Selbst der Karton, in dem das Papier geliefert wird, und das Kreppband, mit dem wir ihn zukleben, sind verwertbar.

Unsere Strategie sieht vor, bis zum Jahr 2000 für alle Papierprodukte Rohmaterial aus sekundären Quellen zu verwenden.

*Nullemission an allen Standorten*

Eine der größten Zeitungen Japans, *Asahi Shimbun*, berichtete am 6. April 1997 über unser Ziel, an einem unserer Produktionsstandorte Maßnahmen zur Senkung der Emissionen bis auf Null einzuleiten. Der bekannte japanische Fernsehkanal NHK griff das Thema am 11. Mai 1997 in einer Sendung auf.

Es ist ein ernstes ökologisches Problem, daß mit der Produktion vieler Güter auch die Produktion einer großen Menge Abfalls einhergeht; bekanntermaßen stellt in Japan die Müllentsorgung eine schwere Belastung für die ganze Gesellschaft dar. Unsere Endproduktfabrik arbeitet schon seit Jahren an der Verringerung der anfallenden Abfallmenge an ihrem Standort und konnte kürzlich das Ideal der abfallfreien Fabrik verwirklichen: 100% aller Abfälle werden wiederverwertet. Eine wichtige Rolle kam dabei unseren sehr kooperativen und umweltbewußten Zulieferern zu. Mit Hilfe tagtäglicher Bemühungen wie der sorgfältigen Mülltrennung durch jeden Mitarbeiter, der Wiederverwendung und Wiederverwertung von Tonerpatronen, der Nutzung von Entwicklertrommeln als Aluminiumressource, des Tonerabfalls für Zement und der Glasreste für Asphaltherstellung, durch Papierrecycling und Weiterverwendung von Lösungsmitteln konnte die Fabrik ihre Müllproduktion im März dieses Jahres auf Null senken – noch 1991 produzierte sie 2000 Tonnen.

Unsere Kopiermaschinenfabrik besitzt ein eigenes Wiederverwertungszentrum mit einer vielfältigen technischen Ausrüstung: Hier werden Behälter sortiert und komprimiert. Das Wiederverwertungsziel für dieses Jahr liegt bei 92%.

Wir haben vor, bei allen vier Standorten von Fuji Xerox die hundertprozentige Verwertung von Abfällen zu erreichen, damit bis zum Jahr 2000 alle Fabriken abfallfrei sind.

Diese vier Fabriken haben dieses Jahr bereits die ISO 14001 EMS (Environmental Management System)-Zertifizierung erhalten, was bestätigt, daß unsere Umweltmanagementsysteme auch wirklich umweltfreundliche Produktionsabläufe garantieren.

*Gibt es ein Leben nach dem Verbrauch?*

Ein weiteres ernstzunehmendes ökologisches und gesellschaftliches Problem liegt in der Entsorgung der durch die Orientierung der Wirtschaftstätigkeit an Massenproduktion und Massenkonsum entstehenden riesigen Menge von Gebrauchtgütern.

Unsere Strategie sieht vor, die Wiederverwertung der Produktbestandteile von Gebrauchtgütern entschlossen zu verfolgen, um die Existenz unserer Wiederarbeitungsbetriebe wirtschaftlich rechtfertigen zu können. Natürlich liegt der Mehrwert von Bauteilen wesentlich höher als der von Rohmaterialien, so daß sich ein gutes Gleichgewicht zwischen Ökologie und Ökonomie einstellt. Soll die Industrie für nachhaltige Entwicklung gewonnen werden, muß diese gewinnbringend auch im finanziellen Sinne sein.

Eine Lebenszyklusstudie zu Kopiermaschinen, die von einer Lebenszyklus-Arbeitsgruppe unter Leitung der Umweltarbeitsgruppe der japanischen Unternehmensgesellschaft von Maschinenherstellern angefertigt wurde, bestätigt auch die höhere Umweltfreundlichkeit der Teilwiederverarbeitung gegenüber der Materialverwertung hinsichtlich $CO_2$-Emissionen und Energieverbrauch.

Seit seiner Gründung im Jahre 1962 stützt sich Fuji Xerox auf ein Verleihsystem, das die effiziente und wirksame Rückführung von Gebrauchtgütern gewährleistet. Zusätzlich verfügen wir über ein durchorganisiertes Dienstleistungsnetzwerk, das für die Sammlung von Qualitätsdaten zuständig ist, die für die Wiederverwertung hochtechnischer Teile unabdingbar sind. Gebrauchtgüter werden aus der Wirtschaft entnommen, sortiert und je nach Wiederverwertungsklasse zu den entsprechenden Standorten geschickt.

Die Maschinen, von denen einzelne Teile wieder verarbeitet werden sollen, werden in die Fabrik gesandt, zerlegt und gereinigt. Die Teile, die die äußerst strengen Fuji-Xerox-Qualitätsstandards erfüllen, werden ausgesucht und beginnen ein neues Leben als Teil neuer Produkte mit 100%iger Qualitätsgarantie. Nach umfassenden Vorbereitungen, die mehrere Jahre währten, wurde dieser Zweig im Dezember 1995 in Betrieb genommen. 1996 wurde die Anzahl der Modelle mit wiederverarbeiteten Einzelteilen auf vierzehn erweitert. Im Dezember 1996 kam VIVACE 802 auf den Markt: Sie besteht zu 20% aus wiederverarbeiteten Teilen. Dieses Jahr soll die Anzahl der Modelle mit wiederverarbeiteten Teilen auf 21 angehoben werden, darunter ein technisch äußerst fortschrittlicher digitaler Farbkopierer.

Um die Einzelteilverwertung weiter auszubauen, wurde nach einer Investition von 200 Millionen US$ im November dieses Jahres ein neues Demontageband in Betrieb genommen, das direkt mit der Produktmontage verbunden ist. Ziel ist die Verdopplung der Produktion dieser Erzeugnisse im Jahre 1997 auf 29000 Einheiten; die Kapazität des neuen Montagebandes liegt bei 40000 Einheiten im Jahr.

Die Einzelteile, die für die Wiederverarbeitung nicht brauchbar sind, werden in Zulieferbetrieben zerlegt, nach ihrem Material sortiert und als Rohmaterial wiederverwertet.

*Fazit*

Fuji Xerox ist als Unternehmen ein Mitglied der Gesellschaft und will als Bürger dieses Planeten Umweltprobleme lösen und Umweltschutz zum zentralen Anliegen seiner Unternehmensstätigkeit machen. Wir sind bereits dabei, Produktverwertungssysteme zu entwerfen, die den gesamten Lebenszyklus unserer Produkte abdecken, von Forschung und Entwicklung über Herstellung und Vermarktung bis hin zur Weiterverarbeitung, Gewinnung sekundärer Rohstoffe und, wenn es denn sein muß, Abfallentsorgung.

## Literatur

Fuji Xerox (1996): environment. Earth and Human Kind – Living Healthy Lives. Fuji Xerox's Environmental Conservation Activities.

Toshijiro Ohashi

# Evaluation von Zerlegbarkeit und grünes Design bei Hitachi

*Einleitung*

Die verarbeitende Industrie sieht sich in vielerlei Hinsicht mit Umweltproblemen konfrontiert: Energieverbrauch und $CO_2$-Emissionen, Umweltverschmutzung, Abfallentsorgung ... Ein wichtiger Lösungsansatz für diese Probleme liegt in der Errichtung einer nachhaltigen Gesellschaft mit geschlossenen Kreisläufen. Zu diesem Zweck ist ein fortschrittliches Wiederverwertungssystem für Gebrauchtgüter unabdingbar.

Ein weiterer bedeutsamer Aspekt ist die Einführung wirtschaftlich tragbarer Wiederverwertungsmethoden. »Wirtschaftlich« heißt in diesem Zusammenhang, daß die Maßnahme oder das Verfahren auf eine Art und Weise durchgeführt werden kann, die die Gesellschaft auch finanziell verkraftet.

Wenn wir von umweltbewußten Produkten (UPs) sprechen, neigen wir dazu, uns hauptsächlich auf ihren – möglichst gering zu haltenden – Einfluß auf die Umwelt zu konzentrieren. Das ist gewiß eine notwendige, aber keine hinreichende Bedingung. Wirtschaftlichkeit ist die weitere wichtige Bedingung, wenn eine Gesellschaft Nachhaltigkeit verwirklichen und beibehalten soll.

In dieser Beziehung sind die Vorstellungen zu Faktor Vier und Faktor Zehn, die Ernst Ulrich von Weizsäcker und Friedrich Schmidt-Bleek entwickelt haben, von großer Tragweite.

Um die durch Gebrauchtgüter verursachte Umweltbelastung zu verringern und die Wirksamkeit der Wiederverwertungsmethoden zu steigern, können wir, die Hersteller, grundsätzlich zwei Strategien verfolgen: die Entwicklung effizienter Wiederverwertungsmethoden und leicht wiederverwertbarer Produkte. Die Entwicklung leicht wiederverwertbarer Produkte halten wir dabei für die vielversprechendere Möglichkeit.

Bei Hitachi betrachten wir die Verringerung der für die Zerlegung des Produkts nach Gebrauch benötigten Zeit als unerläßlich für die Steigerung der Wirtschaftlichkeit des Wiederverwertungsvorgangs. Wir haben eine Unternehmensarbeitsgruppe für Produktverwertung ins Leben gerufen und eine Kampagne für umweltbewußte Produktentwicklung initiiert.

*Die Arbeitsgruppe für Produktverwertung: Struktur und Aktionsplan*

Bei der Arbeitsgruppe für Produktverwertung handelt es sich um eine abteilungsübergreifende Organisation, d.h. jede Abteilung beteiligt sich an der Verbesserung der umweltbewußten Produktentwicklung und der Wiederverwertungstechnologien. Ihre Aufgabe besteht

1. im Austausch technischer Kenntnisse, Erfahrungen und Sachinformationen über Produktverwertung und
2. in der Verwirklichung des Umweltaktionsplans und von Aktionen zur Entwurfsoptimierung

Die Arbeitsgruppe zielt mit ihrem Umweltaktionsplan auf eine beträchtliche Reduzierung der für die Zerlegung der Produkte nötigen Zeit ab.

Da das Unternehmen in seinen unterschiedlichen Abteilungen eine große Bandbreite von Produkten herstellt, hat jede einzelne Abteilung ihren eigenen Plan zur Erreichung dieser Ziele entworfen und führt ihre Aktionen in Übereinstimmung mit dem Umweltaktionsplan durch.

Da Produktentwickler dazu neigen, gegenüber der hier angestrebten langanhaltenden Wirkung gleichgültig zu sein, stand die Kampagne ursprünglich unter dem Motto »Produktionskostensenkung durch Wiederverwertung«. Wir müssen Produktentwickler darauf aufmerksam machen, daß hochtechnologische Produkte bedeutend leichter aus weniger Material mit weniger komplizierten Strukturen hergestellt werden können, die dann weniger Energie verbrauchen und nach dem Ende ihrer Lebensdauer besser wieder zu verarbeiten sind.

Um diese Verbesserungen der Produktentwicklung wirksam durchzuführen, haben wir eine Evaluationsmethode entwickelt, mit der die Zerlegbarkeit der neuentworfenen Produkte bewertet werden kann.

## Die Evaluation der Zerlegbarkeit

*Kalkulation und Evaluation: Lebenszyklus und Zerlegbarkeit*

Ein Produkt verursacht während seiner Lebensdauer die unterschiedlichsten Kosten. Wir haben viel Arbeit in die Herstellungsseite dieser Produkte und die Senkung der Herstellungskosten gesteckt, um ihre Gewinnträchtigkeit zu gewährleisten. Die Betriebskosten wurden schon immer in der technischen Beschreibung aufgeführt und stellen einen der Schlüssel zur Wettbewerbsfähigkeit dar.

Heute muß der gesamte Lebenszyklus des Produktes berücksichtigt werden. Infolgedessen wird in Japan ab 2001 das sogenannte Haushaltsgeräte(Wiederverwertungs)-Gesetz in Kraft treten, das festlegt, daß Hersteller in Zukunft die Verantwortung übernehmen sollen für

1. die korrekte Entsorgung oder Weiterverarbeitung der von ihnen hergestellten ausrangierten Produkte,

2. die Rückführung der wiederverwertbaren Materialien und
3. die Veröffentlichung der Wiederverwertungskosten ihrer Produkte, womit diese Kosten Teil der Herstellungskosten werden.

Es ist höchste Zeit, die Aufmerksamkeit auch auf die Kosten der Wiederverwertung oder Entsorgung zu richten.

Um die Demontage von Produkten zu verbessern, muß sie schon in der Entwurfsphase in Betracht gezogen werden, damit die entsprechenden Änderungen am Produkt vorgenommen werden können. Allerdings verlängert die für die Entwicklung optimal zerlegbarer Baumuster nötige Wiederholung des Kreislaufs von Entwurf/Prototyp/Test/Verbesserung die Entwicklungsphase und kann so leicht zu erhöhten Herstellungskosten führen. Eine Evaluationsmethode, die ohne die Phasen der Prototyperstellung und -erprobung im voraus die Zerlegbarkeit eines Produktes bewerten kann, wäre daher in der ersten Entwurfsphase äußerst hilfreich. Hitachi löst dieses Problem mit der Zerlegbarkeitsevaluation.

*Grundzüge der Zerlegbarkeitsevaluation*

Das Baumuster des zu bewertenden Produkts wird als Kombination von ungefähr 20 elementaren Handgriffen dargestellt. Indem wir die Strukturen der Produkte auf diese Weise analysieren, erreichen wir eine quantitative Bewertung der für die Demontage der Einzelteile und des gesamten Produkts benötigten Schritte.

Ein weiterer grundlegender Zug dieser Methode liegt darin, daß sie sich an jener für die Bewertung der Montage von Produkten orientiert. Es ist ein leichtes, die Phasen der Herstellung und der Wiederverwertung parallel zu betrachten und aufeinander abzustimmen. Ein Ziel dieser Evaluationsmethoden besteht in der Vereinfachung der Entwurfs- bzw. Baumusteroptimierung durch die frühe Identifizierung von Schwachstellen. Dabei kommen zwei Indizes zum Einsatz:

1. der Maßstab für Zerlegbarkeitsevaluation Z, welcher die Qualität des Entwurfs bzw. die mit der Demontage verbundenen Schwierigkeiten bewertet, und
2. der Maßstab für die geschätzten Demontagekosten K.

Unser Ziel ist letztlich die Senkung der Demontage- und damit Wiederverwertungskosten; ein Kostenindex kann aber keine Aussage über die Qualität des Entwurfs und die Gründe für höhere Kosten machen. Als Hilfsmittel für die Entwurfsoptimierung bedürfen wir also eines Qualitätsindex.

Die Zerlegbarkeit kann anhand von groben Entwurfszeichnungen bewertet werden. Natürlich lassen sich ausgearbeitete Zeichnungen und Pläne genauer bewerten, aber unsere Methode erbringt auch aufgrund von Informationen, die zu einer sehr frühen Phase des Entwurfs bereitgestellt werden, verläßliche Daten. Diese Daten können außerdem beim Vergleich von Alternativmöglichkeiten oder der eigenen mit Konkurrenzprodukten herangezogen werden.

Entwurfsoptimierung beruht auf der Einarbeitung der Evaluationsergebnisse. Der verbesserte Entwurf wird sogleich erneut einer Prüfung unterzogen, welche die Wirkung der Änderungen quantitativ bewertet. Diese Vorgehensweise trägt zu einer erheblichen Vereinfachung der Entwurfsoptimierung bei.

*Theoretische Grundlagen der Evaluation*

Produktdemontage kann in ungefähr 20 grundlegende Handgriffe und einige wenige zusätzliche Schritte unterteilt werden. Jedem dieser Handgriffe wird ein leichtverständliches Piktogramm zugeordnet, das den Handgriff bildlich wiedergibt. Für diese Methode wurden Handgriffe ausgewählt, die für die Dauer der Demontage eine große Rolle spielen oder besonders häufig ausgeführt werden müssen. Einander ähnliche Handgriffe mit übereinstimmender Ausführdauer wurden so zusammengefaßt, daß sich schließlich etwa 20 Grundelemente herauskristallisierten.

Der Zerlegungsprozeß kann nun auf eine Weise dargestellt werden, die einerseits den Produktentwicklern die Analyse und Bewertung erleichtert, andererseits aber auch äußerst präzise ist. Zusätzliche Arbeitsschritte, denen noch kein Piktogramm zugeordnet wurde, die aber auch einen bedeutenden Einfluß auf die Dauer der Zerlegung haben, werden miteinbezogen und schlagen sich in den Evaluationsergebnissen nieder. Bei der Auswahl der zu berücksichtigenden Handgriffe und Schritte wurde außerdem auf Benutzerfreundlichkeit und eine möglichst überschaubare Anzahl von Zeichen geachtet.

Bei der Demontage von Produkten werden einige Teile erhalten, andere zerstört und als sekundärer Rohstoff neu verarbeitet. Zu unseren grundlegenden Handgriffen gehören daher auch Schritte, die unumkehrbar sind, wie z.B. Zerkleinerung.

*Das Prinzip der minimalen Demontagedauer*

Unsere Evaluationsmethode stützt sich auf die Abschätzung der Dauer des Demontagevorgangs mit Hilfe einer Kombination verschiedener, bestimmte Handgriffe wiedergebender Zeichen oder Piktogramme, welche die Produktentwickler aufstellen.

Gewisse Inkonsistenzen müssen berücksichtigt werden:

- Die Entfernung von drei Schrauben dauert 11,9 Sekunden.
- Die Entfernung von nur einer Schraube dauert 4,7 Sekunden.

Betrachten wir den Arbeitsvorgang, wird klar, daß Handgriffe wie »den Schraubenschlüssel in die Hand nehmen und weglegen« oder »die Schrauben in einen Behälter legen« nur einmal ausgeführt werden. Der Wert für einen einzelnen Handgriff kann also nicht einfach mit dem entsprechenden Faktor multipliziert werden, um den Wert für die mehrfache Wiederholung des Handgriffs zu errechnen.

Unsere Evaluationsmethode minimiert den Arbeitsaufwand der Produktentwicklung und -erprobung, da sie die zu verarbeitende Information übersichtlich darstellt. Allein die Handgriffe werden analysiert; auf dieser Grundlage wiederum beruhen die Daten, mit deren Hilfe die Demontagedauer geschätzt wird. So kann eine ausreichende Wahrscheinlichkeit der Schätzung gewährleistet werden. Außerdem müssen die Produktentwickler keine genauere Kenntnis der Arbeitsvorgänge besitzen. In unserem Beispiel muß der Produktentwickler nur solche Handgriffe ausdrücken wie Schraubendrehung, Seitwärtsbewegung und drei Teile der Zerlegung.

*Grundlagen für den Evaluationsmaßstab*

Um den Produktentwicklern das Niveau der Zerlegbarkeit eines Produkts verständlich zu machen, stellt unsere Evaluationsmethode einen Maßstab bereit, auf dem bis zu 100 Punkte erreicht werden können und der auch die Demontagedauer mit berücksichtigt. Dieser Maßstab dient als Wegweiser beim Erreichen der beiden folgenden Ziele:

1. quantitative Messung der Zerlegbarkeit;
2. genaue Identifizierung verbesserungsbedürftiger Bereiche.

Für die Berechnung wurde aufgrund folgender Prinzipien eine Formel entwickelt:

1. genaue Wiedergabe der geschätzten Demontagedauer;
2. Berechnung der Zeitabschnitte, die durch Entwurfsoptimierung verkürzt werden können:
   - Ei = 100 -Xf (verbesserungsfähiger Zeitabschnitt);
   - Ei: bei der Zerlegbarkeitsevaluation erreichte Punktzahl;
   - $\pi$: Abweichungskonstante.

Ei wird festgelegt, daß die relative Abweichung, welche die Dauer der verbesserungsfähigen Handgriffe wiedergibt, von der Idealpunktzahl 100 abgezogen wird; dadurch wird der Umfang der möglichen Verbesserungen ausgedrückt. Produktentwickler und -tester können so feststellen, welche Einzelteile noch der Optimierung bedürfen bzw. welche leicht zu verbessern sind, bei welchen die Verbesserung besonders viele positive Wirkungen zeitigt und, indem sie sich an der Punktzahl orientieren bzw. sich auf Abschnitte und Einzelteile mit niedrigen Punktzahlen konzentrieren, eine effektive Entwurfsoptimierung effizient durchführen.

*Die Zerlegbarkeitsevaluation in Einsatz*

Die für die Demontage benötigte Zeit, von der Erläuterung der Evaluationselemente bis hin zur Eingabe der Werte in ein Computerprogramm, dauert mit unserer Methode eine bis zwei Minuten pro Einzelteil. Da keine genaue Kenntnis des Zerlegungsvorgangs notwendig ist, kann die Evaluation zu einem frühen Zeitpunkt des Entwicklungsprozesses einsetzen.

Auf der Grundlage der Ergebnisse der Evaluation können die Produktentwickler jene Einzelteile identifizieren, die noch der Verbesserung bedürfen, und so schließlich Produkte mit einem Höchstmaß an Wiederverwertbarkeit entwerfen. Die Genauigkeit unserer Einschätzung der Demontagedauer wurde bei Haushaltsgeräten (Waschmaschinen, Kühlschränken, Fernsehern) und Büroausstattungen (PCs usw.) überprüft. Mit Hilfe einer standardisierten Zeitmeßmethode konnten wir die tatsächliche Zerlegungsdauer eines jeden Teils berechnen, welche dann als Wert auf die x-Achse gesetzt wurde. Die mit der Zerlegbarkeitsevaluation gewonnenen Werte wurden auf die y-Achse gesetzt. Es stellte sich heraus, daß die geschätzte Zerlegungsdauer jeweils unter einer Fehlergrenze von nur ± 20% lag.

Um die Zerlegbarkeitsevaluation zu automatisieren, erstellten wir ein mit Microsoft Windows kompatibles Programm, das den Produktentwicklern mit Menüleiste, Ikonen und anderen graphischen Hilfen benutzerfreundlich entgegenkommt. Zu seinen Funktionen gehört auch die Fähigkeit, Evaluationsergebnisse nach Größe zu sortieren, was einen schnellen Zugang zu den besonders verbesserungsfähigen Teilen erlaubt.

Zunächst bewerteten wir die Zerlegbarkeit unserer konventionellen Produkte. Die Produkte mit einer besonders hohen Anzahl an Einzelteilen ergaben nach unserer Formel eine besonders niedrige Punktzahl und wurden als erste verbessert. Die Produktverbesserung kann dabei eine Reduktion der Anzahl der Einzelteile, ihre Zusammenfassung als Einheiten und/oder bessere Zerlegbarkeit in Einzelteile und -einheiten bedeuten.

Unsere Methode hat sich auch bei Fernsehern, großen Computern, Staubsaugern, Klimaanlagen, Computerbildschirmen, Kühlschränken und anderen Geräten bewährt.

*Fazit*

Normalerweise haben Bemühungen um Umweltfreundlichkeit eine negative Wirkung auf Produktqualität und -kosten. Verwirklicht man aber Verbesserungen in der Zerlegbarkeit eines Produktes mit Hilfe der Zerlegbarkeitsevaluation, senken sich häufig die Produktionskosten mit der Verringerung der Anzahl der verwendeten Einzelteile und ihrer Optimierung hinsichtlich der späteren Demontage des Produktes. Das Ergebnis sind Produkte mit einer gesteigerten Wettbewerbsfähigkeit.

Um die Produkttester bei ihrer Arbeit noch weiter zu unterstützen, haben wir ein System zur Berechnung der Evaluationsmaßstäbe auf der Grundlage der in der Evaluation berücksichtigten »Handgriffe« entwickelt. Zusätzlich wurde die Evaluationsmethode so erweitert, daß sie nun weitere für die Wiederverwertbarkeit bedeutsame Faktoren wie das für die Einzelteile verwendete Material bzw. die Auswirkungen bestimmter Materialkombinationen mit einbezieht.

In Kombination mit der oben beschriebenen Entwurfsoptimierung und anderen Umweltprüfungsmethoden wie der Lebenszyklusbewertung entstehen ebenso umweltfreundliche wie wirtschaftliche Produkte. Wir hoffen, daß die Bemühungen um Umweltfreundlichkeit schon im Bereich der Produktentwicklung zunehmen werden, und daß die Verwirklichung einer nachhaltigen Gesellschaft in unsere Reichweite rückt.

## Literatur

Fukushima, T.; Hishinuma, Y; Miyadera, H. (1993): Hitachis Policy to Protect Global Environment, The Hitachi Hyoron, S. 6-10.

Uehara, K.; Miyadera, H.; Sano, T. (1996): Hitachi Groups Policy to Protect Global Environment, the Hitachi Hyoron, 894, S. 6–12.

Miyakawa, S.; Ohashi, T. (1986): The Hitachi Assemblability Evaluation Method (AEM): International Conference on Product Design for Assembly.

Hiroshige, Y.; Ohashi, T.; Arimoto, S. (1995): Development of Disassemblability Evaluation Method: Proceedings JSME, Symposium on Environmental Engineering, S. 159.

Hiroshige, Y.; Ohashi, T.; Arimoto, S. (1997): Development of Disassemblability Evaluation Method: Proceedings 8th ICPE, International Conference on Production Engineering, S. 457–466.

Wilfried Kaiser

# Effiziente Stromerzeugung: Chancen in globalen Märkten

*Einleitung*
Im Mittelpunkt meines Beitrags steht die Frage, wie die Industrie durch energieeffiziente Technik zur nachhaltigen Entwicklung, besonders in den Schwellen- und Entwicklungsländern, beitragen und gleichzeitig Marktchancen nutzen kann.

*Umweltbelastung zwingt zum Handeln auch in Schwellenländern*
Die Schonung der natürlichen Lebensgrundlagen war lange Zeit ein Thema, das vorrangig die OECD-Länder betraf. Heute besteht dagegen auch in den Schwellenländern akuter Handlungsbedarf.

Vor allem Asien leidet unter Umweltverschmutzung und Umweltzerstörung. In den vergangenen drei Jahrzehnten ist beispielsweise die Hälfte des Waldbestandes vernichtet worden. Allein durch die jüngsten Brände in Indonesien wurden 3000 Quadratkilometer Wald – eine Fläche größer als das Saarland (2570 Quadratkilometer) – zerstört. Eine gewaltige Rauchglocke hing im Herbst 1997 wochenlang über dem südlichen Teil der Region und hat die ohnehin kritischen Luftverhältnisse noch verschärft.

Von den 15 Städten mit der weltweit höchsten Luftverschmutzung liegen 13 in Asien. Wer sich beispielsweise in der indischen Hauptstadt Neu-Delhi aufhält, fügt seinen Atemwegen einen Schaden zu, als ob er täglich zwischen zehn und 20 Zigaretten rauchen würde. Die schlechte Luft fördert und erzeugt Krankheiten. Das schadet letztlich auch der indischen Wirtschaft: Jedes Jahr führt allein die starke Luftverschmutzung zu Fehlzeiten von 1,2 Milliarden Arbeitsstunden, und sogar der vorzeitige Tod von jährlich 40000 Menschen wird dieser Luftverschmutzung zugeschrieben.

In Bangkok, Shanghai und Manila, aber auch in den »Mega-Cities« Lateinamerikas sind die Verhältnisse ähnlich. Die zum Teil katastrophalen Zustände sind das Ergebnis einer explosiven Mischung aus Bevölkerungs- und Wirtschaftswachstum mit entsprechend starkem Druck auf Umwelt und Ressourcen. Dieser Druck wird weiter wachsen. Der rasante Anstieg der Weltbevölkerung ist zwar allgemein bekannt, wird aber immer wieder verdrängt.

Im Jahr 2020 werden rund acht Milliarden Menschen auf der Erde leben, die meisten von ihnen – nämlich 85% – in den Schwellen- und Entwicklungsländern. Der Weltenergieverbrauch von derzeit 14 Milliarden Tonnen Steinkohleeinheiten pro Jahr wird auf knapp 20 Milliarden Tonnen im Jahr 2020 steigen.

Hiervon wird ein Großteil, nämlich zwei Drittel, auf Schwellen- und Entwicklungsländer entfallen. Die Folgen für die Umwelt liegen auf der Hand: Die $CO_2$-Emissionen werden weiter nach oben schnellen.

Heute liegen die Pro-Kopf-Emissionen in den Wachstumsmärkten Asiens und Südamerikas zwar noch weit unter denen westlicher Industrienationen. Aber der Kohlendioxid-Ausstoß dieser Länder verzeichnet die höchsten Zuwachsraten, und in absoluten Zahlen belegt China bereits den zweiten Platz hinter dem Spitzenreiter USA!

Interessant ist auch die Veränderung der gesamten Emissionen seit 1990.So sind die Gesamtemissionen in Mittel- und Osteuropa zwischen 1990 und 1995 um fast 30 Prozent zurückgegangen. In Asien hingegen sind sie um 28 Prozent gestiegen! Freilich muß bedacht werden, daß Osteuropa von einem extrem hohen Emissionsniveau kam und der politische bzw. wirtschaftliche Umbruch zu teilweise erheblicher Rezession mit entsprechendem Rückgang der industriellen Produktion geführt hat.

Trotz dieser bedrohlichen Entwicklung herrschte in den meisten Schwellenländern bis vor kurzem eine »Vogel-Strauß-Mentalität« vor. Erst die traumatische Erfahrung der jüngsten Waldbrände hat den Verantwortlichen die Augen geöffnet und den Druck auf die Regierungen erhöht, mehr für den Umweltschutz zu tun. Das Problem ist erkannt – jetzt muß gehandelt werden! Und persönlich möchte ich an dieser Stelle der Hoffnung Ausdruck verleihen, daß die jüngste wirtschaftliche Entwicklung nicht zu einer Vernachlässigung des Umweltschutzes führt.

*Optionen zur Emissionsreduzierung – ein Überblick*

Wie kann angesichts dieser Situation ein Unternehmen wie ABB dazu beitragen, daß der rapide steigende Bedarf an Elektrizität gedeckt wird, ohne die Umwelt überproportional zu belasten? Mit welchen Maßnahmen läßt sich zumindest der Anstieg der Emissionen reduzieren? – Hierzu gibt es im wesentlichen vier Möglichkeiten:

1. Energieverbrauch senken,
2. emissionsreiche durch emissionsarme Brennstoffe ersetzen, d.h. vor allem Kohle und Erdgas,
3. Anteil emissionsfreier Energieträger steigern,
4. Wirkungsgrad konventioneller Kraftwerkstechnologien erhöhen,

Lassen Sie mich diese Möglichkeiten im einzelnen erläutern:

Der erste Punkt ist rasch »abgehakt«: Den Energieverbrauch in den Schwellenländern zu senken, ist illusorisch. Bevölkerungs- und Wirtschaftswachstum lassen dafür keinen Spielraum.

Auch der zweite Punkt, emissionsreiche Kohle durch emissionsarmes Erdgas zu ersetzen, verspricht nur begrenztes Verbesserungspotential. Global gesehen steigt zwar der Anteil von Erdgas an der Stromerzeugung weiter. Aber nicht zuletzt aus Gründen der energiepolitischen Unabhängigkeit werden Länder mit eigenen Kohlevorräten diesen Brennstoff auch in Zukunft intensiv zur Stromerzeugung nutzen.

So gehören zum Beispiel die bevölkerungsreichsten Länder der Erde, China und Indien, gleichzeitig auch zu den Schwellenländern mit den größten Kohlevorkommen: China fördert pro Jahr rund 1,2 Milliarden Tonnen Steinkohleeinheiten und verfügt über Vorräte von 465 Milliarden Tonnen; Indien baut jährlich 290 Millionen Tonnen ab – bei Reserven von rund 30 Milliarden Tonnen, d.h. bei gleichbleibendem Verbrauch reichen die Vorräte in Indien noch rund 100 Jahre, in China sogar rund 400 Jahre! (Siehe Artikel von Tieyong Zuo).

Beim dritten Punkt, den »emissionsfreien« Energiequellen, ist als erstes natürlich die Kernenergie zu nennen. Ein Kernkraftwerk mit 1300 MW Leistung spart bei 7500 Betriebsstunden im Jahr rund zehn Millionen Tonnen Kohlendioxid. Allein in Deutschland vermeiden wir so jährlich 150 Millionen Tonnen dieses Treibhausgases, was sich bisher immerhin auf eine Einsparung von zwei Milliarden Tonnen $CO_2$ summiert hat.

Aber die Situation dieser Technologie ist bekannt: Die Kernenergie kann ihr Potential nicht entfalten, weil sie von großen Teilen der Gesellschaft wegen der befürchteten Risiken nicht akzeptiert wird – ob zu Recht oder Unrecht, sei hier offengelassen.

Kritisch bis ablehnend ist die Einstellung der Menschen zur Kernenergie auch in vielen Schwellenländern. So hat öffentlicher Druck den Bau eines vierten Kernkraftwerks auf Taiwan verhindert. Südkorea will zwar den Anteil der Kernkraft an der Stromerzeugung bis zum Jahr 2010 von 36 auf 46 Prozent steigern, und China plant neben den bestehenden drei Reaktoren acht weitere. Dennoch ist es fraglich, ob diese und andere Länder ihre Ausbaupläne auch verwirklichen können.

Zu den »emissionsfreien« Energiequellen gehören natürlich auch Wasser, Wind, Sonne und andere alternative Energien.

Der Anteil der regenerativen Energieformen an der Weltstromerzeugung liegt bei stattlichen 19 Prozent – allerdings macht davon die seit langem etablierte Wasserkraft allein schon 18,5 Prozent aus! Die übrigen Energiequellen tragen nur ein halbes Prozent bei! Nach heutiger Einschätzung wird sich daran, zumindest in absehbarer Zeit, auch nichts ändern. Allerdings können regenerative Energiequellen, je nach Region bzw. lokalen Gegebenheiten, die klassischen Energieträger mehr oder weniger stark ergänzen.

Eine »Energierevolution«, wie sie von einigen Experten für die Zukunft vorausgesagt bzw. erhofft wird, vermag ich jedoch nicht zu erkennen.

Deshalb spricht vieles für die weitere Dominanz der Energieträger Kohle, Öl und Gas. Vor diesem Hintergrund bleiben verbesserte »Wirkungsgrade« in fossil befeuerten Kraftwerken – und damit bin ich beim vierten Punkt – das »Maß aller Dinge« für eine möglichst effiziente und umweltschonende Stromerzeugung.

*Erhöhung des Wirkungsgrades – das »Maß aller Dinge«*
Wenn es uns gelingt, aus immer weniger Brennstoff immer mehr Strom »herauszuholen«, dann können wir Ökologie und Ökonomie noch weiter miteinander versöhnen. Die Geschichte der Stromerzeugung ist in dieser Hinsicht eine echte »Erfolgsstory«:

Vor einhundert Jahren erzielten die ersten Gleichstromkraftwerke einen Wirkungsgrad von gerade einmal fünf Prozent. Heute werden in Kombikraftwerken mehr als 58 Prozent erreicht, die 60-Prozent-Marke wird bereits angepeilt, und bei Anlagen mit Kraft-Wärme-Kopplung – wie dem neuen Kombiheizkraftwerk »Mitte« in Berlin – erreicht der Brennstoffausnutzungsgrad inzwischen schon 90 Prozent (vgl. Abb.Folgeseite).

ABB hat »Berlin-Mitte« als Generalunternehmer für die Berliner Kraft- und Licht AG (Bewag) errichtet und im Sommer 1997 offiziell in Betrieb genommen. Im Vergleich zur Altanlage sanken die Stickoxidemissionen um die Hälfte. Der Schwefeldioxidausstoß wurde um 75 Prozent verringert, die Staubentwicklung sogar um 80 Prozent – ein überzeugendes Beispiel dafür, wie durch höhere Wirkungs- bzw. Brennstoffausnutzungsgrade in Verbindung mit moderner Technologie der Abgasbehandlung die Emissionen drastisch gesenkt werden können.

Die Effizienzsteigerungen in der Stromerzeugung sind fürwahr »bahnbrechend«: Wenn ich zur reinen Wirkungsgradverbesserung zurückkomme, so läßt sich diese sehr anschaulich und eindrucksvoll im folgenden Bild darstellen:

Um die Jahrhundertwende waren noch über drei Kilogramm Steinkohle nötig, um eine Kilowattstunde Strom zu erzeugen. Dieser Wert sank bis 1950 auf 680 Gramm. Heute liegt er im Mittel knapp unter 350 Gramm, im Bestfall in einem Steinkohlekraftwerk bei 290 Gramm, also bei nur noch einem Zehntel des Ausgangswertes.

Und das ist noch nicht das Ende der Entwicklung. Die Effizienz der Kraftwerke wird weltweit weiter steigen, und zwar unter maßgeblicher Beteiligung der deutschen Industrie.

Das gilt zum Beispiel für den Hochtemperatur-Dampfprozeß. Beim Verfeuern von Steinkohle sind Nettowirkungsgrade von 47 Prozent durchaus realistisch. Längerfristig werden wir uns sogar der 50-Prozent-Marke nähern. Aber auch in der Braunkohletechnik haben wir, nicht zuletzt durch die Neubauprojekte in Ostdeutschland, das Innovationstempo erheblich erhöht.

Eine weitere Variante im »Wettlauf der Systeme« zur sauberen Umwandlung

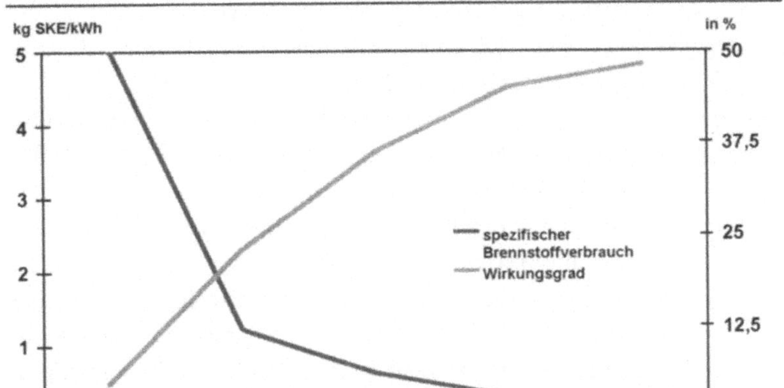


von Kohle ist die druckaufgeladene Wirbelschichtfeuerung »PFBC«. An ihrer Entwicklung hat ABB wesentlichen Anteil. Eine entsprechende Anlage errichten wir derzeit in Cottbus.

Erheblich gewachsen ist in den vergangenen Jahren der Weltmarkt für Gasturbinen. Das jährliche Vergabevolumen explodierte förmlich von etwa 8000 MW Mitte der achtziger Jahre auf heute 30000 MW. Die »Treiber« dieses Booms sind vergleichsweise niedrige Erdgaspreise und der anhaltende Trend hin zu Kombikraftwerken.

Gasturbinen- und Kombikraftwerke werden in den Schwellenländern vor allem von privaten Kraftwerksbetreibern gebaut, den sogenannten »IPPs«. Grund: Das Investitionsvolumen ist bei weitem nicht so hoch, die Errichtungszeit ist kürzer. Die Anlagen gehen schneller ans Netz und erwirtschaften früher Gewinn für den Betreiber. Deutsche Anbieter können bei Gasturbinen- und Kombikraftwerken schon heute auf eine große Zahl von Projekten in den Schwellenländern verweisen.

*Umwelttechnik als Wachstumsmotor*

Aus meinen bisherigen Ausführungen sollte vor allem eines deutlich werden: Deutschland, die deutsche Industrie verfügt über ein hohes Maß an Know-how und Erfahrung im Einsatz von energieeffizienten Technologien. Wenn wir weiter daran arbeiten, dieses Know-how an die Bedürfnisse der Schwellenländer anzupassen und es dorthin zu transferieren – dann können wir unmittelbar zur nachhaltigen Entwicklung beitragen. Zugleich haben wir beste Chancen, erhebliche Marktpotentiale für uns zu erschließen. Daß sich durch energieeffiziente Technologien neue Exportchancen schaffen lassen, beweist die Stellung Deutschlands in der Umwelttechnik allgemein.

Mit Spitzenpositionen in mehreren Branchen und einem Anteil von rund 19 Prozent am internationalen Handelsvolumen in Höhe von rund 130 Milliarden US-Dollar sind wir der führende Anbieter von Umwelttechnik. Seit neuestem liegen wir wieder knapp vor den USA (18,5 %) und Japan (14 %), das allerdings in den vergangenen Jahren stark aufgeholt hat.

Der grenzüberschreitende Handel mit Umwelttechnologie umfaßt im wesentlichen die Bereiche Abfall, Wasser/Abwasser sowie die Luft-, Meß- und Regeltechnik. Nach Schätzungen wird das Handelsvolumen in den kommenden Jahren jeweils zwischen fünf und zehn Prozent wachsen. Und es werden sich die Schwerpunkte verschieben. Steht bisher noch der Austausch unter den OECD-Ländern im Mittelpunkt, so gewinnen die Schwellenländer künftig an Gewicht. Deutschland ist deshalb gut beraten, sein Engagement in Asien – trotz der gegenwärtigen Krise – auszubauen. Denn gerade in Asien ist unsere Position gegenüber den Hauptwettbewerbern USA und Japan vergleichsweise schwach.

»Wachstum durch Umweltorientierung« – dies war bis vor wenigen Jahren eine provokante These, sahen doch viele Unternehmen in der Umweltorientierung lediglich einen lästigen Kostenfaktor.

Wer allerdings frühzeitig eine Vorreiterrolle übernahm und sein Handeln an Umweltzielen ausrichtete, der verfügt heute über bedeutende Wettbewerbsvorteile. Denn umweltorientiere Unternehmen wirtschaften meist auch effizienter: Sie benötigen weniger Rohstoffe, arbeiten mit effizienteren Prozessen und verringern Betriebs- und Entsorgungskosten ihrer Produkte.

Den Anbietern von energieeffizienten Technologien eröffnen sich auf diesem Weg bedeutende neue Geschäftsmöglichkeiten. Der ABB-Konzern deckt als weltweit einziges Unternehmen die gesamte Energiekette – buchstäblich »vom Bohrloch bis zur Steckdose« – ab. Er hat sein gesamtes Leistungsspektrum auf das Ziel der Energieeffizienz ausgerichtet. Wir haben die technische Kompetenz und zugleich die soziale Verantwortung, den Grundkonflikt zwischen Wachstum und steigendem Energiebedarf auf der einen Seite und Schutz der Umwelt auf der anderen Seite zu entschärfen.

### *Umweltschutz durch Marktwirtschaft*

Nicht erst seit Kioto wissen wir, daß das Ziel der nachhaltigen Entwicklung keineswegs ausschließlicher Auftrag an die Politik ist. Natürlich müssen Regierungen und Verwaltungen für ein stabiles und berechenbares Umfeld sorgen. Umweltschutz läßt sich aber nicht »von oben« verordnen.

So wichtig Grenzwerte und andere politische Vorgaben gerade in den Schwellenländern sind: Die Erfahrung hat gezeigt, daß Umweltschutz um so wirkungsvoller praktiziert wird, je mehr sich auch auf diesem Feld die Kräfte des Marktes entfalten können! Gesetze und Vorschriften bilden den Rahmen, aber sie sollten möglichst weitgehend mit marktwirtschaftlichen Methoden und Anreizsystemen in die Praxis übertragen werden.

Der Großraum Tokio, mit mehr als 20 Millionen Menschen die größte Metropole der Welt, ist dafür ein gutes Beispiel: Trotz der hohen Bedeutung umweltrelevanter öffentlicher Aufgaben beschränkt sich die Politik in wesentlichen Bereichen auf ihre Richtlinienkompetenz. Zum Beispiel wird ein bedeutender Teil des Schienenverkehrs und der Abfallverwertung von privaten Firmen betrieben. Das funktioniert, weil die Behörden ein Umfeld schaffen, das den Unternehmen marktwirtschaftliche Anreize und echte Gewinnchancen bietet.

Unternehmertum und natürlich auch Gewinnstreben sind es letztlich auch, die in der Stromversorgung der Schwellenländer zu höherer Effizienz führen werden. Der Anteil der privaten Kraftwerksprojekte am gesamten Neubauvolumen dürfte bis zum Jahr 2000 auf ca. 40 Prozent wachsen. Das ist somit ein Signal für mehr Marktwirtschaft und zugleich für eine künftig effizientere Stromerzeugung in den Schwellenländern.

Positiv für deutsche Hersteller wird sich in Zukunft auch auswirken, daß internationale Finanzorganisationen wie die Weltbank und andere *Multilateral Development Banks*, aber auch die deutsche Kreditanstalt für Wiederaufbau (KfW) die Förderung bzw. Kreditvergabe für Projekte zunehmend von deren Umweltverträglichkeit abhängig machen.

An dieser Stelle möchte ich aber eines betonen: Bei den Bemühungen, die effiziente Verstromung fossiler Brennstoffe in den Schwellenländern voranzubringen, sollten wir nicht den Lehrmeister spielen. Schließlich haben wir selbst viele Jahre gebraucht, bis Politik und Wirtschaft auf der Grundlage von Gesetzen und mit der richtigen Technik die Umweltprobleme angegangen sind und einer Lösung nähergebracht haben.

### *Fazit*

Ich fasse zusammen: Die Umweltbelastung hat in vielen Schwellenländern eine kritische Dimension erreicht. Der verstärkte Einsatz von Umweltschutztechnologien, unter anderem für mehr Effizienz in der Stromerzeugung, ist dringend erforderlich.

Die Industrie, nicht zuletzt die deutsche, verfügt über die notwendige Kompetenz und Erfahrung, sich erfolgreich zu engagieren. Diese Erfahrung sollten wir, wo immer möglich, zum Einsatz bringen.

Gemeinsam mit den Partnern in den Zielländern sollte es uns gelingen, den

Druck auf die natürlichen Umweltbedingungen zu lindern und eine nachhaltige, umweltorientierte Entwicklung anzustoßen.

Dies sollte machbar sein, denn schließlich schaffen wir eine klassische »Win-Win«-Situation, von der beide Seiten profitieren. Lassen Sie uns deshalb zur Verringerung der Umweltprobleme in den Schwellenländern beitragen und gleichzeitig die damit verbundenen Wachstumschancen nutzen.

## Literatur

ABB (Hrsg.) (1997): ABB Environmental Management Report, Schweden, http://www.abb.ch/abb-group/environment/index.htm.

Ute auf der Brücken

# Erfolgreich in der Nische oder »Ökologie-Gesundheit-Ökonomie« als Grundlage des Unternehmens

Als das Unternehmen Hess Natur vor 22 Jahren gegründet wurde, war das Ziel, ein kleines Sortiment gesunder Babykleidung aus Naturfasern auf den Markt zu bringen. Der Kreis der Abnehmer war zunächst klein und bestand, wie das Ehepaar Hess selbst, aus Familien, die auf der Suche nach gesunder Kinderbekleidung waren. Ein vergleichbares Sortiment war damals fast nicht oder nur schwer erhältlich. Das Einsetzen der »Ökowelle« Anfang der 80er Jahre sowie das gestiegene Umwelt- und Gesundheitsbewußtsein der Verbraucher schufen die Voraussetzung für den unternehmerischen Erfolg dieses Marketingansatzes. Die Nachfrage nach gesunder Naturkleidung erlaubte es dem Unternehmen, sein Angebot zu erweitern und um Unterwäsche und Erwachsenenbekleidung zu ergänzen. In dieser frühen Phase entstanden auch drei Philosophiepunkte, die die Arbeit des Unternehmens heute noch leiten:

- Natürliche Kleidung, damit der Mensch sich wohl fühlt in seiner Haut.
- Natürliche Kleidung, damit Erde, Luft und Wasser sauber bleiben.
- Natürliche Kleidung als Ausdruck von Lebensfreude und Persönlichkeit.

Als Vertriebsweg bot sich aufgrund des regional großen Einzugsgebietes zunächst der Versand an. Erst 1979 kam ein Ladengeschäft in Bad Homburg hinzu. Bis zum ersten eigenen, selbständig verschickten Katalog im Jahre 1976 erfolgte die Produktwerbung mit Hilfe von Beilegern, die ein Versandunternehmen aus dem Naturkostbereich mit den eigenen Aussendungen verschickte.

Heute hat sich Hess Natur zu einem gesunden mittelständischen Unternehmen entwickelt mit ca. 320 Beschäftigten und 150 Geschäftspartnern und Lieferanten weltweit. Zweimal jährlich erscheint ein Katalog mit einer neuen Kollektion aus ca. 800 Artikeln, der an rund 600000 Interessenten verschickt wird. Die wachsende Nachfrage auch außerhalb der Bundesrepublik führte 1994 zur Gründung einer Niederlassung in der Schweiz und 1996 in Österreich. In den letzten Jahren erlebte das hessische Unternehmen eine stürmische Aufwärtsentwicklung mit Steigerungsraten bis zu 50 Prozent und konnte 1996 konzernweit mit einem Umsatz von 124 Mio. DM abschließen.

Jüngste Sprosse des Hess-Natur-Konzerns sind die Hess-Futur-Trade-GmbH, gegründet 1996, die sich um die Beschaffung ökologisch produzierter Rohstoffe kümmert, und seit Anfang 1998 Hess-Natur-Berufsmoden. Im Sortiment sind konsequent natürliche Bekleidungsstücke, vornehmlich für die sogenannten »weißen Berufe«.

Als Anfang der 90er Jahre die Räumlichkeiten im bisherigen Betriebsgebäude in Bad Homburg zu klein wurden, errichtete man 1992 in Butzbach ein neues Versandzentrum. Jährlich verlassen ca. 950000 Päckchen und Pakete das nach baubiologischen Kriterien konzipierte Gebäude.

*Ökologische Qualität = ganzheitliche Qualität*

Am Grundsatz, daß nur gesunde Kleidung das Hess-Natur-Logo tragen darf, hat sich bis heute nichts geändert. Gesunde Kleidung, das hieß in den 70er Jahren, dem Jahrzehnt der Synthetiks und chemischen Bonbonfarben, vor allem Kleidung aus reinen Naturfasern wie Baumwolle und Schurwolle. Diese Rohfasern wuchsen zwar in der Natur, doch in der Regel waren auch sie mit unterschiedlichen, mal mehr oder weniger giftigen Chemikalien behandelt. Schließlich, so verbreitete die Textilbranche mit Blick auf die Konsumenten, seien diese Materialien dann besonders haltbar und leicht zu pflegen. Ein Festhalten an alten und bequemen Gepflogenheiten, dem sich Hess natur nicht angeschlossen hat. Gemeinsam mit Klein- und Kleinstlieferanten in Deutschland, der Schweiz und den skandinavischen Ländern gelang es dem Unternehmen, umweltschonende, d.h. zumeist mechanische Ausrüstungsverfahren zu entwickeln. Diese Innovationsfreude begründete einerseits ein zufriedenes und in ihren Kaufentscheidungen sensibles Kundenpotential, andererseits erforderte sie hohe Investitionen und Risikobereitschaft sowohl bei Hess Natur als auch bei den jeweiligen Lieferanten.

Die Frage, wie ökologisch ein Kleidungsstück überhaupt sein kann, ist vielschichtig. Bei Hess Natur setzte sich sehr früh die Erkenntnis durch, daß es keineswegs ausreicht, die humanökologische und gesundheitliche Unbedenklichkeit des Endproduktes zu garantieren, sondern daß der gesamte Produktionsweg entlang der textilen Kette so umweltschonend und ökologisch wie möglich sein muß. Diese Kette reicht von der Gewinnung der Rohfasern über die Weiterverarbeitung und Ausrüstung bis hin zum fertigen Textil. Zur Sicherstellung dieser ökologischen Rohstoffqualität hat Hess Natur einige Anbauprojekte für kontrolliert biologische Baumwolle initiiert, z.B. in der Türkei, in Peru und im Senegal. Hierbei spielen neben ökologischen auch soziale Aspekte eine ganz wichtige Rolle.

Um den Verbraucher bei der Kaufentscheidung zu unterstützen, hat das Unternehmen in den letzten drei Jahren ökologische Produkt-Datenblätter entwickelt, die den gesamten Produktionsweg eines Textils für Hess Natur festhalten. Der Werdegang eines jeden Artikels kann anhand einer Deklaration im Katalog nachvollzogen werden. Darüber hinaus können sich Kunden telefonisch bei einer ökologischen Produktberatung über andere Parameter informieren.

Qualität und Ökologie sind zwei ganz enge Verwandte, die einander bedingen. So verringert z.B ein Zugewinn von Qualität auf allen Ebenen, vom Anbau der Rohfasern bis hin zur Erfassung der eigentlichen Kundenbedürfnisse, die Anzahl von Fehlern und senkt damit auch Reklamationsrate, Nachbesserungen, Umtausch und Lagerbestände. Wichtige Ressourcen, die an anderer Stelle besser eingesetzt werden können, werden gespart. Nicht zuletzt tragen Ökologie und Qualität somit auch zu mehr Ökonomie bei.

Ein weiterer Grundgedanke ist, daß Ökologie und Ökonomie nicht nur etymologisch miteinander verwandt sind. Das Wirtschaften der Zukunft muß beide Felder sinnvoll, d.h. im maßvollen Einsatz der Güter, verbinden. Ökologie braucht Ökonomie, denn erst eine nennenswerte wirtschaftliche Größe schafft die Basis für die Durchsetzung der Anforderungen bei Lieferanten. Außerdem können eigene Ökoprojekte und Innovationen nur bei wirtschaftlichem Erfolg initiiert und finanziert werden. Darüber steht nicht zuletzt auch die ständige Forderung nach Innovationen, ohne die die Konkurrenzfähigkeit des Unternehmens auf einem immer härter umkämpften Markt nicht mehr gewährleistet werden könnte. Ebenso gilt andersherum, daß eine zeitgemäße Ökonomie auch der Ökologie bedarf. So heißt ökologisches Wirtschaften für Hess Natur, daß der Umwelt so wenig Ressourcen wie möglich entnommen werden sollen. Auf diese Weise werden Rohstoffe und Entsorgungskosten eingespart.

*Nachhaltiges Wirtschaften – Voraussetzung für nachhaltigen Erfolg*
Nachhaltiges Wirtschaften bedeutet, den Bedürfnissen der Gegenwart zu entsprechen, ohne zukünftige Generationen in ihrer Fähigkeit zu beeinträchtigen, ihre eigenen Bedürfnisse zu befriedigen. Im Jahre 1987 führte die Brundtland-Kommission diesen eigentlich aus der Forstwirtschaft stammenden Begriff *sustainable development* in den entwicklungspolitischen Wortschatz ein. Auch wenn dieser Terminus nicht einheitlich definiert ist, steht er doch für einen besonders schonenden Umgang mit den nachwachsenden Ressourcen. Die Anwendung dieses Grundsatzes bei Hess Natur reicht zeitlich allerdings weiter bis Anfang der 80er Jahre zurück.

Hess Natur verwendet für seine Produkte ausschließlich nachwachsende Rohstoffe. Der Anbau bzw. die Gewinnung dieser Rohfasern soll nach ökologischen Regeln erfolgen, vorzugsweise unter kontrolliert biologischen Bedingungen. Für die Stufe des Anbaus impliziert dies den Verzicht auf chemische Insektizide und Herbizide. Die Düngung des Bodens sollte idealerweise biologisch-dynamisch erfolgen. Auf dem Gebiet der Weiterverarbeitung bedeutet Nachhaltigkeit, daß sämtliche Produktions- und Ausrüstungsprozesse so ökologisch sinnvoll wie möglich erfolgen. Konkret bringt dies einen Verzicht auf chemische bzw. nicht abbaubare Hilfsmittel sowie den sparsamen Umgang mit Energie, Wasser und allen anderen Ressourcen mit sich. Da Hess Natur selbst keine eigenen Fertigungsbetriebe unterhält, sondern sich als Händler direkt an den Endverbraucher wendet, setzt ein Erfolg dieser Bemühungen gute und intensive Zusammenarbeit mit den Vorlieferanten voraus.

*Die Longlife-Kollektion von Hess Natur – ein Schritt zu Faktor 4+*
Für die meisten Textilunternehmen ist die Schnellebigkeit der Mode Garant für den wirtschaftlichen Erfolg. Je schneller sich das Modekarussell dreht, desto besser für den Umsatz. Von diesem Trend hat sich Hess Natur allerdings schon früh zu lösen versucht, mal mit mehr, mal mit weniger Erfolg. Analysen des Kundenprofils von Hess Natur haben ergeben, daß die Träger von Hess Natur Textilien diesen von der Industrie forcierten Wechsel der Moden nicht mitmachen wollen. Sie legen Wert darauf, daß stilistisch langlebigere Kleidung nicht zwangsläufig freudlos oder, dem allgemeinen Klischee vom Ökolook entsprechend, langweilig sein muß. In den Mittelpunkt der Bemühungen um ökologisch hochwertige Kleidung rückt daher auch die Frage nach einem Design, das sowohl die Verbraucherwünsche befriedigt als auch strengen ökologischen Prinzipien genügt. Aus diesem Grund sollen die Textilien von Hess Natur nicht nur qualitativ hochwertig sein, damit sie über viele Jahre hinweg getragen werden können. Eine besondere Rolle kommt insbesondere dem Design zu, also der Form, der Farbe, dem Material und der Funktion. Das bislang markanteste Bei-

spiel für die Umsetzung dieses Anspruches bei Hess Natur ist die sogenannte Longlife-Kollektion. Dieser Bereich des Sortiments umfaßt Basics, die auch über verschiedene Saisons hinweg vielfältige Kombinationsmöglichkeiten erlaubt. Um dem Verbraucher deutlich zu machen, daß es sich bei Longlife um ein neues Bekleidungskonzept handelt, gewährt Hess Natur auf jeden Artikel innerhalb dieses Produktsegments eine Garantie von drei Jahren auf Paßform und Haltbarkeit. Damit gehört Hess Natur zu den ersten Textilanbietern überhaupt, die ihren Kunden diesen einzigartigen Service einräumen.

Die nachhaltige Idee hinter der Longlife-Kollektion läßt sich auf einen kurzen Nenner zusammenfassen: Kleidung, die länger attraktiv ist, länger hält und länger Spaß macht, kann länger genutzt werden und spart Ressourcen einer neuen Herstellung. Die Produkte werden dematerialisiert, eine Neuproduktion kann durch neue Dienstleistungen rund um Textilien ersetzt werden. Daß dies der richtige Weg ist, zeigt nicht zuletzt die Auszeichnung mit dem Faktor 4+ Preis auf der ersten Faktor 4+ Messe vom 17. bis 21. Juni 1998 in Klagenfurt (siehe http//www.hess-natur.de/hnpr/faktor4htm).

*Leitbild Faktor 4 +. Ein Weg zur Hess Natur Vision*

Hess Natur hat in der Vergangenheit schon viel erreicht. Um aber auch in Zukunft weiterhin erfolgreich wirtschaften zu können, haben wir Visionen und Grundsätze entwickelt und uns Ziele gesetzt. Die folgenden Zitate sind einige Auszüge aus der Visionsbroschüre von Hess Natur, die verdeutlichen sollen, was sich das Unternehmen für die Zukunft vorgenommen hat. Das Unternehmen Hess Natur basiert auf den vier Grundsatz-Säulen: Ökologie, Qualität, Gesellschaft und Marktauftritt.

Aus diesen Leitbildern, Zielen, Grundsätzen und Visionen heraus ist bei Hess Natur das Faktor 4 + Projekt entstanden, wodurch diese zur Umsetzung kommen sollen.

*Das Faktor 4 + Projekt bei Hess Naturtextilien GmbH*

Am den Projekt sind beteiligt: die Hess Naturtextilien GmbH, Butzbach, econcept – Ökologie- und Designberatung, das Wuppertal Institut für Klima, Umwelt, Energie und Hochschulen. So bringen für verschiedene Arbeitsabschnitte insgesamt 10 Studenten aus unterschiedlichen Hochschulen wissenschaftliches Know-how ein und verfassen im Rahmen des Faktor 4 + Projekts ihre Diplom- bzw. Studienarbeit. Darunter sind Studenten aus den Fachgebieten der Geoökologie, Bekleidungstechnik, Textiltechnik, Textilwissenschaften Kulturhistorisch, Textilveredlung.

Ziele des Faktor 4 + Projekts sind:

1. Neue Dienstleistungs- und Servicekonzepte
   - Neue Handels- und Angebotskonzepte, die auf individuelle Kundenbedürfnisse eingehen: Erlebniswelt, Lebensfreude.
   - Dienstleistung/Service statt Produktion.
   - Glaubwürdige, transparente Darstellung ganzheitlicher Ökologie.

2. Produktleitfaden
   - Weiterentwicklung des ökologischen Standards bei Hess Natur.
   - Ressourcenmanagement in der gesamten textilen Kette.
   - Umwelteffekte von Produkten in Kennzahlen ausdrücken.
   - Entwicklung eines Designleitfadens.

*Das Faktor 4 + Projekt im Überblick*

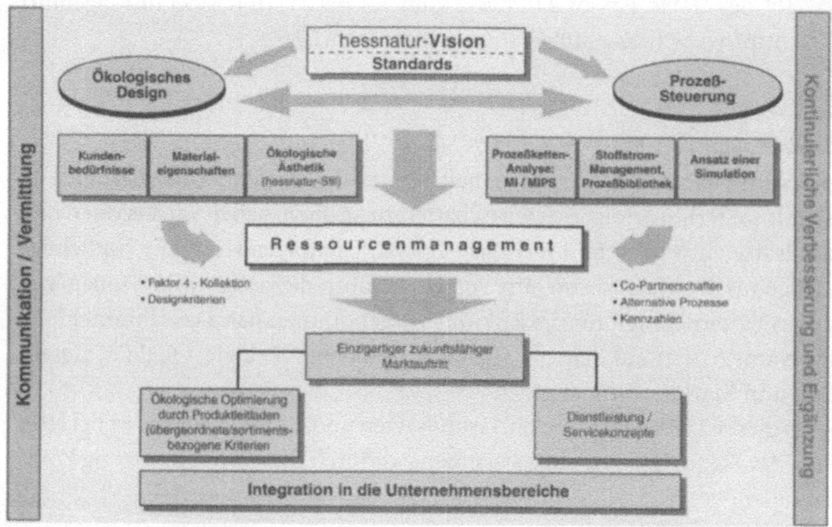


Das Faktor 4 + Projekt – zukunftsfähiger Versandhandel – heißt Ressourcenmanagement bei Hess Natur. Wir versuchen, neue Wege der umweltgerechten Produktgestaltung und -herstellung in der Textilindustrie aufzuzeigen.

Das Faktor 4 + Projekt beschäftigt sich daher mit den zwei Teilprojekten »Ökologisches Design« und »Prozeßsteuerung«. Die Ergebnisse beider Teilprojekte werden dazu dienen, die Hess Natur Qualitätsrichtlinien, denen alle Produkte unterliegen, weiterzuentwickeln, neue Dienstleistungskonzepte zu erstellen und unsere Produkte durch die Hilfe eines Produktleitfadens ökologisch zu optimieren. Vorstellbar ist, daß daraus eine Faktor 4+Kollektion entstehen kann mit Artikeln, deren ökologischer Rucksack ermittelt wurde und deren ökologische Effekte sich in Kennzahlen ausdrücken ließen (Schmidt-Bleek, 1998).

Was hierfür inhaltlich alles erarbeitet, recherchiert und analysiert werden muß, soll im folgenden kurz aufgezeigt werden:

## Inhalte des Faktor 4 + Projekts

*Ökologisches Design*

Erstmals soll in der Bekleidungsbranche der Einfluß des Designs auf die Ökologie eines Produktes untersucht und gesteuert werden. Untersuchungen von aktuellen und potentiellen Hess Natur-Kunden haben ergeben, daß diese Wert legen auf langlebige Kleidung und langfristig gültige Mode (qualitativ hochwertig, stilsicher). Vergangene Kataloge und Kaufpräferenzen werden analysiert, woraus der künftige Hess Natur-Designstil weiter entwickelt wird, der sowohl die Verbraucherwünsche befriedigt als auch den strengen ökologischen Prinzipien gerecht wird. Das markanteste Beispiel ist die Hess Natur Longlife-Kollektion. Die Langlebigkeit wird durch ganzheitliche Verbesserung der Qualität erhöht. Durch langlebigere Kleidungsstücke werden die dafür eingesetzten Ressourcen auch länger genutzt. Daneben ist das Erarbeiten von technischen Grundlagen bezüglich der Rohstoffe und Garne, der Gewebe/ Maschenware, der Farbstoffe und Ausrüstung erforderlich, um die typischen Eigenschaften der Naturmaterialien und deren geeignete Einsatzzwecke festlegen zu können.

Abgestimmt auf Designprozeß, Produktentwicklung und Marketing im Hause Hess Natur soll daraus ein Designleitfaden entwickelt werden, der ermöglicht, das Warenangebot ökologisch und kundenorientiert zu gestalten. Ein Kleidungsstück wird z.B. dann nachhaltiger, wenn man einen Mehrfachnutzen erzeugen kann. Die Ausgewogenheit zwischen der Darstellung von ökologischen Qualitäten (langlebiges Design aus gesunden Naturmaterialien) und modischen, ästhetischen Ansprüchen (innovative, experimentelle Artikel) gilt es herauszustellen.

*Prozeßsteuerung*

Damit Prozesse optimiert und innovative Verfahren gefunden werden können, sind genaue Kenntnisse der gesamten Textilproduktlinie Voraussetzung, womit es einer ganzheitlichen Analyse der textilen Prozeßkette bedarf. Die Kenntnis von Ressourcenverbräuchen und mit Einschränkungen auch der Schadstoffentwicklung ist in der textilen Kette bislang auf wenige Einzelprozesse beschränkt. Wenn vorhanden, ist dieses Wissen meist nur als Expertenwissen vorhanden, eine zusammenfassende Dokumentation und Übersicht existiert nicht. Somit ist es bis dato nicht möglich, unterschiedliche Verfahren, Produktionswege miteinander zu vergleichen und gezielte ökologische Verbesserungen einzuleiten. Das Ergebnis, eine »Bibliothek« des derzeitigen Kenntnisstandes von prozeßbezogenen Stoffströmen, soll u.a. eine Abschätzung ermöglichen, an welchen Stellen die Schwerpunkte des Ressourcenverbrauchs und der Schadstoffentwicklung in der textilen Kette liegen. Wir analysieren die Materialintensität (MI) für jedes einzelne Glied der textilen Kette und berechnen den Materialinput pro Serviceeinheit (MIPS), also den sog. ökologischen Rucksack eines Hess Natur-Bekleidungsstücks.

*Arbeitsfelder*

- Systemweite Darstellung der textilen Kette,
- Input- und Outputströme evaluierbarer Prozesse,
- Studie zu Gebrauch und Pflege von Textilien,
- Studie zu Recycling und Entsorgung von Textilien,
- Stoffstromanalysen an Fallbeispielen aus Baumwolle und Wolle mit Berechnung der MI und MIPS.

Anhand des MIPS-Konzepts lassen sich Entwicklungs- und Effizienzpotentiale sowie Innovationsmöglichkeiten innerhalb der gesamten Produktlinie festlegen. Deshalb wollen wir gemeinsam mit unseren Lieferanten nach ressourcenschonenden Prozessen suchen sowie die Kennzahlen für Produkte, Prozesse, Transporte und Produktionsorte ermitteln.

Wir haben uns damit für die nächsten zwei Jahre viel vorgenommen, aber das Projektteam und der Bereich Innovation und Ökologie bei Hess Natur arbeitet mit dem Motto: »Ökologie macht Spaß und bringt Erfolg.«

**Literatur**

Hess Natur (Hrsg.) (1998): Hess Natur, Gemeinsam die Herausforderung annehmen.

Hess Natur Forum (Hrsg.) (1998): Beilage im Hess Natur Katalog Frühjahr/Sommer 1999, S. 2–5.

Schmidt-Bleek, Friedrich (1994): Wieviel Umwelt braucht der Mensch? MIPS – Das Maß für ökologisches Wirtschaften; Birkhäuser Verlag, Berlin, Basel, Boston.

Schmidt-Bleek, Friedrich (1998): Das MIPS-Konzept,Weniger Naturverbrauch – mehr Lebensqualität durch Faktor 10, unter Mitarbeit von Willy Bierter, Droemer Knaur: München.

# AUSBLICK

Ernst U. von Weizsäcker und Jan-Dirk Seiler-Hausmann

# Ökoeffizienz – Wirtschaftsprinzip des 21. Jahrhunderts

Gut acht Jahre nach dem Erdgipfel von Rio de Janeiro wird Ökoeffizienz von weltweit führenden multinationalen Unternehmen wie ABB, Dow Chemicals, Henkel, Volkswagen und vielen anderen, die sich im World Business Council for Sustainable Development (WBCSD) zusammengefunden haben, als die Unternehmensstrategie anerkannt, mit der sie das Ziel der nachhaltigen Entwicklung in ihren Unternehmen verwirklichen wollen. Ökoeffizienz ist kein Hirngespinst – wie auch die Unternehmensbeispiele in diesem Sammelband zeigen. Ökoeffizienz gehört heute schon zum Alltag dieser führenden Unternehmen.

Auch die Politik hat dies erkannt. So wurde sowohl auf internationaler als auch nationaler Ebene Ökoeffizienz als Schlüssel zur Erreichung des Ziels der nachhaltigen Entwicklung in der Wirtschaft anerkannt. Die Liste derjenigen, die das Konzept der Ökoeffizienz, also der Steigerung der Ressourceneffizienz, unterstützen, liest sich wie ein *who is who* der internationalen Politik: Die Kommission für Nachhaltige Entwicklung der Vereinten Nationen (UN Commission for Sustainable Development [CSD]), das Umweltprogramm der Vereinten Nationen (UN Environmental Programme (UNEP)) und schließlich die Organisation für wirtschaftliche Zusammenarbeit und Entwicklung (Organisation for Economic Co-operation and Development [OECD]) (CSD, 1998 / UNEP, 1997 / OECD, 1997).

Auf der Sondergeneralversammlung der Vereinten Nationen 1997 (United Nations General Assembly Special Session [UNGASS]) – fünf Jahre nach Rio de Janeiro – forderten die Niederlande stellvertretend für die Europäische Union, die Ressourcenproduktivität in den nächsten zwei bis drei Dekaden um einen Faktor Vier zu steigern (EU, 1997). Diese Forderung wurde in das Abschlußprogramm der UNGASS aufgenommen (UN, 1997). Die OECD forderte 1998, das Konzept der Ökoeffizienz als gemeinsames Ziel der Wirtschafts-, Umwelt- und Sozialpolitik aufzunehmen (OECD, 1998). Hier wird deutlich, daß die Politik mit dem Konzept der Ökoeffizienz weit mehr als nur wirtschaftliches Wachstum einzelner Unternehmen erreichen will, sondern eine zukunftsfähige Entwicklung der Gesellschaft anstrebt. Auch nationale Regierungen haben Ökoeffizienz als Ziel ihrer Politik aufgenommen, darunter die Niederlande, Österreich und Schweden.

Doch erkennen Unternehmensführer nur langsam die Vorteile des Ökoeffizienz-Konzept. So kommt eine Studie von Arthur D. Little zum Thema nachhaltige Entwicklung in Unternehmen zu dem Ergebnis, daß in Unternehmen zwar erkannt wurde, daß Ökoeffizienz das Instrument zur Durchsetzung nachhaltiger Entwicklung ist, sie jedoch nach wie vor auf *end-of-pipe*-Maßnahmen wie z.B. Luftreinhaltung setzen (Arthur D. Little, 1998). Unternehmen zahlen nach wie vor lieber für kostenintensive end-of-pipe-Maßnahmen als durch ökoeffiziente Prozess- und Produktentwicklung, den Ressourceneinsatz und damit den Emissionsausstoß zu minimieren.

Hinter Ökoeffizienz verbirgt sicht ein Managementansatz, der es Unternehmen erlaubt, Produktionsprozesse und Produkte rentabler zu gestalten; die Steigerung der Umweltverträglichkeit ist dabei ein positiver Nebeneffekt. Mit Ökoeffizienz wird zum Ausdruck gebracht, daß Ökonomie und Ökologie sich nicht ausschließen, sondern in Kombination einen Gewinn für Unternehmen und die Gesellschaft darstellen: Mehr Werte schaffen und dabei weniger Ressourcen verbrauchen und die Umwelt weniger belasten, lautet das Motto.

Fünf Elemente kennzeichnen das Ökoeffizienz-Konzept des WBCSD:

1. die Betonung von Dienstleistungen,
2. die Blickrichtung auf menschliche Bedürfnisse und Lebensqualität,
3. die Einbeziehung des gesamten Lebenszyklus eines Produktes,
4. die Anerkennung der Grenzen der Belastbarkeit des Ökosystems und
5. die Berücksichtigung der Weiterentwicklung der Konzepte.

Ökoeffizienz ist also nicht nur ein neues Wort für die Optimierung üblicher Unternehmensabläufe, mit ihr verbindet sich vielmehr die Strategie tiefgreifender Innovationen. Ökoeffizienz ist ein evolutionäres Konzept. Der WBCSD hat deshalb drei Entwicklungsstufen identifiziert:

1. Die Steigerung der Prozesseffizienz führt zu Kosteneinsparungen bei der Herstellung.
2. Die Entwicklung von neuen und besseren Produkten bringt neue Gewinne durch effizientere Produktgestaltung.
3. Die Veränderung der Marktmechanismen schafft den Rahmen für neue Dienstleistungen anstatt materialintensiver Produkte, z.B durch eine ökologische Steuerreform. Damit werden der Materialverbrauch reduziert, das Konsumverhalten beeinflußt und nachhaltige Märkte geschaffen.

Das Ökoeffizienz-Konzept ist offen für alle Unternehmen, gleichgültig welchen Ressourcenverbrauch sie verursachen. Langfristig muß jedoch eine Ressourceneffizienz von einem Faktor vier bis zehn erreicht werden, um den weltweiten Ressourceneinsatz auf einem nachhaltig verträglichen Niveau zu stabilisieren.

*Warum sich Unternehmen in Zukunft für Ökoeffizienz entscheiden müssen*
Diejenigen Unternehmen, die bereits jetzt ihr Unternehmen in Richtung Ökoeffizienz ausrichten, werden im 21. Jahrhundert erhebliche Wettbewerbsvorteile auf dem nationalen und internationalen Markt haben. So kommt die Performance Group, eine Vereinigung der Unternehmen Monsanto, Unilever, Electrolux, Volvo, ICI und der Deutschen Bank zu dem Schluß, daß der operative Raum eines Unternehmens durch die biophysikalischen Veränderungen, wie z.B. Wasserknappheit, Klimawandel und Zerstörung der biologischen Vielfalt sowie die politische und ökonomische Reaktion darauf, wie z.B. die Verschärfung von Gesetzen, immer enger wird (The Performance Group, 1998). So zeichnet sich bereits heute ab, daß unternehmerische Tätigkeiten nur noch unter Berücksichtigung dieser Faktoren langfristig möglich sind. Ein Faktor von wachsender Bedeutung ist dabei die gesellschaftliche Akzeptanz unternehmerischen Handelns, wie z.B. bei der Entscheidung zur Versenkung der Brent Spa deutlich wurde. Shell unterschätzte damals die gesellschaftliche Reaktion auf ihr Handeln. Heute sieht die Unternehmenspolitik von Shell die Einbeziehung der gesellschaftlichen Gruppen vor, und Umweltschutz ist Teil des unternehmerischen Handelns geworden. Wenn Unternehmensführer also diese begrenzenden Faktoren rechtzeitig erkennen und die richtigen Entscheidungen treffen, werden sie auch in Zukunft Wettbewerbsvorteile für den Absatz ihrer Produkte sichern.

Wenn es nach einigen der führenden multinationalen Unternehmen geht, wird das Wirtschaftsprinzip des 21. Jahrhundert die 100%ige Wiederverwertung aller in der Produktion eingesetzter Stoffe voraussetzen. Die Unternehmenspolitik endet nicht nach der Herstellung, sondern übernimmt die Verantwortung für das gesamte Leben eines Produktes, auch nach dem Ende der Nutzungsphase. Total material productivity (TMP) nennt man dieses Konzept in Japan. Die Elektronikfirma Canon z.B. will ihre Emissionen auf Null reduzieren (siehe Artikel von Shin Tsuda). Fuji Xerox hat bereits eine Fabrik für Kopiermaschinen in Japan errichtet, in der Kopiermaschinen zu 100% wiederverwertet werden (siehe Artikel von Hiroaki Koshibu). Wenn die 100%ige Wiederverwendung bei Kopiermaschinen möglich ist, dann ist sie es auch bei Autos, Computern, Waschmaschinen und allen anderen Produkten. Es ist nur eine Frage der Zeit.

*Think big*
Die Ökoeffizienz kann kleinmütig oder kühn angegangen werden. Die genannten japanischen Beispiele sind kühn. Shin Tsuda und Hiroaki Kosibu kündigen einen Paradigmenwechsel an. Eine ähnliche Radikalität des Denkens zeigt Gunter Pauli. Diese Autoren haben recht. Wer kleinmütig an die Ökoeffizienz herangeht, ist in Gefahr, von der Entwicklung überrollt zu werden.

Im Jahr 2030 werden etwa 8 Milliarden Menschen leben und von diesen dürften etwa 3 Milliarden einen Lebensstandard genießen, wie er dem heutigen europäischen entspricht. Insgesamt wird dafür etwa eine Vervierfachung der Güter und Dienstleistungen verlangt. Ohne eine dramatische Erhöhung der Ökoeffizienz würde das den ökologischen Ruin der Erde bedeuten. Ein Faktor vier (Weizsäcker; Lovins; Lovins 1997) in der Erhöhung der Ökoeffizienz innerhalb einer Generation ist wohl das bescheidenste Ziel, das man zur Sicherung der Lebensfähigkeit des Planeten fordern muß. Friedrich Schmidt-Bleek (Schmidt-Bleek, 1997) sowie Paul Hawken u.a. (Hawken; Lovins; Lovins, 1999) sprechen von einem Faktor zehn und mehr, um welchen uns der Paradigmenwechsel voranbringen könnte und sollte.

Wenn die Wissenschaftler- und Ingenieursgemeinde ihr Füllhorn der Ideen ausschüttet, dann wird die Öffentlichkeit emotional mitgehen. Dann wird die Politik den Rahmen korrigieren und den Verschwendern und Kleinmütigen die rote Karte zeigen. Wer dann zu spät kommt, den bestraft das Leben.

## Literatur

Arthur D. Little: Sustainable Development in Business, An Arthur D. Little International Executive Survey, Summary Report, December, Brussel, 1998.

Hawken, Paul; Lovins, Amory B.; Lovins, L. Hunter (1999): Natural Capitalism: Creating the Next Industrial Revolution, Little, Brown, New York.

Schmidt-Bleek, Friedrich (1998): Das MIPS-Konzept,Weniger Naturverbrauch – mehr Lebensqualität durch Faktor 10, unter Mitarbeit von Willy Bierter, Droemer Knaur: München.

Statement on Behalf of the European Union by the Minister of Housing, Spatial Planning and Environment of the Netherlands, Mrs Margaretha de Boer (1997): High-Level Segment of the Fifth Session of the Commission on Sustainable Development, New York, 8-25 April 1997, S. 3.

UN General Assembly (1997): Programme for the further implementation of Agenda 21. New York.

UN CSD, Commission for Sustainable Development (1998): Report for the Sixth Session. New York.

UNEP, UN Environmental Programme (1997): Global Environmental Outlook. New York/Oxford.

OECD (1997): Council at Ministerial Level. Paris.

von Weizsäcker, Ernst U.; Lovins, Amory B.; Lovins, L. Hunter (1997): Faktor Vier – Doppelter Wohlstand – halbierter Ressourcenverbrauch. Der neue Bericht an den Club of Rome, Taschenbuchausgabe, Droemer Knaur: München.

# Fußnoten

1 Weitere Informationen über die Zero Emission Brauerei erhalten Sie bei Bernd Masche, Namibia Breweries Ltd., Iscor Street, P.O. Box 206, Windhoek, Namibia, Tel.: +264-61-262915, Fax: +262-61-263327.

2 Die in diesem Vortrag vertretenen Ansichten sind meine eigenen und geben nicht umbedingt die Positionen der EEA oder der EU wieder.

3 Übersetzung aus dem Englischen von Cornelia B. Temme.

4 Gespräche zwischen der Gewerkschaft Solidarnoscz und der kommunistischen Regierung, die 1989 stattfanden und den Rahmen für den politischen und wirtschaftlichen Umbruch in Polen setzten.

5 1995.

6 Bei dieser Zahl sind kleinere häusliche Reinigungsanlagen nicht berücksichtigt, von denen 1996 470 in Auftrag gegeben wurden (Umwelt 1997, Zentralamt für Statistik, Warschau).

7 Umwelt 1997. Zentralamt für Statistik, Warschau.

8 Umwelt 1997. Zentralamt für Statistik, Warschau. – Polen: Fakten, Zahlen und Richtlinien. Polnische Agentur für Auslandsinvestitionen, September 1997.

9 Z. Karaczun. »Maßnahmen zur Luftreinhaltung in Polen, Teil IV«. Bericht des ISD 3/96.

10 E. Hille, Z. Karaczun und G. Wiœniewski. »Wybrane zagadnienia polityki energetycznej«. Polski Klub Ekologiczny, Warschau/Krakau, 1997.

11 Informationspaket des Instituts für Nachhaltige Entwicklung (ISD) (1997): Eine alternative Verkehrspolitik für Polen, Nr. 3: Möglichkeiten.

12 Przestrzeñ ekologiczna dla Polski, in: Zeszyt InE, 7, 1997.

13 Diese Problematik und die »Effizienzfalle« werden in Nørgård (1998) ausführlich diskutiert.

14 Einen Überblick geben hier von Weizsäcker; Lovins; Lovins (1997).

15 Der vorliegende Text ist eine Überarbeitung eines Beitrags »Mobilität, nachhaltige Entwicklung und Innovation« zum EXPO 2000-Symposium »Was uns bewegt – Mobilität«, Dortmund, 26. April 1997.

16 So definiert z.B. das Mayers Taschenlexion (1985) Dienstleistungen als »ökonomische Güter, die wie Waren (Sachgüter) der Befriedigung menschlicher Bedürfnisse dienen. Im Unterschied zu den Sachgütern sind Dienstleistungen jedoch nicht lagerfähig; Produktion und Verbrauch von Dienstleistungen fallen zeitlich zusammen.[...]«.

17 OPUS (Organisationsmodelle und Informationssysteme für einen produktionsintegrierten Umweltschutz) ist ein Verbundvorhaben am IAT, Universität Stuttgart, FIR an der RWTH Aachen, Fraunhofer IPT, Aachen, WZL der RWTH Aachen und Universität Bremen, FB 7 (Projektträger Umwelttechnik des BMBF, Förderkennzeichen 01 RK 9602).

18 Weitere in diesem Zusammenhang interessante Projekte des Fraunhofer IAO sind das Projekt RELOOP, bei dem ein Informationssystem zur Datenerfassung als Grundlage für eine Produktrückführung und -recycling entwickelt wurde, und das Projekt TOPROCCO, bei dem der Konstrukteur mit Hilfe von Modellen, Methoden und DV-Tools die Gesamtkosten des Produktlebenszyklus abschätzen kann.

19 Anm. d. Ü: 1978 wurde die Hauptaerosol-Anwendung von FCKWs in den USA verboten, 1980 und 1982 Vorbeugemaßnahmen in der EG erarbeitet. Global sind die Emissionen an vollhalogenierten FCKW, bestimmten Halonen, Tetrachlormethan und 1,1,1-Trichlormethan durch das Montrealer Protokoll und, noch weitergehend, durch eine Folgeregelung von London und Kopenhagen beschränkt. In der EU sind diese Vereinbarungen durch EG-Ratsverordnungen, in Deutschland durch das Chemikaliengestz und die ihm nachgeordnete FCKW-Halon-Verbotsordnung umgesetzt. Die 2. BImSchV zum Bundesimmissionsgesetz verbietet den Einsatz von FCKW-Lösungsmitteln fast vollständig.

20 Anm. d. Ü: Bisher aus mono- oder polykristallinen Siliziumscheiben.

# Adressen der Autoren

Dr. Martin Bartenstein
Minister für Umwelt, Jugend und Familie
Stubenbastei 5
A-1010 Wien
Tel.: +43-1-5152-25031
Fax.: +43-1-5131-679
E-Mail: Martin.Bartenstein@bmu.gv.at
Internet: http://www.bmu.gv.at

Frank W. Bosshardt
Anova Holding AG
Hurdenstr. 19
CH-8640 Hurden
Tel: +41-55415-1111
Fax: +41-55-415-1150

Ute auf der Brücken
Hess Naturtextilien GmbH
Marie-Curie-Straße 7
35510 Butzbach
Tel.: +49-(0)6033-991-141
Fax: +49-(0)6033-991-120
E-Mail: ute.a.d.bruecken@hess-natur.com
Internet: http://www.hess-natur.com

Professor Dr. Hans-Jörg Bullinger
Institutsleiter des
Fraunhofer Instituts für
Arbeitswirtschaft und Organisation (IAO)
Nobelstraße 12c
70569 Stuttgart
Tel.: +49-(0)711-970-20000
Fax: +49-(0)711-970-20000-2133
E-Mail: Hans-Jörg.Bullinger@iao.fhg.de
Internet: http://www.iao.fhg.de/index.html

Univ.-Prof. Dr. Techn. Paul H. Brunner
Technische Universität Wien
Institut für Wassergüte und Abfallwirtschaft
Karlsplatz 13/226.4
A-1040 Wien
Tel.:+43-1-58801 22641
Fax.:+43-1-58801 22666
E-Mail: robernos@awsunix.tuwien.ac.at
Internet: http://awsunix.tuwien.ac.at

Claude Fussler
Vice President, Environment
DOW Europe
Bachtobelstraße 3
CH-8810 Horgen
Tel.: +41-1-728-2403
Fax: +41-728-2111
E-Mail: cfussler@dow.com
Internet: http://www.dow.com

Professor Dr. Peter Hennicke
Direktor der Energieabteilung
und Vizepräsident des Wuppertal Instituts
für Klima, Umwelt, Energie GmbH im
Wissenschaftszentrum Nordrhein-Westfalen
Tel.: +49-(0)202-2492-140
Fax: +49-(0)202-2492-0
E-Mail: Peter.Hennicke@wupperinst.org
Internet: http://www.wupperinst.org

Domingo Jiménes-Beltrán
Executive Director
European Environmental Agency
Kongens Nytorv 6
DK-1050 Kopenhagen
Tel.: +45-33-3671-00
Fax: +45-33-3671-99
E-Mail: eea@eea.dk
Internet: http://www.eea.eu.int

Professor Dr. Hubert P. Johann
Mannesmann AG
Mannesmannufer 2
40213 Düsseldorf
Tel.: +49-(0)211-820-2551
Fax: +49-(0)211-820-2549
Internet: http.//www.mannesmann.de

Dipl.-Ing. Gunnar Jürgens
Fraunhofer Institut für Arbeitswirtschaft
und Organisation (IAO)
Nobelstraße 12c
70569 Stuttgart
Tel.: +49-(0)711-970-20000
Fax: +49-(0)711-970-20000-2133
E-Mail: Gunnar.Jürgens@iao.fhg.de
http://www.iao.fhg.de/index.html

Adressen der Autoren

Dr. Wilfried Kaiser
Mitglied des Vorstands der Asea Brown Boveri AG
Gottlieb-Daimler-Straße 8
68165 Mannheim
Tel.: +49-(0)621-4381-0
Fax: +49-(0)621-4381-390
Internet: http://www.abb.de

Andrzej Kassenberg
Instytut na Rzecz Ekorozwoju
Institute for Sustainable Development
ul. £owicka 31
02-502 Warszawa/ Warsaw
Poland
Tel.: +48-22-646 05 10
Fax: +48-22-646 01 74
E-mail: ine@ikp.atm.com.pl

Hiroaki Koshibu
Fuji Xerox
Director, Environment & Product Safety
Tel.: +81-3-5352-7391
Fax: +81-3-5352-7390
E-Mail: Hiroaki.Koshibu@fujixerox.co.jp
Internet: http://www.fujixerox.co.jp/inde-xEn.html

Lee Eng Lock
Supersymmetry Services Pte Ltd
73 Ayer Rajah Crescent, # 07-06/09
Singapore 139952
Tel.: +65-777-7755
Fax: +65-779-7608
E-Mail: leelock@supersym.com.sg
Internet: http://www.supersym.com.sg

Amory Lovins
Rocky Mountain Institute
1739 Snowmass Creek Road
Snowmass, Colorado 81654-9199
USA
E-Mail: outreach@rmi.org
Internet: http://www.rmi.org

Niels I. Meyer
Technical University of Denmark
Department of Buildings and Energy
DK-2800 Lyngby
Tel.: +45-4525-1930
Fax: +45-4593-4430
E-Mail: nim@ibe.dtu.dk

Ulrich Niederer
UBS Brinson
Gartenstraße 9
CH-4002 Basel
Tel.: +41-61-288-2957
Fax: +41-61-288-9150
E-Mail: ulrich.niederer@ubs.com
Internet: http://www.ubs.com

Jørgen S. Nørgård
Department of Buildings and Energy,
Technical University of Denmark,
DK-2800 Lyngby
Tel.: +45-4545-4477
Fax: +45-4593-4430
E-Mail: ibe@ibe.dtu.dk

Univ.-Ass. Dipl. Ing. Richard Obernosterer
Technische Universität Wien
Institut für Wassergüte und Abfallwirtschaft
Karlsplatz 13/226.4
A-1040 Wien
Tel.:+43 1 58801 22641
Fax.:+43 1 58801 22666
E-Mail: robernos@awsunix.tuwien.ac.at
Internet: http://awsunix.tuwien.ac.at

Toshijiro Ohashi
Production Engineering Research Laboratory, Hitachi Ltd.
Shinmaru Building
1-5-1 Marunouchi, Chiyoda-ku
Tokyo 100
Japan
Tel.: +81-45-881-1241
Fax: +81-45860-1621
E-mail:ohashi@perl.hitachi.co.jp
Internet: http://www.hitachi.co.jp/

Gunter Pauli
Founder
Zero Emission Foundation
Geneva Executive Center
11-13 Chemin des Anemones
CH-1219 Geneva
Tel: +41-22-9799-205
Fax: +41-22-9799-083
E-Mail: gunter_pauli@rocketmail.com
Internet: http://www.zeri.org

David Pearce
Centre for Social and Economic
Research on the Global Environment
University College London
Department of Economics
Gower Street
UK-London WC IEBT
Tel: +44-171-504-5874
Fax: +44-171-380-7920
E-Mail: D.Pearce@ucl.ac.uk
Internet: http://ucl.ac.uk

Prof. Dr. Dr. F. J. Radermacher
Forschungsinstitut für anwendungsorientierte Wissensverarbeitung (FAW)
Postfach 2060
D-89010 Ulm
Tel. +49-(0)731-501-100
Fax +49-(0)731-501-111
E-mail: radermacher@faw.uni-ulm.de
Internet: http://www.faw.uni-ulm.de

Christian Ridder & Andrew Baynes
Environmental Center Europe (ECE)
Sony International (Europe) GmbH
Stuttgart Technology Center
Stuttgarter Strasse 106
D-70736 Fellbach
Tel.: +49-(0)711-5858467
Fax: +49-(0)711-5789833
E-mail: Ridder@sony.de
Internet: http://www.sony.de

Jan-Dirk Seiler-Hausmann
Wuppertal Institut für Klima, Umwelt,
Energie
Döppersberg 19
D-42103 Wuppertal
Tel.: +49-(0)202-2492-102
Fax: +49-(0)202-2492-108
E-Mail: Jan-Dirk.Seiler@wupperinst.org
Internet: http://www.wupperinst.org

Walter R. Stahel
Institut für Produktdauer-Forschung, Genf
Partner Offices in Berlin, Paris und den USA
Korrespondenz an
Postfach 3632
CH-1211 Genf 3
Tel.: +41-(0)22-346 35 04
Fax: +41-(0)22-346 04 18
Internet: http://www.product-life.org

Professor Dr. Ulrich Steger
Alcan Chair for Environmental Management, International Institute for Management Development (IMD)
Chemin de Bellerive 23
CH-1001 Lausanne
Tel: +41-21-618-0346
Fax: +41-21-618 -0641

Björn Stigson
World Business Council for Sustainable
Development (WBCSD)
160 Route de Florissant
CH-1231 Conches-Geneva
Tel.: +41-22-839-3100
Fax: +41-22-839-3131
E-Mail: info@wbcsd.ch
Internet: http://www.wbcsd.ch

Shin Tsuda
Vice President, Canon Europe
Bovenkerkerweg 59-61
NL-1185XB Amstelveen
Tel.: 0031-20-545-8476
Fax: +31-20-641-8270
E-Mail: chos@cenv.canon.nl
http://www.europe.canon.com

Professor Dr. Ernst U. von Weizsäcker, MdB
Präsident des Wuppertal Institut
für Klima, Umwelt, Energie
Döppersberg 19
42103 Wuppertal
Tel.: +49-(0)202-2492-101
Fax: +49-(0)202-2492-108
E-Mail: Ernst.Weizsäcker@wupperinst.org
Internet: http://www.wupperinst.org

Dr. Duan Weng
Department of Materials Science and
Engineering
Tsinghua University
Beijing 100084
PR China
Tel.: +86-10-6278-4546
Fax: +86-10-6278-2806
E-Mail: duanweng@mail.tsinghua.edu.cn

Professor Dr. Tieyong Zuo
Beijing Polytechnic University
100 Ping Le Yuan, Chaoyang District
Beijing 100022
PR China
Tel.: +86-10-6739-1465
Fax: +86-10-6739-2319